煤型关键金属矿床丛书

Coal-hosted Ore Deposits of Critical Metals

煤型铀矿床

Coal-hosted Uranium Deposit

代世峰　王西勃　赵　蕾　张思雨
　　　　　　　　　　　　　　　　　　　　著
侯永杰　解盼盼　张卫国　邢运伟

科学出版社

北　京

内 容 简 介

本书以中国南方地区(包括贵州贵定,广西合山、扶绥、宜山,云南砚山,四川古叙)晚二叠世富铀煤以及新疆伊犁侏罗纪富铀煤为典型实例,剖析了它们的岩石学、矿物学和地球化学特征,主要包括煤中铀的含量、富集成因,以及煤中铀的赋存状态;总结归纳了煤中铀的富集类型;研究指出,陆源区供给决定了煤中微量元素的含量,中国煤中高度富集的铀都与流经或循环于盆地中的富铀地下水或热液流体有关。

本书可供从事煤地质学、矿床学、地球化学、矿物学、冶金学等相关专业领域的科研人员、工程技术人员及相关专业的大专院校师生参考。

图书在版编目(CIP)数据

煤型铀矿床= Coal-hosted Uranium Deposit / 代世峰等著. —北京:科学出版社,2023.4

(煤型关键金属矿床丛书=Coal-hosted Ore Deposits of Critical Metals)
ISBN 978-7-03-074194-3

Ⅰ. ①煤… Ⅱ. ①代… Ⅲ. ①铀矿床–研究 Ⅳ. ①P619.14

中国版本图书馆 CIP 数据核字(2022)第 235880 号

责任编辑:李 雪 崔元春 / 责任校对:王萌萌
责任印制:师艳茹 / 封面设计:无极书装

科 学 出 版 社 出版

北京东黄城根北街 16 号
邮政编码:100717
http://www.sciencep.com

北京九天鸿程印刷有限责任公司 印刷

科学出版社发行 各地新华书店经销
*
2023 年 4 月第 一 版 开本:787×1092 1/16
2023 年 4 月第一次印刷 印张:16 1/4
字数:379 000

定价:198.00 元
(如有印装质量问题,我社负责调换)

丛 书 序

镓、铌(钽)、稀土元素、锆(铪)、铀、锂、钒、钼、锗、铼、铝等是重要的战略物资，对保障国民经济发展和国家安全具有重要的战略意义。特别是自 20 世纪 80 年代以来，全球关键金属矿产资源日趋紧缺，并且大部分不同类型的关键金属被少数国家控制。各国在面临经济发展带来的金属矿产资源短缺的巨大压力下，对这些关键金属的勘探、开发和安全储备均高度重视。以资源贫乏的锗为例，根据美国地质调查局的数据，全球已探明的锗储量仅为 8600t，并且其在全球分布非常集中，主要分布在美国和中国，分别占全球储量的 45%和 41%，另外俄罗斯占 10%；但是，中国精锗的年产量却占到世界总年产量(165t)的 73%，并且其大部分来源于褐煤。

煤是一种有机岩，也是一种特殊的沉积矿产，其资源量和产量巨大，分布面积广阔。煤由于特有的还原障和吸附障性能，在特定的地质条件下，可以富集镓、铌(钽)、稀土元素、锆(铪)、铀、锂、钒、钼、锗、铼、铝等关键元素，并且这些元素可达到可资利用的程度和规模(其品位与传统关键金属矿床相当或更高)，形成煤型关键金属矿床。国内外已经发现了一些煤系中的关键金属矿床，如煤型锗矿床、煤型镓铝矿床、煤型铀矿床、煤型铌-锆-稀土-镓矿床，它们均属于超大型矿床。煤系中关键金属矿床的勘探和开发研究，是近年来煤地质学、矿床学和冶金学研究的前沿问题。从煤及含煤岩系中寻找金属矿床，已成为矿产资源勘探的新领域和重要方向。传统关键金属矿产资源日益减少，发现难度不断增加，煤系中关键金属矿床将成为其新的重要来源之一。

长期以来，煤炭工业快速发展对国民经济和社会发展起到了重要的促进作用，但与此同时，燃煤排入大气的 SO_2、氮氧化物、有害微量元素和烟尘造成了较严重的环境污染。我国煤炭入洗率低、能源利用效率偏低，使环境污染问题更加突出，因此，应该高度重视煤炭的高效和洁净化利用，以及发展煤炭的循环经济和有序地利用资源。因此，加强对煤型关键金属矿床的研究，对充分合理地规划和利用煤炭资源以及高效地开发利用粉煤灰，实现煤炭经济循环发展、减少煤炭利用过程中所带来的环境污染问题具有重要的现实意义。

与常规沉积岩相比，煤对所经受的各种地质作用更为敏感，通过煤系中关键金属矿床中有机岩石学、矿物学和元素地球化学记录，可揭示蚀源区及区域地质历史演化。煤型关键金属矿床的形成和物质来源，是在复杂的地质构造环境和重要的地球动力学过程中进行和完成的，深刻体现了中国大陆的地质特性、自然优势和资源特色，可从新的视角、更广阔的领域丰富和发展中国区域地质和矿床学理论，从而形成国家重大需求与前沿科学问题密切结合的重要命题。

近二十多年来，煤型关键金属矿床的研究在国内外都取得了较快的发展。作者在国家重点研发计划(编号：2021YFC290200)、国家自然科学基金重大研究计划项目(编号：91962220)、国家自然科学基金重点国际(地区)合作研究项目(编号：41420104001)、国家自然科学基金重点项目(编号：40930420)、国家杰出青年科学基金项目(编号：40725008)、国家自然科学基金面上项目和青年科学基金项目(编号：40472083、40672102、41272182、41672151、41672152、41202121、41302128)、"煤型稀有金属矿床"高等学校学科创新引智计划(111 计划)基地(编号：B17042)、教育部"创新团队发展计划"(编号：IRT_17R104)、国家重点基础研究发展计划(国家 973 计划，编号：2014CB238900)、全国百篇优秀博士学位论文作者专项资金(编号：2004055)、教育部科学技术研究重点项目(编号：105020)、霍英东教育基金会高等院校青年教师基金(编号：101016)及中国矿业大学(北京)"越崎学者计划"等的支持下，进行了煤中关键金属元素的赋存状态、分布特征、富集成因与开发利用等方面的研究，积累了不少重要的基础资料，发现了一些有意义的现象和规律，提出了一些新的观点，以此作为"煤型关键金属矿床"丛书编写的基础。

　　"煤型关键金属矿床"丛书包括《煤型镓铝矿床》《煤型锗矿床》《煤型铀矿床》《煤型稀土矿床》《煤和煤系中蚀变火山灰》共 5 部专著。《煤型镓铝矿床》以内蒙古准格尔煤田和大青山煤田为实例进行了剖析，这两个煤田是目前世界上仅有的煤型镓铝矿床。《煤型锗矿床》以我国正在开采的内蒙古乌兰图嘎和云南临沧矿床为实例进行了研究，并和俄罗斯远东地区 Pavlovka 煤型锗矿床进行了对比研究；对世界上正在开采的 3 个煤型锗矿床燃煤产物的物相组成、关键金属锗和稀土元素、有害元素砷和汞等也进行了深入分析。《煤型铀矿床》以新疆伊犁，贵州贵定，广西合山、扶绥、宜州，云南砚山为典型实例，对煤中铀及其共伴生富集的硒、钒、铬、铼等的赋存状态、富集成因，以及煤中的矿物组成进行了讨论。《煤型稀土矿床》以国际通用的"Seredin-Dai"分类和"Seredin-Dai"标准为基础，论述了煤中稀土元素的成因、富集类型和影响因素，以及稀土元素异常的原因与判识方法；以西南地区晚二叠世煤和华北聚煤盆地(特别是鄂尔多斯盆地东缘)晚古生代煤为主要研究对象，揭示了稀土元素富集的火山灰、热液流体和地下水的成因机制，并对其开发利用的可能性进行了评价。煤中火山灰蚀变黏土岩夹矸在煤层对比、定年、反映区域地质历史演化、煤炭质量影响等方面具有重要的理论和现实意义。《煤和煤系中蚀变火山灰》以中国西南地区晚二叠世煤及火山灰成因的夹矸为主要研究对象，与华北地区及世界其他地区火山灰成因的夹矸进行对比研究，论述了夹矸的分布特征、矿物和地球化学组成及其理论和实际应用意义。

　　本丛书的主要内容来自作者在国际学术期刊上发表过的学术论文及作者课题组成员的博士和硕士学位论文，并在此基础上进行了系统总结和凝练。作者对 Elsevier、Springer、MDPI、Taylor & Francis、美国化学会等予以授权使用这些发表的论文表示由衷的感谢，作者在本丛书的相关位置进行了授权使用标注。

　　国际著名学者，包括澳大利亚的 Colin R. Ward、David French、Ian Graham，美国的 James C. Hower、Robert B. Finkelman、Chen-Lin Chou、Lesile F. Ruppert，俄罗斯的 Vladimir

V. Seredin、Igor Chekryzhov、Victor Nechaev，加拿大的 Hamed Sanei，英国的 Baruch Spiro 等教授专家给予了作者热情的指导，在此深表感谢。

在本丛书的撰写过程中，得到了国家自然科学基金委员会、教育部、科学技术部、中国矿业大学(北京)等单位的各级领导和众多同志的关怀，以及周义平、刘池阳、唐跃刚等教授的鼓励和指导。

撰写本丛书的过程，也是作者与国内外学者不断交流和学习的过程。煤型关键金属矿床涉及领域广泛、内容丰富。由于作者水平所限，对一些问题的探讨或尚显不足，在理论上有待深化，书中不足和欠妥之处，敬请读者批评指正。

作者谨识

2018 年 9 月

前　言

　　铀是自然产生的最重的金属，是重要的战略物资。本书是"煤型关键金属矿床"丛书之一。本书共十章，以中国南方地区（包括贵州贵定，广西合山、扶绥、宜山，云南砚山，四川古叙）晚二叠世富铀煤以及新疆伊犁侏罗纪富铀煤为典型实例，剖析了它们的岩石学、矿物学和地球化学特征，主要包括煤中铀的含量、富集成因，以及煤中铀的赋存状态；总结归纳了煤中铀的富集类型。本书的特色和取得的一些进展包括以下 4 个方面。

　　(1)中国煤中高度富集的铀都与流经或循环于盆地中的富铀地下水或热液流体有关。与煤型锗矿床不同，大型煤型铀矿床(如新疆伊犁)中铀的富集属于后生成因，铀的富集始于煤化作用阶段；而小型煤型铀矿床(如南方局限碳酸盐岩台地基础上形成的煤层)中铀的富集始于泥炭堆积和早期成岩阶段。煤型铀矿床的铀以有机态为主，有时会发现铀矿物，如钛铀矿和沥青铀矿。

　　(2)中国南方晚二叠世在局限碳酸盐岩台地基础上形成的煤层，主要分布在贵州贵定和紫云、广西合山、云南砚山等地。局限碳酸盐岩台地型煤层厚度一般为 1～2m，富含有机硫(4%～12%)，属于超高有机硫煤。该类型煤中铀较为富集，含量一般为 40～288μg/g。与铀共伴生的钒、铬、钴、镍、钼、硒也高度富集。

　　(3)控制南方晚二叠世形成于局限碳酸盐岩台地基础上的煤型铀矿床的地质因素有 3 种：①陆源区供给决定了煤中微量元素的背景值。局限碳酸盐岩台地基础上形成的煤层可以具有不同的沉积源区，如砚山煤的沉积源区是越北古陆，贵定煤和紫云煤的沉积源区是康滇古陆，合山煤的沉积源区是云开古陆。②热液流体作用导致煤中稀有金属元素的富集和再分配，形成了特有的钒-硒-钼-铼-铀的组合模式；热液流体对稀有金属元素的再分配作用主要体现在夹矸中的稀有金属被热液(或地下水)淋溶到下伏煤层中，继而被有机质吸附。③绝大部分局限碳酸盐岩台地型煤受到了海水的影响，海水侵入和静海环境提供了利于稀有金属元素保存的介质条件(如 Eh 和 pH)。

　　(4)新疆伊犁盆地富铀煤的镜质组反射率较低(0.51%～0.59%)，煤中铀的含量最高可达 7207μg/g，同时富集硒、钼、铼、砷和汞。煤中微量元素的丰度和赋存状态受控于长英质或中性沉积源区以及两个不同期次后生热液流体(分别是富铀-硒-钼-铼的渗入型热液和富汞-砷渗出型火山热液)。富集的丝质体和半丝质体为热液流体的运移提供了通道。煤中这些富集的微量元素既表现出有机亲和性，又表现出无机亲和性。

　　本书由代世峰、王西勃、赵蕾、张思雨、侯永杰、解盼盼、张卫国、邢运伟共同执笔完成。除了在"丛书序"中标注的资助项目外，本书还得到了国家自然科学基金委员会(NSFC)-山西煤基低碳联合基金重点项目(编号：U1810202)的支持。本书的相关章节获得 Elsevier 授权使用，在此表示诚挚的谢意。

作者谨识
2021 年 4 月

目　　录

第一章 绪 论

第一节 铀的工业价值与储量

一、铀的工业价值

铀资源是核工业的基础，是关系到国家安全的战略资源。铀主要用于核武器、核电等，在现代国防、能源和科技等领域占有重要地位。

在军工领域，铀主要用于制造原子弹等核武器，是一种重要的战略资源。核电是一种清洁高效能源，是世界各个国家能源结构中不可缺少的组成部分。自从1954年世界上第一座核电站在苏联建成，铀就被用作核发电的核燃料。铀资源除了用于核武器和核电之外，还广泛用于其他国民经济领域。例如，在地质领域，铀可以用来找矿以及预测地质灾害等；在医疗领域，铀被广泛用于临床诊断及治疗疑难杂症；在农业领域，铀可以用来对种子进行改良和防治病虫害等；在工业领域，铀可用于无损伤检查和改善物质的物理性能等。

二、铀的储量

据经济合作与发展组织核能机构和国际原子能机构在2018年12月联合发布的《2018年铀：资源、生产和需求》，截至2017年1月1日，全球开采成本低于260美元/kgU的已查明铀的资源总量为798.86万tU，开采成本低于130美元/kgU的已查明铀的资源总量为614.22万tU。

全球范围内铀资源分布极不均衡。例如，开采成本小于130美元/kgU的铀资源在澳大利亚、哈萨克斯坦、加拿大和俄罗斯四个国家的资源量分别为181.83万tU、84.22万tU、51.44万tU、48.56万tU，共占全球铀资源份额的60%左右。中国开采成本小于130美元/kgU的铀资源量为29.04万tU，占全球铀资源份额的5%。

据《2018年铀：资源、生产和需求》，截至2017年1月1日，我国已查明铀资源量为370900tU，分布在13个省(自治区)的21个铀矿床。

我国铀资源分布广泛，现已探明的近350个铀矿床分布于全国23个省(自治区)，中东部、南部地区的江西、广东、湖南、广西、浙江、福建、安徽、河北、河南、湖北、海南、江苏12个省(自治区)的铀资源占已查明铀资源储量的68%；西部地区及东北地区的新疆、内蒙古、陕西、辽宁、甘肃、云南、四川、贵州、青海、黑龙江、山西11个省(自治区)的铀资源占已查明铀资源储量的32%(张金带等，2008)。

另外，非传统铀资源将会成为铀的重要来源之一。非传统铀资源是指仅将铀作为次要副产品进行开发生产的资源(如磷酸盐、碳酸盐岩、黑色页岩和褐煤等)(张金带等，2008)。

第二节　铀的基本地球化学性质

铀是天然放射性元素，元素符号是 U，原子序数是 92，相对原子质量 238.03，是自然界中能够找到的最重的金属元素。铀在自然界中存在三种同位素，分别为 U-238、U-234和 U-235，均具有放射性，拥有非常长的半衰期（数十万年至 45 亿年）。铀在常温下是银白色的致密金属，在高温下能对其进行锻造、拉伸和冷加工。铀的金属熔点为 1132.5℃（铀与核能编写组，2012）。

铀的化学性质十分活泼，能够与多种非金属（包括氢、氧、碳、氮等）生成化合物，也能与铜、铍、铝等金属生成金属化合物（蔺心全，2014）。自然界中存在两种价态的铀，即四价和六价，两种价态的铀在一定条件下可以相互转化。当外部环境由还原环境变为氧化环境时，四价铀转化为六价铀，当外部环境由氧化环境变为还原环境时，六价铀转化为四价铀。当铀以六价形式存在时，可在水溶液中迁移，在还原环境下，铀以四价形式沉淀堆积（李巨初等，2011；蔺心全，2014）。

根据 Ketris 和 Yudovich（2009）的报道，世界硬煤中铀的均值为 1.90μg/g，中国煤中铀的均值为 2.43μg/g。煤中的铀主要存在于有机质中（Dai et al.，2008a，2015a；Seredin and Finkelman，2008）或以铀石（van der Flier and Fyfe，1985；Seredin and Finkelman，2008）、沥青铀矿、铜铀云母、钙铀云母、β硅钙铀矿、砷钙铀矿、翠砷铜铀矿、黄磷铅铀矿（Stoikov，1976；Seredin and Finkelman，2008）和钛铀矿（Dai et al.，2015a）的方式存在。Finkelman（1981）发现煤中的铀可能存在于磷灰石、独居石、方铀矿、锆石、方解石、金红石和铅铋相及有机物中，他列举了在矿化煤中发现的其他 14 种铀矿物（许多氧化产物）。

第三节　煤中铀的研究现状

Berthoud（1875）在美国丹佛（Denver）煤中首次发现了铀的存在，此后煤中铀受到了国内外学者的广泛关注。从 20 世纪中叶在美国西部发现褐煤中共（伴）生铀矿床起，对煤中铀矿产的研究受到人们的重视。第二次世界大战以后数年内，煤中的铀资源成为美国与苏联工业和军事用铀的主要来源之一（任德贻等，2006；Seredin and Finkelman，2008；Seredin et al.，2013）。从 20 世纪下叶至今，在中亚哈萨克斯坦、吉尔吉斯斯坦及中国新疆伊犁和吐哈等含煤盆地中，都发现了侏罗纪煤系中砂岩层及煤层中共（伴）生铀矿体（任德贻等，2006；Seredin and Finkelman，2008；Seredin et al.，2013）。当煤灰中的铀含量达到 1000μg/g 时，就可以考虑该煤中铀的提取和利用。

大量研究证实有机质在铀的富集中起到了很大的作用，在世界上很多泥炭田和煤盆地中也发现了铀富集的实例。中亚是世界上富铀煤最为集中的地区。世界上两个最大的煤型铀矿床分别为 Koldzhatsk 铀矿床（铀的资源量为 37000t）和 Nizhneillisk 铀矿床（铀的资源量为 60000t）（Seredin and Finkelman，2008）。中亚地区煤型铀矿床不仅规模大，而且铀的含量也较高，其中在新疆伊犁煤型铀矿床中检测到一个样品中铀的含量高达7200μg/g，为迄今检测到的煤中铀含量的最高值。其他一些中小型煤型铀矿床在俄罗斯远东地区、美国、法国、捷克和中国均有发现(Seredin and Finkelman，2008)。

对煤中铀的研究主要有以下几个方面：煤中铀的浓度、煤中铀的赋存状态和煤中铀的成因机制。

一、煤中铀的浓度

国外学者对煤中铀的研究起步较早，Eskenazy(2009)等发现保加利亚 Dubrudza 盆地煤中富集包括铀在内的多种微量元素。Querol 等(1992)发现西班牙 Terue 矿区的高硫次烟煤中富集铀。Warwick 等(1996)发现美国得克萨斯州褐煤中的铀含量高于美国煤中的铀含量均值。Ketris 和 Yudovich(2009)指出煤中微量元素的分布服从对数正态分布，并给出了世界无烟煤和褐煤中微量元素含量背景值。

国内在该领域也有许多代表性的研究。例如，Dai 等(2008a)在研究内蒙古哈尔乌素露天煤矿时指出该煤矿富集 REE、Th 和 U 等伴生微量元素；云南砚山超高有机硫 M9 煤层中显著富集 V、Cr、Ni、Mo 和 U。与世界硬煤均值相比，广西合山晚二叠世高硫煤中富集 F、V、Se、Mo、U 等微量元素(Dai et al.，2013a)。贵州贵定晚二叠世煤中 U、Re、Mo 异常富集(Dai et al.，2015a)，它们的富集系数 CC>100。Dai 等(2012a)指出中国煤中铀的背景值为 2.43μg/g。一般认为当煤灰中的铀含量达到 1000μg/g 时就可以考虑其工业价值(Dai et al.，2015a)。Yang(2006)通过对中国不同时代、不同地区煤中铀的研究，得出中国晚石炭—早二叠纪煤中铀的加权平均值为 2.905μg/g，晚二叠纪煤中铀含量的加权平均值为 5.43μg/g，晚三叠纪煤中铀含量的加权平均值为 3.67μg/g，早—中侏罗纪煤中铀含量的加权平均值为 1.18μg/g，晚侏罗—早白垩纪煤中铀含量的加权平均值为 1.84μg/g，始新世和新近纪煤中铀含量的加权平均值为 3.92μg/g，中国煤中铀含量的加权平均值为 2.31μg/g。

二、煤中铀的赋存状态

煤中铀的赋存状态(特别是有机结合态)已经被各种方法证实，如密度分离、选择性浸出(Mohan et al.，1982；Palmer and Filby，1984；Liu et al.，2015；Finkelman et al.，2018)、原位直接分析[如电子探针显微分析(EPMA；Vassilev et al.，1995)；带能谱仪的扫描电子显微镜(SEM-EDS；Dai et al.，2015b，2015c)]以及统计分析(Davis，1987；Collins，1993；Spears and Tewalt，2009)。

通常，煤中大部分铀是有机结合态的(Finkelman，1981；Swaine，1990；Seredin and Finkelman，2008；Spears and Tewalt，2009；Dai et al.，2015b，2015c)，其余很大一部分铀与副矿物有关，包括水硅铀矿、沥青铀矿、钛铀矿、深黄铀矿、翠砷铜铀矿、水砷钾铀矿、钒钾铀矿、硅钙铀矿、铜铀云母、钙铀云母、砷钙铀矿、黄磷铅铀矿、锆石、金红石、磷灰石、独居石和其他磷酸盐矿物(Mohan et al.，1982；Seredin and Finkelman，2008；Dai et al.，2015b)。煤中的铀不太可能与硫化物有关(Goldschmidt，1954)。

Dai 等(2020)综合论述了铀在煤中的有机赋存模式，包括赋存证据、赋存机制以及有机结合态的铀含量与煤阶的关系。在煤中有机质中的吸附和络合是铀从富铀溶液中析出的两种沉积机制(Wang，1983；Meunier et al.，1989)。特别是泥炭和溶液中的铀与腐殖酸和富里酸的相互作用已经被大量化学实验证实(Moore，1954；Szalay，1954；Voskresenskaya，1960a，1960b；Swanson et al.，1966；Lopatkina，1967；Manskaya and Drozdova，1964；Borovec et al.，1979；Liu and Zhou，2010)。此外，镜煤(以镜质组为主)中高含量的铀进一步证实了煤中铀的有机赋存模式。

与烟煤和无烟煤相比，低阶煤具有更高的保留有机结合态铀的能力(Dai et al.，2020)。例如，许多研究表明褐煤中的铀含量明显高于高阶煤(Kisilstein et al.，1989；Manolopoulou and Papastefanou，1992；Öztürk and Özdoğan，2000；Tsikritzis et al.，2008；Finkelman et al.，2018)。Finkelman 等(2018)的淋滤数据显示，低阶煤和烟煤中与有机质相关的铀分别为55%左右和5%左右；与硅酸盐相关的铀均在35%～40%；与锆石等不溶相相关的铀分别为 5%和 30%左右。然而，有机结合态的铀在超高有机硫烟煤中含量较高(有机硫为 4%～10%)，从几十 ppm 到>200ppm①(Dai et al.，2008b，2013a，2013b，2015b，2017a；Liu et al.，2015)。通过逐级化学提取，Liu 等(2015)发现，在超高有机硫烟煤中，总铀中(167～264ppm)有 66.2%～78.2%的铀与有机质结合。中国南方石煤中的铀含量一般在 100ppm 以下，有些情况下会高于 100ppm，甚至达到 0.1%(Zhou，1981；Dai et al.，2018)。已经鉴定出含铀矿物(如磷钇矿和磷镧铈矿)(Dai et al.，2018)，石煤中的铀主要以 $(UO_2)^{2+}$ 的形式吸附在有机质中(GRI-CSA，1982；Wang et al.，2017)。

Finkelman(1994)提出了铀在煤中以有机结合态、锆石和硅酸盐结合态的形式赋存。代世峰等(2003)指出河北峰峰矿区煤中 Cr、Pb 和 U 的富集与硅铝化合物有关。代世峰等(2004)发现鄂尔多斯晚古生代煤中铀主要存在于硅铝化合物和有机质中。织金煤田煤中铀的主要载体是硅质热液成因脉状石英(Dai et al.，2004)。云南砚山煤田超高有机硫 M9 煤层中的 V、Cr、Ni、Mo 和 U 同时存在于硅酸盐矿物和有机质中。广西扶绥煤田和合山煤田晚二叠世高硫煤中的铀赋存于有机质中。贵州贵定煤田晚二叠世煤中铀、钼和灰分呈负相关关系，表明它们可能与煤的有机质有关。另外，有少量的铀赋存在矿物中，如铀石和钛铀矿(Dai et al.，2012a)。新疆伊犁煤田煤中铀同时存在于有机质、沥青铀矿、铀石和一种含铀的硫酸盐中。通过逐级化学提取，Liu 等(2015)认为贵州贵定煤田和广西合山煤田超高有机硫煤中的 V、Cr、Se、Re、U 和 Mo 的富集主要与有机质有关，少量赋存于硅酸盐矿物与含铀矿物中。

三、煤中铀的成因机制

中国煤中高度富集的铀都与流经或循环于盆地中的富铀地下水或热液流体有关(任德贻等，2006；Seredin and Finkelman，2008；Seredin et al.，2013)。与煤型锗矿床不同，大型煤型铀矿床中铀的富集属于后生成因，铀的富集始于煤化作用阶段，而小型煤型铀矿床的富集始于泥炭堆积和早期成岩阶段。小型煤型铀矿床的顶底板常常是渗透率很低的泥岩，阻止了后生富铀流体的进入(Seredin and Finkelman，2008)。

Dai 等(2012a)将煤中微量元素的成因类型总结为：沉积源区供给、火山活动、海水作用、地下水和热液流体五种类型，其中热液流体又可分为岩浆热液流体、低温热液流

---

① 1ppm=μg/g。

体和海底喷流三种亚型。河北峰峰矿区热变质煤中铀等微量元素的富集来源于岩浆热液流体(Dai et al.，2007)。云南砚山煤田(Dai et al.，2008c)超高有机硫 M9 煤层中 V、Cr、Ni、Mo 和 U 的富集是随海水侵入到泥炭沼泽中的海底喷流造成的。广西合山煤田(Dai et al.，2013a)晚二叠世高硫煤中铀的富集与热液流体有关。广西扶绥煤田(Dai et al.，2013b)煤中铀的富集是热液流体的输入以及夹矸受酸性溶液淋滤从而导致其中的微量元素迁移到下伏煤分层中沉积形成的。贵州贵定(Dai et al.，2015a)晚二叠世煤中铀主要源于泥炭堆积过程中出渗型热液流体。新疆伊犁煤田(Dai et al.，2015c)煤中铀的富集以及硒、铼和钼的富集可能受到了入渗型热液流体的影响。Yang(2006)通过研究中国不同时代、不同地区煤中铀的分布和储量，将中国煤中铀的富集成因归结为陆源区岩石、低温热液、火山灰以及岩浆热液的输入。Yang(2006)认为陆源碎屑物质提供了中国煤中铀的背景含量，而中国煤中铀的异常主要是由同沉积火山灰、后生低温热液以及岩浆热液造成的。

第二章 新疆伊犁煤型铀矿床

第一节 地质背景

一些学者对伊犁盆地的地质背景进行了详细描述(Feng and Jiang，2000；Min et al.，2001，2005a，2005b；王正其等，2005，2006a，2006b)。伊犁盆地是由古生代弧间裂陷槽演化而来的中—新生代陆相盆地。沉积源区主要由海西期花岗岩、石炭—二叠纪中—酸性火成岩和夹碳酸盐岩层的火山碎屑岩组成。同时，这些岩层也构成了伊犁盆地的基底，盆地内充填了中生代砾岩、砂岩、泥岩和新生代碎屑沉积物(图 2.1)。含煤地层属于中—下侏罗统水西沟群，由八道湾组(J_1b)、三工河组(J_1s)、西山窑组(J_2x)组成，主要由砾岩、中粗粒砂岩、粉砂岩、泥岩、褐煤等组成。水西沟群和三工河组厚度分别为223～437m 和 56～119m(Min et al.，2001)。

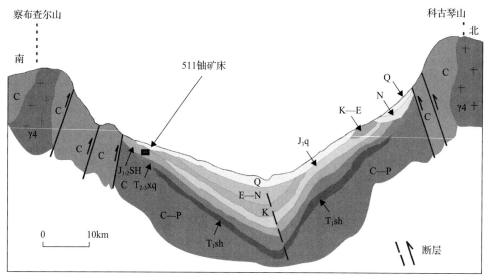

图 2.1　伊犁盆地的剖面图和 511 铀矿床位置

根据 Feng 和 Jiang(2000)及王正其等(2005)；γ4-海西期花岗岩；C-石炭系；P-二叠系；T_1sh-下三叠统上仓房沟组；$T_{2-3}xq$-中—上三叠统小泉沟组；$J_{1-2}SH$—中—下侏罗统水西沟群；J_3q-上侏罗统七古组；K-白垩系；E-古近系；N-新近系；Q-第四系

511 铀矿床位于伊犁盆地向斜的南侧，沉积地层向北东方向的倾角为3°～8°(Min et al.，2001；王正其等，2005)。铀矿床位于三工河组下部，包括褐煤层以及工业开发的砂岩型铀矿床。铀矿床赋存于中粗粒砂岩中，砂岩由石英(40%～60%)、长石(8%～15%)、碳质碎屑(2%～3%)和岩石碎屑(20%～40%)组成(Min et al.，2001)。

在 511 铀矿床区域内采集了三个钻探岩心的样品(ZK0407、ZK0161 和 ZK0177)。这三个岩心的沉积序列如图 2.2 所示。根据西江核工业局二一六队提供的数据,钻孔 ZK0407

中 10 号、11 号和 12 号煤的砂岩顶板地层含有高浓度的铀，平均含量分别为 261μg/g、450μg/g 和 556μg/g。

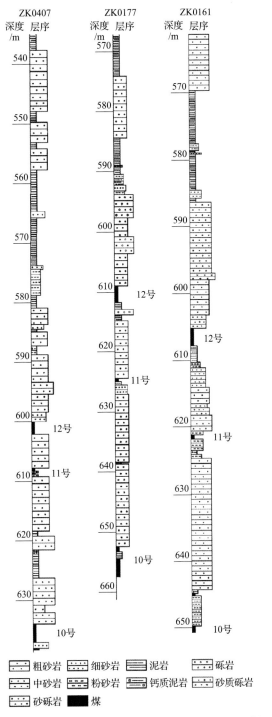

图 2.2　511 铀矿床 3 个钻孔(ZK0407、ZK0161、ZK0177)的沉积序列

第二节　煤的基本特征

表 2.1 列出了从三个岩心采集的 10 号、11 号和 12 号煤的厚度、工业分析、元素分析和镜质组随机反射率的结果。灰分产率在每个煤层(垂直和横向)内和不同的煤层之间变化均很大。例如,ZK0407、ZK0161、ZK0177 钻孔中 12 号煤的加权平均灰分产率分别为 41.96%、13.74%、29.01%。全硫含量在每个煤层的垂直剖面上变化也很大(表 2.1),以 ZK0407 的 11 号煤为例,全硫含量变化范围为 0.07%～4.61%(加权平均值为 0.75%)。X 射线衍射(XRD)、光学显微镜和扫描电镜观察表明,高硫样品也具有高含量的黄铁矿。总体而言,伊犁盆地的煤为中灰分(加权平均值为 26.88%)和中硫煤(加权平均值为 1.32%)(全硫含量 1%～3% 的煤为中硫煤;Chou,2012)。

表 2.1　伊犁盆地煤的厚度工业分析、元素分析和镜质组随机反射率

钻孔号	煤层	样品编号	厚度/cm	M_{ad}/%	A_d/%	V_{daf}/%	$S_{t,d}$/%	C_{daf}/%	N_{daf}/%	H_{daf}/%	R_r/%
ZK0407	12 号	0407-12-1	10	8.79	51.61	45.04	0.91	69.93	1.09	5.62	nd
		0407-12-2	10	9.84	41.02	43.00	1.00	70.84	1.06	4.14	nd
		0407-12-3	10	10.66	35.42	35.00	1.09	78.38	0.81	3.45	nd
		0407-12-4	10	11.03	39.77	33.44	1.60	78.21	0.78	2.94	nd
		WA	40*	10.08	41.96	39.12	1.15	74.34	0.94	4.04	
	11 号	0407-11-1	10	15.20	23.60	33.54	0.07	78.58	0.72	2.79	0.51
		0407-11-2	10	14.08	28.96	33.58	0.20	78.60	0.74	2.12	nd
		0407-11-3	10	10.08	40.88	34.91	4.61	72.13	0.77	3.50	nd
		0407-11-4	20	12.40	31.04	35.96	0.07	76.37	0.68	3.46	nd
		0407-11-5	30	12.28	31.04	35.28	0.68	76.75	0.76	3.14	nd
		0407-11-6	10	12.69	25.09	34.70	0.45	77.33	0.71	2.70	nd
		0407-11-7	10	12.39	23.48	36.01	0.43	76.76	0.78	2.95	nd
		0407-11-8	10	10.04	37.99	41.05	0.97	73.70	0.88	3.62	nd
		0407-11-9	15	9.16	64.65	46.48	0.27	68.22	0.89	4.47	nd
		WA	125*	11.99	34.57	36.90	0.75	75.39	0.77	3.26	
	10 号	0407-10-1	40	12.39	46.97	37.02	1.93	76.14	0.80	3.43	0.56
		0407-10-2	10	8.27	58.41	39.16	0.59	73.47	0.81	3.55	nd
		0407-10-3	10	9.68	48.41	36.50	0.70	75.19	0.80	2.61	nd
		0407-10-4	10	6.85	68.45	50.45	0.38	67.25	0.91	5.46	nd
		0407-10-5	8	14.29	10.20	39.13	0.83	79.00	0.79	3.00	0.49
		0407-10-6	10	11.71	18.53	40.85	1.06	76.80	0.78	3.69	nd
		0407-10-7	10	10.07	39.85	39.72	3.16	73.00	0.74	3.85	nd
		0407-10-8	10	9.44	43.76	40.46	0.79	75.08	0.78	4.27	nd
		WA	108*	10.83	43.84	39.49	1.39	74.87	0.80	3.66	

钻孔号	煤层	样品编号	厚度/cm	M_{ad}/%	A_d/%	V_{daf}/%	$S_{t,d}$/%	C_{daf}/%	N_{daf}/%	H_{daf}/%	R_r/%
ZK0161	12号	0161-12-1	180	16.16	12.31	35.79	1.45	76.81	0.90	3.15	0.59
		0161-12-2	10	14.14	9.97	40.13	1.05	73.90	0.94	3.45	0.55
		0161-12-3	10	12.49	24.76	39.73	0.64	75.44	0.97	3.93	nd
		0161-12-4	10	12.44	17.29	41.48	0.65	74.16	0.90	3.49	nd
		0161-12-5	10	11.94	28.65	41.28	0.53	73.17	0.81	3.93	nd
		WA	220*	15.54	13.74	36.67	1.32	76.33	0.90	3.25	
	11号	0161-11-1	10	12.52	19.71	34.66	1.14	75.73	0.82	2.84	nd
		0161-11-2	20	14.09	13.97	33.51	0.38	77.84	0.76	2.36	0.53
		0161-11-3	10	9.13	44.71	41.11	0.53	73.42	0.81	4.01	nd
		0161-11-4	20	9.85	38.68	38.76	0.26	75.39	0.86	3.53	nd
		0161-11-5	20	12.10	14.99	42.89	1.42	73.10	0.78	4.19	0.55
		WA	80*	11.72	24.96	38.26	0.72	75.23	0.80	3.38	
ZK0177	12号	0177-12-1	20	9.58	44.36	40.34	10.30	59.56	0.65	3.84	nd
		0177-12-2	100	11.81	25.94	37.93	0.68	76.14	1.00	3.59	0.52
		WA	120*	11.44	29.01	38.33	2.28	73.38	0.94	3.63	
	10号	0177-10-1	10	8.83	54.47	40.58	0.83	72.32	0.99	4.39	nd
		0177-10-2	20	12.89	15.65	37.66	2.81	76.11	1.01	2.64	0.47
		0177-10-3	60	13.14	15.90	37.10	0.97	76.80	0.89	3.12	0.47
		WA	90*	12.61	20.13	37.61	1.36	76.15	0.93	3.15	
		All		12.69	26.88	37.75	1.32	75.29	0.87	3.41	

注：M 表示水分；A 表示灰分；V 表示挥发分；S_t 表示全硫；C 表示碳；H 表示氢；N 表示氮；ad 表示空气干燥基；d 表示干燥基；daf 表示干燥无灰基；R_r 表示镜质组随机反射率；WA 表示样本的加权平均值；nd 表示未检测到。

* 煤层的总厚度。

第三节　煤岩学特征

表 2.2 列出了伊犁盆地煤的显微组分。除钻孔 ZK0177 的样品 0177-10-3（10 号煤）、钻孔 ZK0161 的样品 0161-12-2（12 号煤）和 0161-11-5（11 号煤）外，其他样品煤的镜质组含量都低于 50%（无矿物基）。

总体上讲，丝质体和半丝质体在显微组分中占优势。由于部分样品中镜质组含量较低，如样品 0177-10-1（钻孔 ZK0177 的 10 号煤）中镜质组含量低至 6.3%（无矿物基），没有对所有煤样进行镜质组反射率的测试。其他样品中的镜质组反射率为 0.51%～0.59%（表 2.1），表明这些煤层属于高挥发 C/B 烟煤（ASTM，2012）。

丝质体和半丝质体的赋存形式表明其既与这些煤的显微组分的火焚成因有关[图 2.3（a）～（e）]，也与木材降解后燃烧的表现形式有关[图 2.3（f）～（h）]。特别是图 2.3（f）～（h）中所示的形状类似显微组分，由于其亮度，这些显微组分表面上类似于直接由木质或

表 2.2 光学显微镜下测定伊犁盆地煤的显微组分含量

(单位: %, 无矿物基)

样品	T	CT	VD	CD	CG	G	TV	F	SF	Mic	Mac	Sec	Fun	ID	TI	Sp	Cut	Res	Alg	LD	Sub	Ex	TL
T0407-12-4	0.7	13.1	22.2	0	0	0	36.0	50.3	5.9	0	2.6	2.6	0.7	3.9	63.4	0.7	0	0	0	0	0	0	0.7
0407-11-1	8.4	7.7	1.9	0	0.6	0	18.7	65.8	7.7	0	5.2	0.6	0	0.6	79.9	0.6	0.6	0	0	0	0	0	1.2
0407-11-2	2.6	7.2	8.5	0	0.7	0	19.0	73.9	5.2	0	1.3	0	0	0	80.4	0	0	0	0	0	0.7	0	0.7
0407-11-3	5.1	15.4	7.7	0	1.3	0	29.5	39.7	28.2	0	0	0	0	0	67.9	2.6	0	0	0	0	0	0	2.6
0407-11-4	4.3	2.6	6.0	0	0	0	12.9	69.8	13.8	0	0	0	0	2.6	86.2	0.9	0	0	0	0	0	0	0.9
0407-11-5	4.3	6.0	5.2	0	1.7	0	17.2	44.0	34.5	0	0	0	0	1.7	80.2	0	2.6	0	0	0	0	0	2.6
0407-11-8	13.3	9.7	4.4	0	1.8	0	29.2	48.7	13.3	0	0.9	0	0	6.2	69.1	0.9	0	0.9	0	0	0	0	1.8
0407-11-9	8.5	1.7	3.4	0	0	0	13.6	64.4	18.6	0	0	0	0	1.7	84.7	1.7	0	0	0	0	0	0	1.7
0407-10-1	12.6	13.7	3.2	0	2.1	0	31.6	28.4	35.8	1.1	0	0	0	0	65.3	2.1	1.1	0	0	0	0	0	3.2
0407-10-5	22.6	2.1	2.5	0	0.4	1.2	28.8	39.9	19.8	0	1.2	0.8	0	0.4	62.1	4.9	2.9	0	0	1.2	0	0	9.0
0161-12-1	7.7	9.4	7.2	0	1.7	1.7	27.7	45.3	24.9	0	0	0	0	0	70.2	2.2	0	0	0	0	0	0	2.2
0161-12-2	38.6	23.8	14.3	0	1.0	5.2	82.9	5.2	4.8	0	0.5	0	0.5	0	11.0	2.9	0.5	1.4	0	0.5	1.0	0	6.2
0161-11-2	8.3	1.0	1.0	0	0	0	10.3	81.3	7.3	0	0.5	0	0	0.5	89.6	0	0	0	0	0	0	0	0
0161-11-5	27.6	35.6	8.6	0	8.0	0	79.8	2.9	2.3	0.6	1.1	0	4.6	0	11.5	1.1	5.7	1.7	0	0	0	0	8.5
0177-12-1	11.4	11.4	5.3	0	1.8	0	29.9	12.3	53.5	1.8	1.8	0	0	0.9	70.3	0	0	0	0	0	0	0	0
0177-12-2	15.7	11.2	5.6	0	4.1	5.6	42.2	49.2	5.6	0	0	0	0	0	54.8	0.5	0	1.5	0	0.5	0.5	0	3.0
0177-10-1	6.3	0	0	0	0	0	6.3	70.8	22.9	0	0	0	0	0	93.7	0	0	0	0	0	0	0	0
0177-10-2	20.7	19.5	3.6	0	0.6	0	44.4	46.7	7.7	0	0	0.6	0	0	55.0	0	0	0.6	0	0	0	0	0.6
0177-10-3	18.9	21.4	11.2	0	1.9	0.5	53.9	37.9	5.8	0	0	0.5	0	1	45.2	0.5	0.5	0	0	0	0	0	1.0

注: T 表示结构镜质体; CT 表示结构镜质体; VD 表示均质镜质体; CD 表示基质镜质体; G 表示胶质镜质体; TV 表示镜质组总量; F 表示丝质体; SF 表示半丝质体; Mic 表示微粒体; Mac 表示粗粒体; Sec 表示分泌体; Fun 表示菌类体; ID 表示碎屑惰质体; TI 表示惰质组总量; Sp 表示孢子体; Cut 表示角质体; Res 表示树脂体; Alg 表示藻类体; LD 表示碎屑壳质体; Sub 表示木栓质体; Ex 表示渗出沥青质体; TV、TI、TL 表示壳质组总量; TL 的值由于四舍五入可能存在一定的误差。

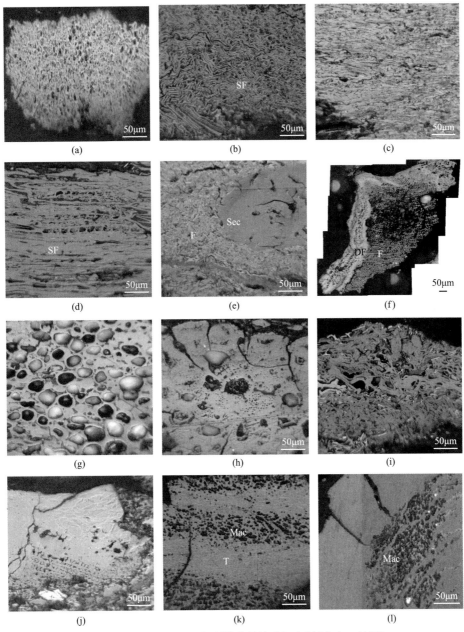

图 2.3　光学显微镜下伊犁煤中的惰质组（反射白光，油浸）

(a)丝质体，样品 0407-11-5；(b)半丝质体，样品 0161-12-3；(c)破碎的丝质体，样品 0407-11-5；(d)带细胞结构的半丝质体，样品 0407-10-1；(e)破碎的丝质体与分泌体，样品 0407-10-1；(f)与未降解丝质体相邻的降解丝质体，样品 0161-12-1；(g)丝质体中增厚的细胞壁，样品 0407-10-5；(h)丝质体中增厚的细胞壁，样品 0177-10-1；(i)与丝质体和半丝质体有关的圆形到椭圆形的宏观的粗粒体，样品 0407-10-1；(j)退化的丝质体向无结构惰质组转变，鉴定为粗粒体，样品 0407-11-5；(k)在结构镜质体中的粪粒体，样品 0177-12-2；(l)含结构镜质体的粗粒体，样品 0177-12-2；F-丝质体；SF-半丝质体；DF-退化丝质体；Mac-粗粒体；T-结构镜质体；Sec-分泌体

草本组织形成的通道产生的丝质体和半丝质体。Hower 等（2013a）和 O'Keefe 等（2013）讨论了惰质组发育的多种途径的可能性。后者还强调了粗粒体的降解作用，并讨论了沼地

动物群在处理和回收有机质中的作用(Hower et al.，2009，2011a，2011b；O'Keefe and Hower，2011；O'Keefe et al.，2011)。在书中，在粗粒体[图 2.3(i)、(j)]和粪粒体[图 2.3(k)、(l)]中可见这种相互作用。特别地，图 2.3(i)中的椭圆形粗粒体非常类似于在白垩纪内蒙古乌兰图嘎煤中被认为代表软化的/丝炭化的昆虫粪粒体的形式[Hower et al.，2013a；先前由 Scott 和 Taylor(1983)及 Cohen 等(1987)描述的形式]。

镜质组从结构镜质体[图 2.4(a)]、胶质镜质体[图 2.4(b)]和结构镜质体/胶质镜质体[图 2.4(c)]向凝胶体变化[图 2.4(d)、(e)]。凝胶体在较为丰富的镜质组组分中是较少的组分，但它在样品 0161-12-2 和 0177-12-2 中含量确实超过 5%(无矿物基)，这两个样品均来自 12 号煤。如图 2.4(d)、(e)所示，凝胶体以无定形到亚微米的颗粒状组织形式出现，具有细胞壁残余物(结构凝胶体)。颗粒基质在某些情况下较粗糙，可以认为是微粒体(图 2.5；11 号煤的块样 0161-11-1)。

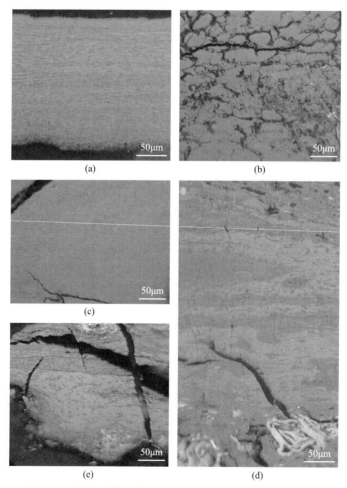

图 2.4　光学显微镜下伊犁煤中的镜质组(反射白光，油浸)

(a)结构镜质体与微粒体并列，样品 0161-12-2；(b)田块凝胶体，样品 0161-12-1；(c)结构镜质体(细胞壁)和田块凝胶体(细胞内层)，样品 0407-10-1；(d)与树脂体、角质体和木栓质体伴生的凝胶体，样品 0161-12-2；(e)与角质体和其他类脂组有关的凝胶体，较细的粪粒体存在于胶质体/凝胶体带中，位于较大贯穿带的上方，样品 0161-11-1

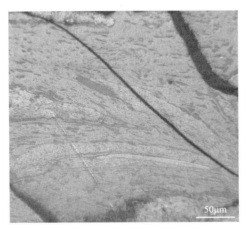

图 2.5　光学显微镜下样品 0161-11-1 中的微粒体(反射白光，油浸)

煤中的类脂组组分包括孢子体[图 2.6(a)，在宏观基质中的孢子体]、木栓质体[图 2.6(b)]、薄壁角质体[图 2.6(c)~(f)]以及与裸子植物木材相关的树脂体[图 2.6(g)~(j)]。

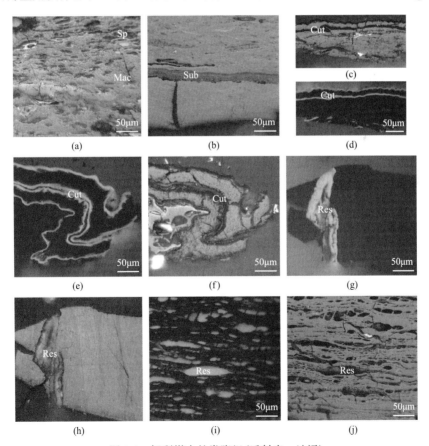

图 2.6　伊犁煤中的类脂组(反射光，油浸)

(a)粗粒体中的孢子体，样品 0177-10-2；(b)被压缩的木栓质体，样品 0161-12-2；(c)和(d)蓝白光下的角质体，样品 0161-11-5；
(e)和(f)蓝白光下的角质体，样品 0161-11-5；(g)和(h)裸子植物木材中的树脂导管[(g)中的荧光树脂体]，样品 0161-12-2；
(i)和(j)蓝白光下的树脂体，样品 0161-11-5；Mac-粗粒体；Sp-孢子体；Sub-木栓质体；Cut-角质体；Res-树脂体

第四节　煤的矿物学特征

一、矿物组成和化学组成对比

基于 XRD 图谱的 Siroquant 分析，表 2.3 和表 2.4 分别列出了伊犁煤矿中煤低温灰 (LTA) 和非煤样品的矿物组成数据。结果表明，石英和高岭石通常是低温灰或岩石样品中最丰富的矿物，伊利石和部分情况下的伊/蒙混层 (I/S) 次之。在大多数研究的样品中也会出现少量的绿泥石(可能富含铁)和钾长石(可能是微斜长石)。另一个长石相暂时被鉴定为钠长石，也会赋存在一些样品的钾长石中。

图 2.7(a) 表明，虽然石英分散程度较大，但其在矿物中所占的比例随样品灰分(干基)的增加而增加。例如，在灰分产率<20%的煤中，石英在矿物总量中的占比通常大于 40%，但在一些灰分产率很高的非煤样品中，石英可能占矿物总量的 80%。这可能在一定程度上反映了非煤和高灰煤样中陆源碎屑的相对输入较大，这与下面所描述的石英的赋存模式也符合。

相比之下，高岭石作为黏土矿物总量的一部分，在低灰分煤样中更为富集，在高灰分煤样中，高岭石与其他黏土矿物(主要是伊利石和伊/蒙混层)的混合越来越多[图 2.7(b)]。这也表明可能伊利石和伊/蒙混层主要为碎屑成因。另外，钾长石作为矿物的一部分，其丰度似乎没有随灰分的增加而增加，尽管在大多数灰分产率<20%的样品中钾长石(如果有的话)的比例很低[图 2.7(c)]。

大多数样品中都有黄铁矿(<1%)，然而在某些情况下(如样品 0177-12-1)，黄铁矿可能占总矿物含量的 20%~30%(表 2.3)。虽然样品 0407-10-9 中方解石几乎占晶体矿物的 20%，但是在一些样品中，方解石和/或白云石的比例很小。钻孔 ZK0407 和 ZK0161 的 11 煤层顶板样品中含有少量石膏。

烧石膏($CaSO_4 \cdot 1/2H_2O$)存在于大多数煤样的低温灰中(表 2.3)。图 2.7(d) 表明，低灰分煤样(灰分产率<20%的样品)的低温灰中烧石膏含量最高(高达 30%)，但在灰分产率超过 50%的样品中烧石膏矿物总含量中的占比低于 1%。在灰分产率超过 70%的样品中，根本没有发现烧石膏。

Ward(2002) 和其他学者认为，煤样低温灰中的烧石膏可能是在等离子体灰化过程中煤样中的钙与硫发生有机缔合作用而形成的。或者，它可能代表石膏的脱水产物，由煤样孔隙水中 Ca^{2+} 和 SO_4^{2-} 结晶形成(Ward, 2002)。无论哪种情况，烧石膏在有机质含量高、灰分产率低的煤中最富集。一些未经过等离子体灰化的高灰分(非煤)样品中石膏的出现也与有关样品孔隙水中 Ca^{2+} 和 SO_4^{2-} 的结晶一致，但是结晶和人为形成过程可适用于低灰分煤样品的低温灰。

虽然样品中黄铁矿氧化产生的酸与方解石相互作用也可能形成石膏和/或烧石膏 (Rao and Gluskoter, 1973)，但伊犁煤矿样品中的黄铁矿和方解石含量通常较低，其他黄铁矿氧化产物如黄钾铁矾也不存在，从而不能支持这一过程。

表2.3　通过 XRD 和 Siroquant 测定的煤低温灰的矿物组成

（单位：%）

钻孔	煤层	样品编号	A_d	石英	高岭石	伊利石	伊/蒙混层	绿泥石	钾长石	钠长石	角闪石	黄铁矿	方解石	白云石	烧石膏	石膏	锐钛矿
ZK0407	12号	0407-12-0	8.9	11.7	68.0										20.4		
		0407-12-1	51.6	47.9	35.4	13.1									1.1		
		0407-12-2	41.0	33.3	37.2	21.1		1.7	1.5			0.6			4.6		
		0407-12-3	35.4	50.3	15.7	7.0		3.6	8.2	3.0		4.4			7.8		
		0407-12-4	39.8	51.6	19.3	13.3		2.5	3.3	2.3		3.5	0.7	2.3	1.3		
	11号	0407-11-1	23.6	38.3	21.9	12.3		3.3	11.6	5.0			4.0		3.5		
		0407-11-2	29.0	37.1	20.0	16.0		0.3	8.7	6.8	2.0	0.4	6.9		1.8		
		0407-11-3	40.9	44.1	12.4	7.5	2.3	4.5	1.7		1.5	14.9	3.2	0.6	7.4		
		0407-11-4	31.0	31.0	51.2	7.4			8.9			0.4			1.0		
		0407-11-5	31.0	38.2	49.4	3.7	1.3		5.2			0.9			1.2		
		0407-11-6	25.1	38.6	44.4	6.6			3.2			0.3	1.1	4.7	1.1		
		0407-11-7	23.5	34.9	48.8	3.1			5.0			0.2			7.9		
		0407-11-8	38.0	31.0	48.7	9.7		1.0	1.1			2.8			5.7		
		0407-11-9	64.7	35.0	39.4	4.2	21.1					0.3					
	10号	0407-10-1	47.0	36.0	37.7	14.1		2.2	4.3			1.5			4.1		
		0407-10-2	58.4	45.0	28.3	14.2		3.8	3.4		3.6	0.8			0.8		
		0407-10-3	48.4	38.8	34.3	24.6			1.0			0.6			0.7		
		0407-10-4	68.5	33.9	37.6	27.1			1.0						0.4		
		0407-10-5	10.2	18.2	36.2	15.8			6.1			1.1			22.5		
		0407-10-6	18.5	28.6	32.6	23.1			0.8			6.3			8.6		
		0407-10-7	39.9	23.9	43.4	17.7			3.1			9.7			2.1		
		0407-10-8	43.8	36.7	35.5	19.5		1.7	3.7	0.6		1.4	0.5		0.4		

续表

钻孔	煤层	样品编号	A_d	石英	高岭石	伊利石	伊蒙混层	绿泥石	钾长石	钠长石	角闪石	黄铁矿	方解石	白云石	烧石膏	石膏	锐钛矿
ZK0161	12号	0161-12-1	12.3	23.2	30.0	6.3		3.2				8.7			28.5		
		0161-12-1′	31.8	31.6	48.3	12.8		0.5	2.2			0.4			4.1		
		0161-12-2	10.0	13.6	62.5	16.3						7.6					
		0161-12-3	24.8	28.7	46.7	23.9						0.7					
		0161-12-4	17.3	26.8	55.5	5.1						2.0			10.6		
		0161-12-5	28.7	37.0	28.1	10.5	22.2					0.4			1.9		
		0161-12-6	43.1	45.8	33.6	18.4									1.4		0.8
	11号	0161-11-1	19.7	22.5	57.6	3.5						4.5			11.9		
		0161-11-2	14.0	40.8	58.7							0.5					
		0161-11-3	44.7	40.6	34.2	20.1						0.4			3.4		1.3
		0161-11-4	38.7	40.7	36.7	12.3		2.7	3.1						4.0		0.5
		0161-11-5	15.0	28.3	44.5	18.8						6.8			1.7		
		0161-10-C	24.8	42.4	17.9	14.6	8.3	6.4	5.6	3.1		2.3	2.1		5.7		
ZK0177	12号	0177-12-1	44.4	28.6	11.8	7.2		4.1	4.0	0.2		30.9			4.9		
		0177-12-2	25.9	37.6	49.0	3.2			5.9	2.5		1.4			0.5		
	10号	0177-10-1	54.5	31.9	43.9	18.2		5.3				0.5			0.3		
		0177-10-2	15.7	37.6	29.3	6.1						18.4			8.6		
		0177-10-3	15.9	40.5	24.6	14.0		5.8	0.8	5.9		6.2	1.6		0.6		

注：A 表示灰分；d 表示干燥基；C 表示煤；由于四舍五入，各矿物之和可能存在一定的误差。

表2.4　通过XRD和Siroquant测定的非煤样品的矿物组成

(单位：%)

钻孔	煤层	样品编号	LOI	石英	高岭石	伊利石	伊蒙混层	绿泥石	钾长石	钠长石	黄铁矿	方解石	烧石膏	石膏	锐钛矿
ZK0407	12号	0407-12-P	6.6	55.3	18.1	8.2		6.4	10.7		1.2				
	11号	0407-11-R	13.7	45.1	30.1	9.7		2.5	3.2	1.7	1.3			3.9	2.5
		0407-11-P	35.6	77.3	10.4	2.9			9.4						
		0407-11-F1	28.4	48.3	33.6	16.1				0.6			0.3		1.1
		0407-11-F2	12.3	45.3	34.1	9.7	10.0								0.9
	10号	0407-10-R1	1.8	79.9	6.9	2.7			9.5			0.9			
		0407-10-R2	1.7	77.5	7.9	1.9			12.7						
		0407-10-F	11.1	44.0	16.4	11.3		5.1	5.4			17.8			
ZK0161	12号	0161-12-P	12.8	43.9	14.9	17.5	22.7	0.9			0.1				
		0161-12-F1	40.2	42.0	36.4	21.0							0.6		
		0161-12-F2	9.5	35.1	28.7	10.1	22.8	0.7	2.6				0.1		
	11号	0160-11-R	3.2	63.9	14.3	2.2		Trace	14.7		1.4			3.5	
		0160-11-P1	14.3	48.6	27.6	5.6	17.5								0.8
		0160-11-P2	16.9	40.1	39.2	3.9	11.7		3.9		0.1				1.0
		0160-11-P3	14.4	35.1	29.2	4.3	27.2		3.3						0.9
		0160-11-P4	35.0	31.6	39.9	28.2			Trace				0.3		
		0160-11-P5	44.3	32.9	43.9	21.8			0.6				0.8		
		0160-11-F1	38.4	38.7	38.9	19.2					2.8		0.4		
		0160-11-F2	14.9	40.9	39.6	9.2	8.7	0.8							0.8
		0160-11-F3	14.9	39.9	38.6	17.3		1.8	2.4						
		0160-11-F4	13.2	40.6	42.2	14.8		1.9	0.6						
		0160-11-F5	43.1	25.7	42.6	23.6		6.1	1.8				0.1		
		0177-12-R	7.9	61.0	10.2	3.2	5.5	5.9	5.9	5.1		9.1			

注：LOI表示烧失量；F表示夹矸；P表示煤层顶板；R表示煤层底板；Trace表示痕量矿物；由于四舍五入，各矿物之和可能存在一定的误差。

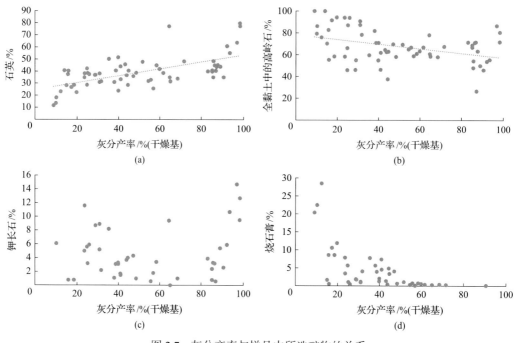

图 2.7　灰分产率与样品中所选矿物的关系
(a)石英；(b)全黏土中的高岭石；(c)钾长石；(d)烧石膏

　　煤样低温灰中含有不同比例的其他矿物，包括蒙脱石、角闪石、方解石、白云石和锐钛矿。SEM-EDS 也检测到一些其他相的痕迹，但这些痕迹的总浓度低于 XRD 的检测限。这些相包括针硫镍矿、黄铜矿、方硫钴矿、碲硫镍钴矿、白硒铁矿、方硒铜矿、硒黄铜矿、沥青铀矿、铀石、含铀硫酸盐、硅磷铈钇矿、富针独层石、Fe-Ti 氧化物、锆石、钾长石、方解石和铁的氢氧化物。

　　总体上看，除烧石膏含量较高、高岭石相对丰度略高外，煤的低温灰样品中的矿物组合与夹矸、顶板、底板中的矿物组合相似(表 2.3，表 2.4)。这表明可能这两种类型的物质在沉积过程中输入的矿物来源相同，以及在随后的成岩作用或后生作用中受到类似的影响。

二、矿物和化学成分的比较

　　由 X 射线荧光法(XRF)检测的主要元素氧化物的百分比已重新计算，以给出每个样品的无 SO_3 氧化物标准化百分比(表 2.5)。表 2.6 中列出了根据 Ward 等(1999)的描述进行计算的由 XRD 数据推算出的主要元素氧化物的百分含量。

　　图 2.8 给出了观察到的(直接分析的)和推算的(从 XRD 推算出的百分比)主要氧化物百分比之间的关系。低灰分(灰分产率<18%)和高灰分(灰分产率>18%)样品的数据分别绘制在图 2.8 中。在图 2.8 中的每个小图上都提供了一条对角线，以指示所研究系列中每个样本的数据点落在哪里从而确定观察百分比与推算百分比是否完全相等。

表 2.5　根据化学分析数据归一化后煤灰的化学成分

（单位：%）

钻孔	煤层	样品编号	A_d	SiO_2	TiO_2	Al_2O_3	Fe_2O_3	MnO	MgO	CaO	Na_2O	K_2O	P_2O_5
	12号	0407-12-0	8.90	32.47	0.43	20.78	0.34	0.08	4.99	40.51	0.20	0.16	0.03
		0407-12-1	51.61	70.38	0.87	20.91	2.39	0.01	1.07	2.39	0.08	1.86	0.03
		0407-12-2	41.02	65.56	0.86	23.64	3.07	0.03	1.22	3.29	0.12	2.18	0.04
		0407-12-P	93.42	71.14	0.47	18.91	3.51	0.02	1.33	0.39	0.11	4.05	0.07
		0407-12-3	35.42	59.57	0.63	15.56	7.52	0.10	2.33	11.41	0.30	2.51	0.08
		0407-12-4	39.77	60.50	0.53	15.97	7.00	0.06	2.18	11.18	0.34	2.16	0.07
ZK0407		0407-11-R	86.63	69.03	0.93	21.71	3.24	0.01	1.12	0.84	0.11	2.95	0.05
		0407-11-1	23.6	49.43	0.56	17.27	2.80	0.07	3.06	24.96	0.39	1.41	0.05
		0407-11-2	28.96	54.66	0.41	15.88	4.82	0.07	2.67	19.03	0.49	1.89	0.07
		0407-11-3	40.88	52.41	0.37	13.83	19.66	0.06	2.14	8.93	0.48	2.04	0.07
		0407-11-P	64.36	85.69	0.17	9.07	1.69	0	0.18	0.16	0.12	2.88	0.03
	11号	0407-11-4	31.04	54.61	0.87	24.62	3.99	0	1.68	12.98	0.28	0.91	0.06
		0407-11-5	31.04	60.82	1.27	22.95	2.44	0	1.40	10.07	0.17	0.84	0.05
		0407-11-6	25.09	58.06	1.16	21.67	1.79	0	1.95	14.36	0.21	0.75	0.05
		0407-11-7	23.48	58.45	1.31	23.23	1.46	0	1.68	13.03	0.12	0.67	0.05
		0407-11-8	37.99	60.78	1.02	25.4	3.68	0	1.33	6.18	0.15	1.42	0.05
		0407-11-9	64.65	66.92	1.39	24.87	1.56	0	0.90	3.48	0.07	0.78	0.04
		0407-11-F1	71.57	70.34	1.18	22.88	1.61	0.01	0.94	0.61	0.07	2.34	0.02
		0407-11-F2	87.66	85.69	0.17	9.14	1.65	0	0.18	0.17	0.11	2.87	0.02

续表

钻孔	煤层	样品编号	A_d	SiO_2	TiO_2	Al_2O_3	Fe_2O_3	MnO	MgO	CaO	Na_2O	K_2O	P_2O_5
ZK0407	10号	0407-10-R1	98.23	83.78	0.12	9.70	0.83	0.98	0.27	0.31	0.13	3.60	0.29
		0407-10-R2	98.33	85.71	0.09	9.34	0.84	0.01	0.20	0.18	0.13	3.49	0.02
		0407-10-1	46.97	61.92	0.90	23.62	5.07	0.03	1.40	4.24	0.15	2.60	0.05
		0407-10-2	58.41	66.31	0.84	22.54	2.93	0.04	1.23	3.19	0.11	2.77	0.05
		0407-10-3	48.41	62.99	0.85	23.84	2.97	0.03	1.52	4.85	0.14	2.74	0.06
		0407-10-4	68.45	65.62	1.08	25.02	2.29	0.03	1.12	2.10	0.10	2.59	0.05
		0407-10-5	10.20	25.76	0.60	14.98	9.11	0.07	5.27	43.49	0.29	0.43	0
		0407-10-6	18.53	48.74	0.91	19.88	7.10	0.05	2.70	19.00	0.23	1.34	0.04
		0407-10-7	39.85	54.02	0.78	25.41	9.59	0.03	1.48	6.88	0.12	1.65	0.04
		0407-10-8	43.76	60.47	0.95	23.74	3.80	0.04	1.57	7.13	0.15	2.10	0.06
		0407-10-F	88.86	54.82	1.10	19.23	2.19	0.22	1.59	17.57	0.07	3.10	0.12
ZK0161	12号	0161-12-1'	31.81	62.22	0.77	25.26	1.83	0.03	1.59	6.58	0.13	1.55	0.03
		0161-12-1	12.31	37.93	1.10	15.72	12.05	0.12	3.67	28.08	0.56	0.67	0.10
		0161-12-2	9.97	35.59	0.66	28.79	5.02	0.12	3.01	25.66	0.42	0.72	0
		0161-12-3	24.76	57.50	1.00	24.21	2.01	0.05	1.56	12.31	0.12	1.17	0.06
		0161-12-P	87.23	67.77	0.69	22.56	2.83	0.03	1.70	0.38	0.08	3.87	0.09
		0161-12-4	17.29	52.65	0.75	25.26	2.56	0.07	1.77	16.05	0.33	0.52	0.04
		0161-12-5	28.65	64.99	0.82	21.64	1.82	0.04	1.37	7.98	0.16	1.15	0.04
		0161-12-6	43.11	73.43	1.04	17.48	1.53	0.02	1.18	3.83	0.08	1.37	0.03
		0161-12-F1	59.83	69.59	1.29	21.14	2.00	0.02	1.37	2.39	0.09	2.08	0.02
		0161-12-F2	90.46	67.63	1.03	23.49	2.16	1.28	1.28	0.53	0.06	2.52	0.02

续表

钻孔	煤层	样品编号	A_d	SiO_2	TiO_2	Al_2O_3	Fe_2O_3	MnO	MgO	CaO	Na_2O	K_2O	P_2O_5
ZK0161	11号	0161-11-R	96.84	79.61	0.27	13.00	1.52	0.01	0.51	0.25	0.16	4.62	0.05
		0161-11-1	19.71	50.05	1.06	25.71	5.52	0	1.89	15.19	0.14	0.35	0.08
		0161-11-P1	85.7	72.17	1.14	21.33	1.50	0.01	0.94	0.79	0.07	2.05	0.02
		0161-11-P2	83.06	69.66	1.07	24.28	1.42	0.01	0.85	0.96	0.06	1.68	0.02
		0161-11-2	13.97	46.85	0.86	19.37	1.35	0	3.00	28.08	0.26	0.23	0
		0161-11-3	44.71	68.32	1.18	21.55	1.73	0	0.98	4.47	0.11	1.59	0.06
		0161-11-4	38.68	65.34	1.20	22.26	1.78	0	1.16	6.66	0.13	1.42	0.05
		0161-11-P3	85.56	67.31	1.03	25.38	2.03	0.01	0.96	0.81	0.06	2.17	0.23
		0161-11-P4	65.04	66.75	0.99	24.97	1.96	0.01	1.08	1.59	0.07	2.56	0.03
		0161-11-P5	55.66	65.61	0.94	25.10	2.46	0.01	1.17	2.08	0.09	2.51	0.03
		0161-11-5	14.99	52.38	0.79	24.93	7.51	0	1.50	10.65	0.34	1.85	0.04
		0161-11-F1	61.62	65.27	1.01	23.81	4.80	0.01	0.96	1.36	0.09	2.48	0.21
		0161-11-F2	85.06	65.43	1.13	25.31	2.14	0.97	0.99	0.45	0.70	2.67	0.22
		0161-11-F3	85.1	66.96	1.13	25.90	2.21	0.01	1.04	0.45	0.07	2.19	0.03
		0161-11-F4	86.79	66.09	1.15	26.34	2.06	0.01	1.06	0.41	0.06	2.80	0.03
		0161-11-F5	56.92	63.44	1.11	24.90	3.30	0.02	2.10	2.46	0.07	2.54	0.04
	10号	0161-10-C	24.83	57.60	0.53	14.17	8.85	0.07	3.26	12.82	0.54	2.10	0.05
	12号	0177-12-R	92.12	66.21	0.26	12.83	0.91	0.11	0.94	14.74	0.68	3.27	0.06
		0177-12-1	44.36	49.30	0.40	15.09	23.89	0.08	2.28	6.35	0.58	1.90	0.14
		0177-12-2	25.94	57.12	0.79	23.66	3.21	0.08	1.73	11.65	0.32	1.39	0.06
ZK0177	10号	0177-10-1	54.47	61.45	1.02	25.29	3.71	0.03	1.98	3.51	0.09	2.84	0.06
		0177-10-2	15.65	37.15	0.81	11.86	21.78	0.08	4.14	23.42	0.22	0.49	0.05
		0177-10-3	15.90	43.17	0.59	14.34	9.54	0.10	4.59	25.17	0.67	1.76	0.08

注：A 表示灰分；d 表示干燥基；P 表示夹矸；R 表示顶板；C 表示煤；F 表示底板；由于四舍五入，各矿物之和可能存在一定的误差。

表 2.6　由 XRD 定量结果推算出的样品的主要元素氧化物含量　　　（单位：%）

钻孔	煤层	样品编号	SiO$_2$	TiO$_2$	Al$_2$O$_3$	Fe$_2$O$_3$	MgO	CaO	Na$_2$O	K$_2$O
ZK0407	12 号	0407-12-0	55.50	0	34.41	0	0	10.09	0	0
		0407-12-1	76.55	0.02	20.57	0.73	0.40	0.45	0	1.27
		0407-12-2	69.44	0.02	25.40	0.58	0	1.96	0	2.61
		0407-12-P	80.37	0	15.13	0.84	1.01	0	0	2.66
		0407-12-3	76.39	0.03	12.74	4.32	0.60	3.31	0.39	2.23
		0407-12-4	76.87	0.02	15.03	3.24	0.94	1.71	0.29	1.90
	11 号	0407-11-R	74.24	2.74	18.43	1.14	0	1.38	0.22	1.86
		0407-11-1	72.21	0.03	18.35	0.98	0.54	3.9	0.64	3.34
		0407-11-2	71.51	0	18.14	1.16	0.05	4.95	1.02	3.17
		0407-11-3	67.91	0	11.92	12.25	0.99	5.65	0.15	1.12
		0407-11-P	91.12	0	6.99	0	0	0	0	1.88
		0407-11-4	70.15	0	26.77	0.29	0	0.42	0	2.37
		0407-11-5	73.28	0	24.17	0.65	0.03	0.52	0.02	1.32
		0407-11-6	71.83	0	22.79	0.22	1.14	2.74	0	1.27
		0407-11-7	70.89	0	24.22	0.15	0	3.46	0	1.28
		0407-11-8	67.44	0.01	26.24	2.43	0.17	2.49	0	1.21
		0407-11-9	73.73	0	24.63	0.21	0.42	0.29	0.32	0.41
		0407-11-F1	76.75	1.17	20.34	0	0	0.12	0.08	1.55
		0407-11-F2	76.75	1.17	20.34	0	0	0.12	0.08	1.55
	10 号	0407-10-R1	92.07	0	5.53	0	0	0.51	0	1.88
		0407-10-R2	91.44	0	6.22	0	0	0	0	2.35
		0407-10-1	70.49	0.02	23.4	1.77	0.36	1.74	0	2.21
		0407-10-2	75.17	0	19.55	2.10	0.61	0.33	0.25	1.98
		0407-10-3	72.52	0	24.19	0.43	0	0.29	0	2.57
		0407-10-4	70.41	0	26.61	0	0	0.17	0	2.82
		0407-10-5	54.37	0	22.73	9.61	0	11.27	0	2.02
		0407-10-6	64.24	0	24.55	4.83	0	3.82	0	2.57
		0407-10-7	62.13	0	27.23	7.31	0	0.92	0	2.41
		0407-10-8	71.19	0.02	23.87	1.50	0.27	0.47	0	2.68
		0407-10-F	69.91	0.05	14.2	1.57	0.86	11.22	0	2.18
ZK0161	12 号	0161-12-1′	69.05	0	26.94	0.45	0.08	1.76	0	1.71
		0160-12-1	50.73	0	9.76	29.15	0.24	8.12	0.85	1.15
		0160-12-2	57.81	0	34.75	5.76	0	0	0	1.68
		0160-12-3	67.76	0	29.38	0.51	0	0	0	2.36
		0161-12-P	75.79	0.01	20.47	0.33	0.36	0.15	0.17	2.73
		0160-12-4	65.04	0	28.01	1.57	0	4.82	0	0.55
		0160-12-5	72.74	0	23.55	0.29	0.22	0.94	0.17	2.10
		0161-12-6	75.51	0.85	21.27	0	0	0.58	0	1.79
		0161-12-F1	74.25	0	23.46	0	0	0.25	0	2.04
		0161-12-F2	72.32	0.01	24.24	0.2	0.33	0.20	0.17	2.53

续表

钻孔	煤层	样品编号	SiO_2	TiO_2	Al_2O_3	Fe_2O_3	MgO	CaO	Na_2O	K_2O
ZK0161	11号	0160-11-R	85.37	0	9.62	0.98	0	1.20	0	2.82
		0160-11-1	61.52	0	28.94	3.62	0	5.54	0	0.38
		0160-11-P1	77.92	0.84	19.45	0	0.17	0.12	0.13	1.37
		0160-11-P2	74.14	1.07	22.79	0.07	0.11	0.08	0.09	1.65
		0160-11-2	74.33	0	25.31	0.36	0	0	0	0
		0160-11-3	72.34	1.41	22.55	0.29	0	1.43	0	1.98
		0160-11-4	72.78	0.57	21.92	0.81	0.44	1.69	0	1.79
		0160-11-P3	72.38	0.95	23.70	0	0.27	0.18	0.2	2.31
		0160-11-P4	69.22	0	27.90	0	0	0.12	0	2.76
		0160-11-P5	70.00	0	27.41	0	0	0.33	0	2.25
		0160-11-5	65.15	0	27.16	5.06	0	0.73	0	1.90
		0160-11-F1	71.83	0	24.10	2.02	0	0.17	0	1.88
		0160-11-F2	74.10	0.85	23.38	0	0.09	0.06	0.07	1.46
		0160-11-F3	73.23	0.02	23.83	0.53	0.29	0	0	2.11
		0160-11-F4	73.44	0.02	24.13	0.56	0.31	0	0	1.55
		0160-11-F5	65.2	0.06	29.24	1.81	1	0.04	0	2.66
	10号	0161-10-C	73.17	0.06	17.18	2.20	0	3.69	0.4	3.3
ZK0177	12号	0177-12-R	82.61	0	9.58	0	0.05	5.45	0.68	1.63
		0177-12-1	55.02	0.04	13.75	25.91	0.83	2.32	0.10	2.03
		0177-12-2	73.15	0	23.92	1.01	0	0.21	0.32	1.39
	10号	0177-10-1	68.11	0.05	27.13	1.94	0.86	0.13	0	1.79
		0177-10-2	64.47	0	16.36	14.58	0	3.94	0	0.66
		0177-10-3	70.54	0.02	18.74	6.21	0.95	1.22	0.76	1.53

注：P表示夹矸；R表示顶板；F表示底板；C表示煤；由于四舍五入，各矿物之和可能存在一定的误差。

对于低灰分煤(图2.8；灰分产率<18%)有一些例外情况(下面将更全面地讨论)，SiO_2、Al_2O_3 和 Fe_2O_3 的大部分数据点[图2.8(a)～(c)；灰分产率>18%]接近对角线，表明由XRD推算的高灰分材料(至少)的矿物定量结果与由 XRF 检测的化学数据结果一致；K_2O 的图谱更加分散[图2.8(d)]，部分原因是在如此低的浓度下，XRD的测定存在较大的误差，且伊利石和伊/蒙混层的化学性质存在不确定性，但仍然与对角线有广泛的相关性。

从图 2.8(d)、(e)可以看出，相比于直接化学分析，由 XRD 数据推算出的 CaO 和 MgO 的含量要低很多。对于低灰分样品(灰分产率<18%)的每个案例，差异特别大。尽管上述低灰分煤中含有大量的差序烧石膏，但是这些烧石膏也包括在 CaO 的样点中，因此这些点表明这些样品的 LTA 中可能含有更多的非晶体形式的钙和镁。这种物质很可能是由等离子灰化所释放的无序的 Ca 和 Mg 氧化物组成的，因为没有足够的 S 促使硫酸盐(如烧石膏)的形成。

低灰分煤[图 2.8(a)、(b)；灰分产率<18%]中 SiO_2 以及 Al_2O_3 图中较小部分的数据

点倾向于落在对角线以上，这与高灰分材料的数据点所显示的密切关系有所不同。这与这些样品的 LTA 中存在的非晶状富钙物质是一致的，这些物质不包括在矿物成分的定量计算中。因此，将矿物成分归一化到 100%会导致含铝相和含硅相在 Siroquant 数据中的比例更高，以及 SiO_2 和 Al_2O_3 与观测值（即包括非晶质材料）相比具有更高的推断比例。SiO_2 的图代表了在这个过程中受影响最大的是最丰富的非钙氧化物。

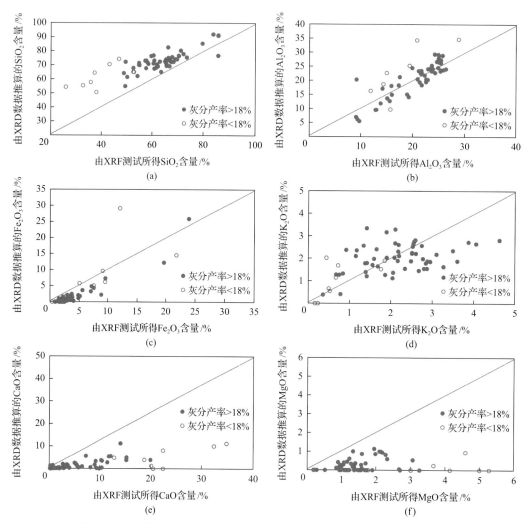

图 2.8　从化学分析观察到的归一化氧化物百分比与由 XRD 数据推算出的主要氧化物百分比的比较

每个图的对角线表示百分比含量相等；(a) SiO_2；(b) Al_2O_3；(c) Fe_2O_3；(d) K_2O；(e) CaO；(f) MgO

XRD 和化学分析结果表明，煤的有机质中含有相当比例的非晶状钙和镁。在镜质组的 SEM 分析中，普遍存在的钙进一步证实了这一观点。例如，其可以用（相对丰富的）孔隙水中的溶解离子来表示，10%～15%的风干水分通常出现在煤样中（表 2.1），较高的百分比通常出现在低灰分材料中。然而，钙和镁的化学分析数值高于推算出来的值也可能代表钙、镁和其他离子以某种方式附着在显微组分上(Li et al., 2010；Mares et al., 2012)。这种非矿物无机组分在低灰分煤(如灰分产率<18%)中的重要性相对最大，重要

性随着灰分产率的增加而降低。虽然其中一些物质在等离子灰化过程中似乎形成了烧石膏，但是煤中的硫不足以将所有的钙转化成结晶硫酸盐物质(或将镁转化到六水镁钒)。

三、煤中矿物的赋存状态

石英和长石主要以基质镜质体中的离散颗粒存在或与黏土矿物相结合，说明它们是陆源碎屑成因。相关的钠斜长石和少量角闪石的赋存状态表明其来源于花岗岩，这与在盆地周围存在的海西期花岗岩一致。在煤样中未观察到自生成因的石英和长石。

伊犁煤中高岭石存在两种赋存模式：沿层理面分布的粗粒高岭石[图 2.9(a)；2.10(a)～(c)]和填充在细胞中的细粒高岭石[图 2.10(d)～(f)]。第一类高岭石可能为陆源碎屑矿物，第二类高岭石可能为自生矿物。伊利石、伊/蒙混层、富铁绿泥石和云母[为平行于层理面的条状和针状以及长轴状；图 2.9(a)、(b)、(d)]的赋存模式表明它们主要为陆源碎屑物质。

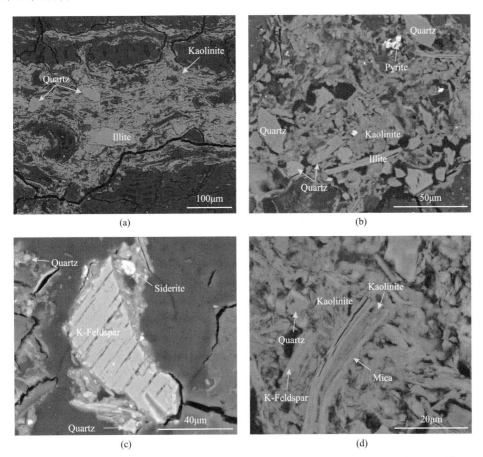

图 2.9　煤中石英、黏土矿物、钾长石、云母、黄铁矿和菱铁矿的 SEM 反向电子图像

(a)样品 0407-10-2 中陆源碎屑成因的石英、伊利石和高岭石(或伊/蒙混层)；(b)样品 0177-12-1 中陆源碎屑成因的石英、伊利石、高岭石；(c)样品 0177-12-2 中的石英、钾长石和菱铁矿；(d)样品 0177-10-2 中陆源碎屑成因的石英、高岭石、钾长石和云母；Quartz-石英；Illite-伊利石；Kaolinite-高岭石；Pyrite-黄铁矿；Siderite-菱铁矿；K-Feldspar-钾长石；Mica-云母

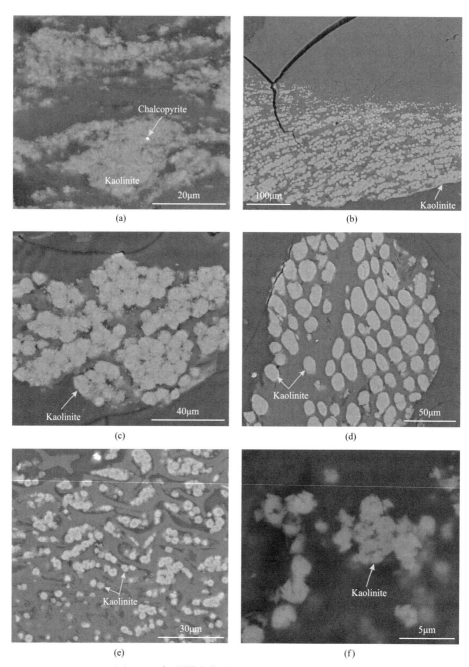

图 2.10　伊犁煤中高岭石的 SEM 背散射电子图

(a)～(c)粗粒高岭石，分布于样品 0177-12-2 基质镜质体中；(d)样品 0177-12-2 中充填细胞的细粒高岭石；(e)和(f)样品
0177-12-1 中充填细胞的细粒高岭石；Kaolinite-高岭石；Chalcopyrite-黄铜矿

除了通过 XRD、SEM-EDS、光学显微镜下观察到的黄铁矿（图 2.11）外，通过 SEM-EDS 在伊犁煤中识别出的其他硫化物和硒类矿物还包括针镍矿（NiS）、黄铜矿（FeCuS$_2$）、方硫钴矿（CoS$_2$）、锡金矿〔(Ni,Co)$_3$S$_4$〕、白硒铁矿（FeSe$_2$）、方硒铜矿（CuSe$_2$）和铜硒铁石（CuFeSe$_2$）（图 2.12）。

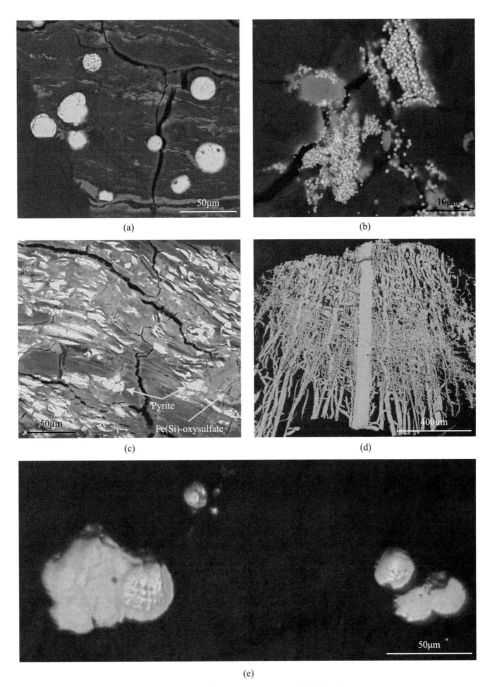

图 2.11 样品 0177-10-2 中的黄铁矿

(a) 莓球状黄铁矿，样品 0177-10-2；(b) 基质镜质体中的细粒黄铁矿；(c) 充填细胞的黄铁矿和含水(Si)硫酸铁；
(d) 裂隙充填状、树突状黄铁矿；(a)~(d) SEM 背散射电子图像；(e) 光学显微镜、油浸、白光；Pyrite-黄铁矿；
Fe(Si)-oxysulfate-Fe(Si)含氧硫酸盐

煤中的黄铁矿以莓球状聚集或呈细粒自形方晶赋存在基质镜质体中。莓球状黄铁矿
与高岭石层有关，黄铁矿周围层的压实现象表明莓球状黄铁矿是自生成因。另外还观察

到了细胞充填状[图 2.11(c)]、块状、裂隙充填状和树突状[图 2.11(d)]黄铁矿，后两种赋存形式表明其为后生成因。黄铁矿的不同形态[图 2.11(a)、(d)]，以及不同结构的单个黄铁矿颗粒在内部和外部的赋存模式表明黄铁矿具有多期成因。硫酸铁矿物可能是含水(Si)硫酸铁，分布在有机质中[图 2.11(c)]。Fe(Si)含氧硫酸盐与黄铁矿紧密分布的物质[图 2.11(c)]可能是黄铁矿的氧化产物。

　　还有其他痕量的硫化物和硒矿物质以充填细胞[图 2.12(a)、(b)]的形式存在于基质镜质体中[图 2.12(c)、(d)]或充填在裂隙中[图 2.12(d)]。这些矿物的赋存模式表明其主要是后生成因。

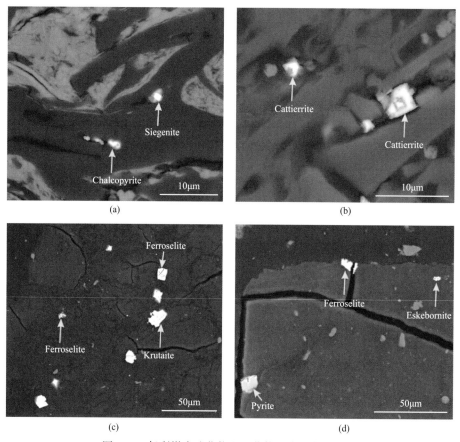

图 2.12　伊犁煤中硫化物和硒化物的半散射电子像

(a)样品 0407-10-2 中空洞内的方铅矿和黄铜矿；(b)样品 0177-12-1 中充填细胞的钙铁矿；(c)样品 0177-12-1 中白硒铁矿和方硒铜矿呈胶态分布；(d)样品 0177-12-1 中的白硒铁矿、铜硒铁石和黄铁矿；Pyrite-黄铁矿；Chalcopyrite-黄铜矿；Siegenite-碲硫镍钴矿；Cattierrite-方硫钴矿；Ferroselite-白硒铁矿；Krutaite-方硒铜矿；Eskebornite-硒黄铜矿

　　在煤中很少观察到方硫钴矿(Tang and Huang，2004；Dawson et al.，2012；Dai et al.，2015b)。在昆士兰鲍恩盆地的巴拉巴煤系中发现了微量的方硫钴矿(Dawson et al.，2012)。方硫钴矿可能直接来源于热液流体。然而，Co 是黄铁矿结构中最常见的可以替代 Fe 的元素之一，如果替代完成，则可能产生与黄铁矿等结构的方硫钴矿(Vaughan and Craig，1978)。伊犁煤中的方硫钴矿含有少量的 Ni 和 Se，分别替代了 Co 和 S。

　　在其他煤中发现了白硒铁矿（Goodarzi and Swaine，1993）。未见煤中方硒铜矿和硒黄铜矿的报道，但在中国恩施下二叠统茅口组富硒碳质硅质岩和碳质页岩（当地称为"石煤"）中发现了铜硒铁石（Belkin et al.，2003；Zhu et al.，2012）。伊犁煤中的方硒铜矿含有少量的 Co、Fe 和 S。

　　煤中的一些次要矿物质如白硒铁矿、方硒铜矿和方硫钴矿可能是伊犁煤中一部分硒的载体。Se 与 Fe_2O_3、S 的相关系数较高（Se-Fe_2O_3=0.70，Se-全硫=0.80），说明 Se 与硫化物的亲和性较强。但是，Se 对 Fe_2O_3 和全硫的实际 X-Y 图（图 2.13）仅显示一个高硒样品具有高含量的 Fe 和 S（样品 0177-12-1）。这清楚地表明其是含硒黄铁矿。另外两个高硒样品（样品 0407-10-2 和 0407-11-4）的 Fe 和 S 含量相对较低，没有明显的相关性。

　　SEM-EDS 鉴定出的含铀矿物低于 XRD 的检测限，包括沥青铀矿、铀石和一种含铀硫酸盐（图 2.14）。这些矿物要么分布在有机物的孔隙中，要么出现在孔洞/裂缝/裂隙的边

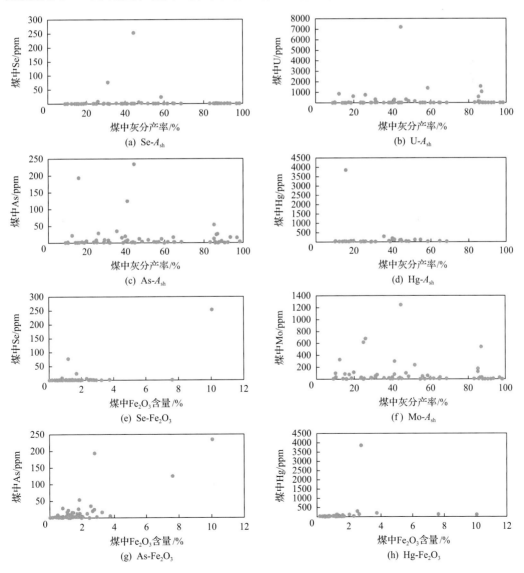

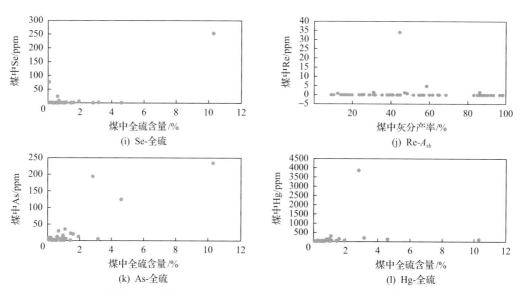

图 2.13　部分微量元素(Se、U、As、Hg、Mo、Re)与灰分、Fe$_2$O$_3$和全硫的关系

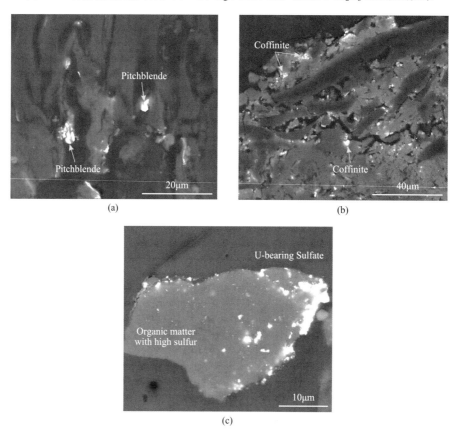

图 2.14　沥青铀矿[(a),样品 0177-12-1]、铀石[(b),样品 0177-12-1]和含铀硫酸盐[(c),样品 0177-12-2]的背散射图像

Pitchblende-沥青铀矿；Coffinite-铀石；U-bearing Sulfate-含铀硫酸盐；Organic matter with high sulfur-高硫有机质

缘。U-A_{sh} 的低相关系数（r =0.15）表明铀具有有机-无机混合亲和性。铀与灰分产率的 X-Y 图（图 2.13）中显示了一个高铀样品（样品 0177-12-1），其灰分产率为 44.36%，那么铀和灰分产率之间的关系或多或少是随机的。因此，图 2.13 和相关系数似乎都表明有机质或矿物质对铀浓度没有特别的偏好。

　　尽管如此，对一些镜质体的 SEM-EDS 分析表明，铀也存在于有机物中。铀主要存在于其他富铀煤的有机质中（Dai et al., 2008c，2015a；Seredin and Finkelman，2008）或作为铀石（van der Flier and Fyfe，1985；Seredin and Finkelman，2008）、沥青铀矿、铜铀云母、钙铀云母、β 硅钙铀矿、砷钙铀矿、翠砷铜铀矿、黄磷铅铀矿（Stoikov，1976；Seredin and Finkelman，2008）和钛铀矿（Dai et al., 2015a）存在。Finkelman（1981）发现煤中的铀可能存在于磷灰石、独居石、方铀矿、锆石、方解石、金红石和铅铋相以及有机质中；其列举了在矿化煤中发现的其他 14 种铀矿物（许多氧化产物）。Mo-A_{sh}（r =0.02）和 Re-A_{sh}（r =0.16）的相关系数，以及钼或铼与灰分产率的 X-Y 图（图 2.13）也表明钼和铼与灰分产率没有特别的相关性，因此钼和铼具有有机-无机混合亲和性。

　　汞和砷与灰分产率的关系（图 2.13）表明，除了三个高黄铁矿样品（样品 0177-10-2、样品 0177-10-2、样品 0407-11-3）对砷有硫化物亲和性及一个高黄铁矿样品（0177-10-2）对汞有硫化物亲和性外，这两个元素具有有机-无机混合亲和性。砷和汞的硫化物和有机亲和性在以前的研究中也有报道（Minkin et al., 1984；Coleman and Bragg, 1990；Ruppert et al., 1992；Eskenazy, 1995；Huggins and Huffman, 1996；Belkin et al., 1997；Zhao et al., 1998；Ward, 2001；Yudovich and Ketris, 2005a, 2005b；Riley et al., 2012）。

　　含硅磷稀土矿（图 2.15）和铁氢氧化物［图 2.15（e）、（f）］的填隙产状表明这些矿物相是自生的。在其他富含稀土的煤中也发现了自生含硅磷稀土矿（Seredin and Dai，2012）。方解石和钾长石的赋存状态［图 2.15（e）］不是充填空洞或裂缝，而是在高岭石基质中以单个颗粒的形式出现，表明其是一种碎屑成因的陆源物质，与来自沉积源区的碳酸盐层间的岩石组成相一致。由于在酸性条件下方解石在泥炭沼泽中易于分解，煤中很少观察到碎屑成因的同沉积方解石。然而如果沉积物源区主要由碳酸盐岩组成并且靠近泥炭沼泽（Bouška et al., 2000），或者生活在泥炭沼泽或周围的生物的贝壳碎片被保存在有机质中（Ward，1991），可能产生同生沉积方解石（文石）。

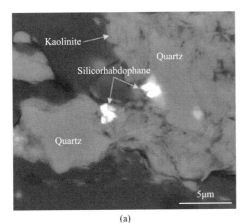
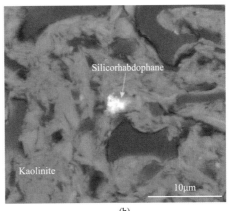

(a)　　　　　　　　　　　　　　　　　　(b)

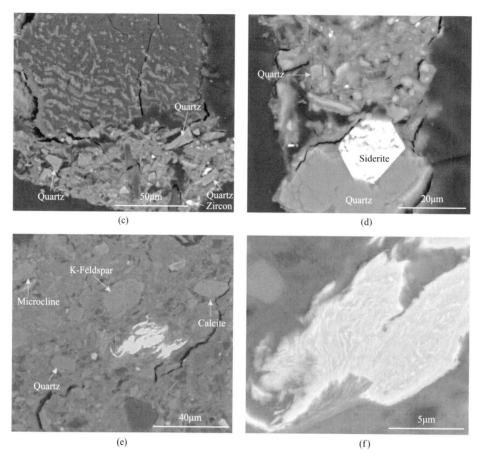

图 2.15　伊犁煤中其他微量矿物的背散射电子图

（a）和（b）样品 0407-10-2，高岭石中含硅的水磷铝石；（c）样品 0177-12-2，高岭石中的锆石；（d）样品 0177-12-2，菱铁矿；（e）和（f）样品 0177-12-1，钾长石和结晶性差的氢氧化物；（f）（e）的矩形增大区域；Silicorhabdophane-含硅水磷铝石；Quartz-石英；Kaolinite-高岭石；Siderite-菱铁矿；Zircon-锆石；K-Feldspar-钾长石；Microcline-微斜长石；Calcite-方解石

第五节　煤的地球化学特征

一、常量元素氧化物

从全煤基的角度来看（表 2.7），伊犁煤中 SiO_2、MgO、CaO、K_2O 的比例较高（钻孔 K0161 的 12 号煤除外），Fe_2O_3、MnO、Na_2O、P_2O_5 的比例基本低于 Dai 等（2012a）报道的中国煤的平均值。伊犁煤的 SiO_2/Al_2O_3 远高于中国其他煤的 SiO_2/Al_2O_3（1.42）（Dai et al.，2012a），也高于高岭石的理论 SiO_2/Al_2O_3（1.18），这与石英在矿物中所占比例较高相一致（表 2.3）。

与顶板、底板和夹矸样品相比（表 2.8），三个煤层均具有高 CaO、低 K_2O 的特征。Fe_2O_3 浓度变化较大，局部浓度较高（如 ZK0407 中 10 号煤和 11 号煤）。ZK0407 中 10 号、11 号煤中的 MgO 含量也较高。

表 2.7　伊犁盆地中样品的元素含量（全煤基）

样品编号	LOI	SiO2	TiO2	Al2O3	Fe2O3	MnO	MgO	CaO	Na2O	K2O	P2O5	SiO2/Al2O3	Li	Be	B	F	Sc	V	Cr	Co	Ni	Cu	Zn	Ga	Ge	As	Se	Rb	Sr	Y	Zr
0407-12-0	91.10	2.08	0.030	1.33	0.02	0.005	0.32	2.59	0.013	0.01	0.002	1.56	nd	nd	nd	nd	1.92	nd	nd	nd	nd	nd	nd	nd	0.18	0.87	0.38	nd	nd	4.9	5.76
0407-12-1	48.39	36.24	0.450	10.77	1.23	0.007	0.55	1.23	0.042	0.96	0.017	3.36	23.1	6.97	44.7	860	10.6	89.6	58.1	6.0	22.0	53.9	70.0	14.9	2.22	9.1	1.27	56.5	66.8	29.2	91.1
0407-12-2	58.98	26.93	0.355	9.71	1.26	0.010	0.50	1.35	0.048	0.90	0.015	2.77	19.0	10.6	44.7	713	11.2	144	98.7	9.54	38.0	55.5	81.6	23.2	4.27	8.57	0.84	46.3	69.4	28.6	131
0407-12-3	64.58	20.21	0.213	5.28	2.55	0.033	0.79	3.87	0.103	0.85	0.026	3.83	7.75	21.9	13.8	364	9.27	118	176	146	510	36.9	134	8.60	0.50	35.1	2.29	29.0	151	80.5	81.6
0407-12-4	60.23	23.00	0.203	6.07	2.66	0.023	0.83	4.25	0.130	0.82	0.028	3.79	9.30	13.30	15.9	59.0	5.88	36.2	121	43.5	207	29.6	115	7.33	0.49	20.2	1.74	29.0	155	47.4	68.7
0407-11-1	76.40	11.13	0.125	3.89	0.63	0.017	0.69	5.62	0.087	0.32	0.012	2.86	9.33	6.65	30.0	250	4.93	52.6	65.0	3.74	25.9	20.5	54.3	7.83	0.82	2.09	1.13	12.3	226	47.4	54.1
0407-11-2	71.04	14.73	0.111	4.28	1.30	0.018	0.72	5.13	0.132	0.51	0.020	3.44	7.65	6.56	25.7	38	3.75	37.2	95.3	4.05	48.2	11.8	43.5	6.62	0.63	9.27	2.04	16.9	210	44.7	40.5
0407-11-3	59.12	20.31	0.145	5.36	7.62	0.025	0.83	3.46	0.186	0.79	0.028	3.79	8.17	3.99	30.2	142	4.06	31.4	157	8.37	90.6	17.6	48.6	6.49	1.38	125	1.10	27.9	129	29.6	60.5
0407-11-4	68.96	16.28	0.260	7.34	1.19	bdl	0.50	3.87	0.082	0.27	0.017	2.22	7.41	13.70	16.5	201	8.89	82.0	76.6	5.13	32.5	14.2	50.8	9.30	3.68	8.18	76.8	10.9	183	39.2	77.4
0407-11-5	68.96	18.66	0.389	7.04	0.75	bdl	0.43	3.09	0.051	0.26	0.014	2.65	7.39	6.17	27.9	265	8.05	36.4	56.5	4.51	19.3	14.8	36.6	9.52	0.68	2.83	1.14	11.0	148	29.6	108
0407-11-6	74.91	14.31	0.287	5.34	0.44	bdl	0.48	3.54	0.052	0.18	0.013	2.68	7.10	4.28	26.8	365	7.10	28.3	51.4	4.88	17.6	13.9	46.5	7.28	0.44	2.17	0.94	7.41	161	26.9	74.5
0407-11-7	76.52	13.59	0.304	5.40	0.34	bdl	0.39	3.03	0.029	0.16	0.011	2.52	6.88	2.60	34.9	148	6.18	25.7	35.5	4.58	12.4	14.7	37.0	8.29	3.24	2.60	0.85	6.75	139	24.3	84.5
0407-11-8	62.01	22.93	0.385	9.58	1.39	bdl	0.50	2.33	0.058	0.53	0.017	2.39	12.70	1.92	37.2	812	8.31	44.8	53.2	5.52	20.0	17.5	44.0	14.80	2.76	15.7	0.98	27.9	116	23.9	102
0407-11-9	35.35	43.29	0.896	16.09	1.01	bdl	0.58	2.25	0.045	0.50	0.026	2.69	25.20	2.97	37.8	419	12.8	81.5	62.4	2.77	16.3	21.9	46.1	23.70	1.18	2.30	0.86	25.2	134	42.4	225
0407-10-1	53.03	28.31	0.413	10.80	2.32	0.014	0.64	1.94	0.070	1.19	0.022	2.62	12.70	3.47	56.6	223	7.26	87.4	83.8	10.4	34.5	24.8	53.9	10.40	4.67	12.5	5.83	43.7	90.1	25.2	86.6
0407-10-2	41.59	38.42	0.484	13.06	1.70	0.021	0.71	1.85	0.063	1.60	0.031	2.94	18.20	5.94	31.5	358	9.26	192	250	21.00	122	38.4	67.3	15.40	3.93	12.0	23.9	67.7	117	39.7	109
0407-10-3	51.59	30.28	0.411	11.46	1.43	0.014	0.73	2.33	0.067	1.32	0.031	2.64	16.70	3.85	38.1	322	8.12	90.3	205	16.60	78.9	42.9	45.3	13.10	1.29	4.14	2.85	57.2	82.3	27.8	87.5
0407-10-4	31.55	44.93	0.739	17.13	1.57	0.021	0.77	1.44	0.068	1.77	0.033	2.62	26.10	1.92	43.2	367	9.62	103	118	6.30	42.7	39.8	55.0	16.10	0.98	2.87	0.53	71.1	65.9	22.1	124
0407-10-5	89.8	2.15	0.050	1.25	0.76	0.006	0.44	3.63	0.024	0.04	bdl	1.72	2.56	7.12	47.2	58.0	5.82	29.3	45.4	9.33	13.3	6.1	33.0	5.80	2.24	0.89	1.28	1.51	181	43.5	15.9
0407-10-6	81.47	8.31	0.155	3.39	1.21	0.009	0.46	3.24	0.040	0.23	0.007	2.45	4.24	6.39	43.7	117	8.38	56.2	86.1	8.85	22.4	12.1	40.1	7.83	1.92	1.12	1.05	9.67	176	44.5	45.1
0407-10-7	60.15	21.13	0.307	9.94	3.75	0.011	0.58	2.69	0.045	0.65	0.015	2.13	11.30	10.50	29.6	211	15.90	112	145	5.32	31.6	40.6	46.5	9.90	0.75	5.19	1.82	30.3	177	47.0	80.5
0407-10-8	56.24	25.78	0.403	10.12	1.62	0.016	0.67	3.04	0.065	0.90	0.024	2.55	11.50	7.80	31.0	247	14.70	100	152	6.98	45.1	33.1	55.4	11.50	0.71	2.75	1.25	38.5	160	45.1	95.7
0161-12-1	87.69	3.62	0.105	1.50	1.15	0.011	0.35	2.68	0.053	0.06	0.010	2.41	3.57	4.00	61.0	bdl	3.24	18.5	25.0	7.01	14.4	13.7	59.5	4.70	5.79	22.2	0.78	2.58	105	16.6	38.3

续表

样品编号	LOI	SiO₂	TiO₂	Al₂O₃	Fe₂O₃	MnO	MgO	CaO	Na₂O	K₂O	P₂O₅	SiO₂/Al₂O₃	Li	Be	B	F	Sc	V	Cr	Co	Ni	Cu	Zn	Ga	Ge	As	Se	Rb	Sr	Y	Zr
0161-12-1'	68.19	18.71	0.23	7.60	0.55	0.011	0.48	1.98	0.039	0.47	0.010	2.46	9.83	1.28	nd	nd	3.94	30.8	19.4	5.13	14.6	17.1	11.8	6.62	1.46	0.87	0.38	24.4	81.1	10.1	40.3
0161-12-2	90.03	3.19	0.059	2.58	0.45	0.011	0.27	2.30	0.038	0.06	bdl	1.24	2.95	0.51	107	3.0	4.65	32.3	16.7	6.62	8.91	21.4	32.2	4.13	2.05	2.71	0.56	3.13	96.0	12.5	21.4
0161-12-3	75.24	14.01	0.244	5.90	0.49	0.013	0.38	3.0	0.029	0.29	0.015	2.37	9.39	1.98	49.2	76	9.76	68.9	52.8	5.68	11.0	41.6	28.9	8.63	0.39	8.66	0.82	22.3	139	25.5	71.7
0161-12-4	82.71	8.63	0.123	4.14	0.42	0.012	0.29	2.63	0.054	0.09	0.007	2.08	6.52	2.39	80.1	13	5.25	31.5	27.4	6.98	9.86	15.1	30.0	5.38	3.14	2.85	0.53	3.72	113	24.8	34.3
0161-12-5	71.35	18.56	0.234	6.18	0.52	0.011	0.39	2.28	0.045	0.33	0.011	3.0	9.91	2.98	82.9	106	5.62	43.7	29.0	6.54	11.7	18.3	37.7	7.70	3.36	1.69	0.63	22.6	110	29.5	61.1
0161-12-6	56.89	30.63	0.440	7.29	0.64	0.008	0.49	1.60	0.034	0.57	0.013	4.2	14.20	4.06	nd	nd	5.17	44.2	22.9	5.88	18.4	25.4	9.09	12.20	2.47	1.74	0.83	39.6	80.1	27.7	73.3
0161-11-1	80.29	9.52	0.201	4.89	1.05	bdl	0.36	2.89	0.026	0.07	0.016	1.95	10.30	30.6	20.85	17	14.2	161	144	4.76	13.6	10.9	55.2	11.7	3.72	6.01	2.23	3.27	133	120	149
0161-11-2	86.03	6.24	0.114	2.58	0.18	bdl	0.40	3.74	0.034	0.03	bdl	2.42	5.97	5.54	49.13	0	5.67	25.1	27.5	6.95	11.7	10.9	54.5	8.21	1.52	1.41	0.96	1.54	176	38.1	40.5
0161-11-3	55.29	30.72	0.532	9.69	0.78	bdl	0.44	2.01	0.050	0.72	0.025	3.17	12.00	3.49	60.6	192	7.60	41.8	38.6	3.85	12.1	16.5	41.9	18.9	9.32	0.58	0.95	33.3	110	40.4	150
0161-11-4	61.32	25.33	0.465	8.63	0.69	bdl	0.45	2.58	0.051	0.55	0.018	2.94	11.50	4.15	50.4	159	7.27	38.9	84.5	3.97	31.3	16.1	47.7	12.0	1.47	1.05	0.90	24.5	125	40.8	138
0161-11-5	85.01	7.67	0.115	3.65	1.10	bdl	0.22	1.56	0.050	0.27	0.006	2.10	5.31	5.47	105	19	4.56	24.5	23.8	9.64	8.69	12.3	29.1	8.08	2.62	1.49	0.79	14.2	86.1	24.4	32.7
0161-10-C	75.15	12.24	0.110	3.01	1.88	0.016	0.69	2.73	0.114	0.45	0.011	4.07	4.90	0.43	118	nd	1.66	15.3	18.5	5.91	13.6	18.4	15.9	2.72	0.37	2.84	0.74	17.1	140	4.38	26.8
0177-12-1	55.64	20.74	0.168	6.35	10.05	0.034	0.96	2.67	0.243	0.8	0.058	3.27	9.50	2.51	50.3	108	3.37	745	57.1	184	45.9	21.7	129	8.75	16.4	234	253	26.0	69.9	20.5	54.0
0177-12-2	74.06	14.22	0.196	5.89	0.80	0.019	0.43	2.90	0.080	0.35	0.015	2.41	8.60	2.95	57.6	40	7.44	47.9	39.9	7.01	12.1	24.3	41.3	7.29	2.39	29.0	8.16	14.9	112	28.8	61.3
0177-10-1	45.53	33.77	0.558	13.9	2.04	0.016	1.09	1.93	0.052	1.56	0.034	2.43	27.2	10.1	33.8	370	21.10	208	228	8.25	36.0	68.3	320	12.6	0.69	3.14	1.07	105	146	46.7	134
0177-10-2	84.35	4.76	0.104	1.52	2.79	0.010	0.53	3.0	0.028	0.06	0.006	3.13	3.44	8.36	58.2	5	13.00	60	73.6	29.7	174	19.1	114	4.74	3.57	194	0.84	2.96	186	42.8	71.6
0177-10-3	84.10	6.02	0.082	2.00	1.33	0.014	0.64	3.51	0.093	0.25	0.011	3.01	4.64	0.56	80.1	56	2.30	15.5	29.5	10.3	21.3	15.0	48.7	1.83	0.31	1.40	0.43	9.97	187	6.67	20.7
种类 1	74.66	13.07	0.201	5.03	1.64	0.014	0.46	2.628	0.071	0.40	0.017	2.60	7.85	5.02	54.0	102	5.85	85.2	53.8	16.4	23.3	21.0	58.03	7.64	4.938	30.8	19.8	16.45	106	25.7	60.5
种类 2	71.88	15.50	0.23	5.67	1.51	0.011	0.51	3.25	0.072	0.36	0.014	2.73	7.77	4.86	39.60	134	6.26	39.3	62.9	9.36	42.5	20.7	43.0	7.50	1.18	17.0	0.97	15.6	138	28.6	67.4
种类 3	71.63	15.77	0.24	5.40	1.42	0.010	0.58	2.87	0.071	0.45	0.013	2.92	8.53	3.98	67.12	126	6.29	43.5	56.4	11.7	41.5	19.8	51.4	7.54	1.46	13.8	0.89	20.4	148	26.0	64.4
World[a]	na	8.47	0.33	5.98	4.85	0.015	0.22	1.23	0.16	0.19	0.092	1.42	10	1.2	56	90	4.1	22	15	4.2	9	15	18	5.5	2	7.6	1	10	120	8.6	35

注：na 表示未分析；nd 表示未检测到；bdl 表示低于检测限；LOI 表示烧失量，%；C 表示煤，%；元素氧化物单位为%，微量元素单位为 µg/g。
a 表示世界低阶煤中元素的平均含量（Ketris and Yudovich，2009）。

表2.8　伊犁煤层夹矸、顶板和底板地层的主要元素氧化物和微量元素的浓度

样品编号	LOI	SiO₂	TiO₂	Al₂O₃	Fe₂O₃	MnO	MgO	CaO	Na₂O	K₂O	P₂O₅	Li	Be	Sc	V	Cr	Co	Ni	Cu	Zn	Ga	Ge	As	Se	Rb	Sr	Y	Zr	Nb	Mo	Cd	In	Sn	Sb	Cs	Ba	La	Ce
0161-12-P	12.77	58.85	0.60	19.59	2.46	0.022	1.47	0.33	0.067	3.36	0.078	34.0	1.24	13.0	100	60.4	1.86	10.9	32.0	22.6	22.9	1.09	bdl	0.74	155	59.7	17.5	119	11.2	29.7	0.23	0.12	2.79	0.70	18.6	397	46.9	92.7
0161-12-F1	40.17	40.77	0.75	12.39	1.17	0.011	0.80	1.40	0.054	1.22	0.014	26.6	5.32	13.9	149	124	4.55	32.8	46.7	32.1	19.0	1.57	bdl	0.78	81.5	75.9	30.4	177	8.96	10.9	0.25	0.09	2.83	1.32	9.38	220	16.9	33.2
0161-12-F2	9.54	61.82	0.94	21.48	1.97	0.008	0.48	0.24	0.057	2.31	0.021	49.0	1.80	14.2	88.9	74.7	5.55	29.4	39.7	40.4	21.7	1.04	bdl	0.33	139	48.2	19.1	161	12.6	0.68	0.29	0.08	2.87	0.63	11.5	370	18.9	37.4
0160-11-R	3.16	76.62	0.26	12.51	1.46	0.008	0.49	0.24	0.155	4.44	0.050	12.7	0.71	3.64	19.0	20.5	61.7	185	6.82	53.7	9.35	0.91	15.6	0.33	142	50.2	16.4	107	5.51	24.8	0.22	0.02	1.30	1.01	2.36	633	28.3	59.5
0160-11-P1	14.30	61.52	0.97	18.18	1.28	0.006	0.80	0.67	0.056	1.75	0.019	40.6	6.10	12.4	96.1	60.7	1.87	12.6	22.0	23.2	25.0	1.07	bdl	0.51	113	50.1	26.9	252	16.7	15.3	0.33	0.07	3.47	0.79	12.1	182	20.3	38.9
0160-11-P2	16.94	57.42	0.88	20.02	1.17	0.005	0.70	0.79	0.047	1.39	0.019	44.5	4.34	11.7	93.3	58.1	3.08	18.1	22.1	24.1	23.1	0.95	1.86	0.54	83.9	52.6	25.2	223	15.5	6.75	0.30	0.08	3.14	0.83	8.46	166	23.2	46.3
0160-11-P3	14.44	57.50	0.88	21.68	1.74	0.007	0.82	0.69	0.054	1.86	0.193	48.3	2.09	13.4	89.0	70.9	2.80	16.7	31.7	32.0	25.6	1.08	2.49	0.41	136	52.7	21.7	221	15.6	5.05	0.31	0.09	3.60	0.83	15.4	227	22.8	44.5
0160-11-P4	34.96	42.79	0.64	16.01	1.26	0.005	0.69	1.02	0.042	1.64	0.018	34.5	3.54	11.4	67.0	57.8	4.85	19.4	23.3	49.8	20.5	0.91	2.03	0.75	134	62.1	22.7	131	9.40	31.2	0.33	0.06	2.36	0.71	14.8	201	26.4	54.3
0160-11-P5	44.34	35.82	0.51	13.70	1.34	0.004	0.64	1.14	0.052	1.37	0.016	28.9	3.56	9.99	55.4	49.9	4.85	15.2	19.8	25.1	18.0	1.44	2.17	0.80	107	66.6	21.6	97.9	7.09	49.7	0.28	0.05	1.92	0.64	12.0	197	30.3	62.2
0160-11-F1	38.38	39.69	0.61	14.48	2.92	0.006	0.59	0.83	0.052	1.51	0.127	28.1	4.73	8.96	44.7	40.9	5.79	13.2	20.0	25.8	18.8	0.91	2.80	0.58	96.4	52.3	19.7	138	9.16	12.3	0.23	0.04	2.07	0.83	8.13	160	20.8	42.0
0160-11-F2	14.94	56.23	0.97	21.75	1.84	0.834	0.85	0.38	0.602	2.30	0.185	19.5	0.82	4.17	24.3	22.0	2.84	23.2	7.62	22.9	23.2	1.06	12.4	0.47	138	42.5	33.2	273	17.5	124	0.34	0.02	1.03	0.32	3.42	90.0	7.81	16.4
0160-11-F3	14.90	56.37	0.95	21.80	1.86	0.008	0.88	0.38	0.060	1.85	0.022	63.6	2.55	13.2	82.2	65.3	12.5	51.5	24.6	94.7	23.4	1.12	26.4	0.55	134	42.0	59.4	321	17.5	541	0.82	0.08	3.23	0.87	10.8	268	22.0	46.6
0160-11-F4	13.21	57.00	0.99	22.72	1.78	0.009	0.91	0.35	0.051	2.41	0.026	67.7	2.40	14.5	81.2	69.5	7.04	25.3	26.2	72.3	23.4	1.12	26.4	1.07	96.5	98.2	30.2	291.8	7.09	2.83	0.20	0.08	3.28	0.88	9.90	284	19.9	44.8
0160-11-F5	43.08	35.41	0.62	13.90	1.84	0.014	1.17	1.37	0.039	1.42	0.025	32.2	3.05	15.8	101	73.5	12.2	38.0	34.1	45.2	17.5	1.01	3.06	1.07	96.5	98.2	30.2	291.8	7.09	2.83	0.20	0.05	1.90	0.64	9.56	256	20.7	42.3
0177-12-R	7.88	60.50	0.24	11.73	0.83	0.098	0.86	13.47	0.620	2.98	0.057	7.90	0.64	3.00	33.2	22.3	30.5	102	7.28	20.3	7.79	0.76	1.16	0.78	92.9	73.3	13.0	65.7	3.46	3.20	0.15	0.01	0.91	0.32	1.65	614	16.0	31.7
0177-10-R	13.59	54.93	1.01	20.95	4.15	0.029	2.03	0.74	0.057	2.55	0.086	nd	nd	nd	nd	nd	nd	nd	nd	nd	nd	nd	nd	nd	nd	nd	nd	nd	nd	nd	nd	nd	nd	nd	nd	nd	nd	nd
0407-12-P	6.58	65.92	0.43	17.53	3.25	0.020	1.23	0.36	0.104	3.76	0.067	17.3	1.07	5.83	37.8	49.0	10.9	39.0	16.5	58.6	12.3	0.93	16.4	0.25	128	49.3	12.3	95.0	6.41	8.76	0.24	0.03	2.06	0.65	2.55	647	26.4	50.8
0407-11-R	13.37	58.83	0.79	18.50	2.76	0.012	0.95	0.72	0.094	2.51	0.046	33.4	2.64	9.95	68.6	52.1	8.57	27.0	21.5	66.3	18.0	3.12	24.7	1.36	113	51.8	68.1	275	14.0	27.3	0.51	0.05	2.54	0.98	6.98	392	27.9	65.0
0407-11-P	35.64	54.78	0.11	5.80	1.08	0.003	0.11	0.10	0.078	1.84	0.017	8.28	1.04	1.69	60.5	24.3	3.94	24.2	6.39	24.6	6.15	1.63	16.7	1.57	75.7	37.2	8.41	83.2	2.66	7.55	0.23	0.01	0.76	0.81	1.69	521	15.5	26.1
0407-11-F1	28.43	49.93	0.84	16.24	1.15	0.005	0.67	0.44	0.049	1.66	0.016	nd	nd	nd	nd	nd	nd	nd	nd	nd	nd	nd	nd	nd	nd	nd	nd	nd	nd	nd	nd	nd	nd	nd	nd	nd	nd	nd
0407-11-F2	12.34	74.62	0.15	7.96	1.44	0.004	0.16	0.15	0.096	2.50	0.022	36.3	2.08	10.9	64.7	43.9	5.07	21.2	21.1	28.2	24.4	1.35	2.05	0.42	148	41.3	22.4	271	18.4	1.68	0.34	0.07	3.7	1.16	16.3	206	24.8	46.5
0407-10-R1	1.77	83.03	0.12	9.62	0.82	0.972	0.27	0.30	0.126	3.57	0.285	7.69	0.6	1.63	20.8	25.2	2.0	5.55	5.66	10.1	5.62	1.01	3.22	0.32	91.2	46.3	6.81	55.2	3.3	1.04	0.12	0	0.81	0.61	1.52	590	9.73	17.5
0407-10-R2	1.67	84.02	0.09	9.15	0.82	0.008	0.19	0.18	0.123	3.42	0.020	6.88	0.59	1.34	25.9	29.8	2.24	5.98	5.40	10.3	5.08	1.0	3.56	0.39	86.2	44.0	6.15	54.5	3.1	1.09	0.1	0	0.74	0.62	1.42	560	9.26	16.2
0407-10-F	11.14	47.17	0.95	16.55	1.88	0.192	1.37	15.12	0.056	2.67	0.101	15.3	0.68	6.47	40.1	54.9	20.5	66.2	10.7	40.6	10.5	0.70	5.50	0.17	83.4	60.5	18.9	379	9.83	0.74	0.5	0.03	1.64	0.34	1.78	1154	23.2	45.8

续表

样品编号	Pr	Nb	Sm	Eu	Gd	Tb	Zr	Nb	Mo	Cd	In	Sn	Sb	Cs	Ba	La	Ce	Pr	Nb	Sm	Eu	Gd	Tb	Dy	Ho	Er	Tm	Yb	Lu	Hf	Ta	W	Re	Tl	Pb	Bi	Th	U
0161-12-P	9.17	34.4	5.24	0.92	5.20	0.59	119	11.2	29.7	0.23	0.12	2.79	0.70	18.6	397	46.9	92.7	9.17	34.4	5.24	0.92	5.20	0.59	3.25	0.62	1.95	0.29	2.06	0.30	3.20	0.82	3.60	bdl	0.658	19.2	0.83	15.9	6.49
0161-12-F1	3.69	15.2	3.09	0.68	3.99	0.65	177	8.96	10.9	0.25	0.09	2.83	1.32	9.38	220	16.9	33.2	3.69	15.2	3.09	0.68	3.99	0.65	4.64	0.98	3.05	0.43	2.90	0.43	3.71	0.70	7.13	bdl	0.367	25.1	0.56	18.3	9.47
0161-12-F2	3.91	15.5	2.80	0.57	3.13	0.47	161	12.6	6.68	0.29	0.08	2.87	0.63	11.5	370	18.9	37.4	3.91	15.5	2.80	0.57	3.13	0.47	3.09	0.64	2.10	0.32	2.22	0.32	4.11	0.91	39.2	bdl	0.532	25.9	0.53	15.2	3.81
0160-11-R	5.69	22.4	3.80	0.84	3.97	0.49	107	5.51	24.8	0.22	0.02	1.30	1.01	2.36	633	28.3	59.5	5.69	22.4	3.80	0.84	3.97	0.49	2.91	0.57	1.78	0.26	1.83	0.27	2.88	0.70	931	0.05	0.729	16.4	0.11	10.6	12.2
0160-11-P1	4.22	16.6	3.14	0.59	3.69	0.60	252	16.7	15.3	0.33	0.07	3.47	0.79	12.1	182	20.3	38.9	4.22	16.6	3.14	0.59	3.69	0.60	4.31	0.92	3.04	0.45	3.21	0.47	6.04	1.17	10.2	bdl	0.443	10.9	0.34	18.0	104
0160-11-P2	4.82	18.8	3.46	0.64	3.85	0.59	223	15.5	6.75	0.30	0.08	3.14	0.83	8.46	166	23.2	46.3	4.82	18.8	3.46	0.64	3.85	0.59	3.98	0.80	2.58	0.37	2.61	0.38	5.57	1.09	35.7	0.01	0.314	30.4	0.35	16.9	36.9
0160-11-P3	4.75	18.7	3.49	0.65	3.81	0.56	221	15.6	5.05	0.31	0.09	3.60	0.83	15.4	227	22.8	44.5	4.75	18.7	3.49	0.65	3.81	0.56	3.77	0.74	2.37	0.35	2.42	0.36	5.46	1.12	9.32	bdl	0.646	31.7	0.35	20.2	4.56
0160-11-P4	6.00	24.5	4.58	0.87	4.81	0.66	131	9.40	31.2	0.33	0.06	2.36	0.71	14.8	201	26.4	54.3	6.00	24.5	4.58	0.87	4.81	0.66	4.06	0.78	2.37	0.34	2.40	0.34	3.48	0.78	18.7	bdl	0.590	14.8	0.26	14.0	4.56
0160-11-P5	6.70	27.5	4.84	0.90	5.09	0.66	97.9	7.09	49.7	0.28	0.05	1.92	0.64	12.0	197	30.3	62.2	6.70	27.5	4.84	0.90	5.09	0.66	3.89	0.73	2.24	0.31	2.15	0.31	2.70	0.62	20.8	bdl	0.496	10.0	0.23	11.9	13.9
0160-11-F1	4.52	18.5	3.32	0.62	3.70	0.50	138	9.16	12.3	0.23	0.04	2.07	0.83	8.13	160	20.8	42.0	4.52	18.5	3.32	0.62	3.70	0.50	3.22	0.64	2.05	0.29	2.12	0.31	3.61	0.80	7.20	bdl	0.483	10.3	0.18	10.6	9.15
0160-11-F2	1.74	6.98	1.45	0.28	1.65	0.26	87.5	5.82	124	0.34	0.02	1.03	0.32	3.42	90.0	7.81	16.4	1.74	6.98	1.45	0.28	1.65	0.26	1.69	0.32	1.01	0.15	1.02	0.14	2.29	0.44	10.3	bdl	0.285	8.47	0.12	6.76	133
0160-11-F3	5.14	21.1	4.76	0.92	5.41	0.87	273	17.5	175	0.82	0.08	3.23	0.87	10.8	268	22.0	46.6	5.14	21.1	4.76	0.92	5.41	0.87	5.74	1.12	3.43	0.48	3.33	0.47	7.00	1.35	184	bdl	0.711	27.7	0.45	20.1	571
0160-11-F4	5.46	24.6	6.82	1.36	8.23	1.38	321	17.5	541	1.39	0.08	3.28	0.88	9.90	284	19.9	44.8	5.46	24.6	6.82	1.36	8.23	1.38	9.32	1.84	5.54	0.76	5.05	0.71	8.18	1.34	10.8	0.05	1.133	31.8	0.44	19.6	1056
0160-11-F5	4.69	19.8	4.07	0.85	4.86	0.74	91.8	7.09	2.83	0.20	0.05	1.90	0.64	9.56	256	20.7	42.3	4.69	19.8	4.07	0.85	4.86	0.74	5.01	1.01	3.22	0.45	3.07	0.44	2.51	0.58	26.2	bdl	0.424	27.8	0.63	16.3	3.96
0177-12-R	3.33	13.8	2.47	0.63	2.81	0.39	65.7	3.46	3.20	0.15	0.01	0.91	0.32	1.65	614	16.0	31.7	3.33	13.8	2.47	0.63	2.81	0.39	2.41	0.47	1.42	0.20	1.38	0.20	2.02	0.55	1109	0.02	0.415	12.1	0.04	5.60	1.71
0177-10-R	nd	nd	nd	nd	nd	nd	nd	nd	nd	nd	nd	nd	nd	nd	nd	nd	nd	nd	nd	nd	nd	nd	nd	nd	nd	nd	nd	nd	nd	nd	nd	nd	nd	nd	nd	nd	nd	nd
0407-12-P	5.64	21.8	3.46	0.89	3.84	0.45	95.0	6.41	8.76	0.24	0.03	2.06	0.65	2.55	647	26.4	50.8	5.64	21.8	3.46	0.89	3.84	0.45	2.6	0.47	1.49	0.2	1.42	0.21	2.67	0.56	20.5	0.01	0.730	14.1	0.09	5.79	10.8
0407-11-R	8.48	36.3	7.32	1.84	9.49	1.3	275	14.0	27.3	0.51	0.05	2.54	0.98	6.98	392	27.9	65.0	8.48	36.3	7.32	1.84	9.49	1.3	8.67	1.77	5.55	0.68	4.75	0.68	6.43	1.01	13.1	1.52	0.860	20.6	0.27	10.1	1560
0407-11-P	2.94	10.5	1.59	0.41	1.79	0.21	83.2	2.66	7.55	0.23	0.01	0.76	0.81	1.69	521	15.5	26.1	2.94	10.5	1.59	0.41	1.79	0.21	1.33	0.26	0.86	0.12	0.92	0.14	2.26	0.41	2642	0.12	0.160	10.2	0.04	3.81	14.6
0407-11-F1	nd	nd	nd	nd	nd	nd	nd	nd	nd	nd	nd	nd	nd	nd	nd	nd	nd	nd	nd	nd	nd	nd	nd	nd	nd	nd	nd	nd	nd	nd	nd	nd	nd	nd	nd	nd	nd	nd
0407-11-F2	5.29	19.1	3.31	0.67	3.88	0.54	271	18.4	18.4	0.34	0.07	3.7	1.16	16.3	206	24.8	46.5	5.29	19.1	3.31	0.67	3.88	0.54	3.75	0.75	2.42	0.34	2.49	0.35	5.95	1.36	82.5	bdl	0.650	11.2	0.25	10.3	3.80
0407-10-R1	2.24	8.37	1.41	0.4	1.45	0.18	55.2	3.3	1.04	0.12	0	0.81	0.61	11.52	590	9.73	17.5	2.24	8.37	1.41	0.4	1.45	0.18	1.16	0.23	0.74	0.1	0.79	0.12	1.61	0.29	25.4	0.02	0.480	8.40	0.04	3.43	7.98
0407-10-R2	2.1	7.82	1.25	0.38	1.31	0.16	54.5	3.1	1.09	0.1	0	0.74	0.62	1.42	560	9.26	16.2	2.1	7.82	1.25	0.38	1.31	0.16	1.05	0.2	0.66	0.09	0.73	0.1	1.56	0.27	25.7	0.01	0.470	8.41	0.02	3.06	4.53
0407-10-F	5.44	21.0	3.70	0.95	4.20	0.55	379	9.83	0.74	0.5	0.03	1.64	0.34	1.78	1154	23.2	45.8	5.44	21.0	3.70	0.95	4.20	0.55	3.39	0.66	2.11	0.29	2.17	0.31	8.07	0.88	430	0.01	0.390	12.7	0.14	7.88	2.44

注：nd 表示未检测到；bdl 表示低于检测限；LOI 表示烧失量，%；P 表示夹矸；F 表示煤层底板；R 表示煤层顶板；元素氧化物单位为%，微量元素单位为μg/g。

二、微量元素

(一)基于铀浓度的煤分层样分组

通过将煤分层样中的铀浓度与 Ketris 和 Yudovich(2009)报道的世界低阶煤中铀的平均浓度进行比较,可以在伊犁煤中识别出三组煤样,本书将其分别描述为组合 1、组合 2、组合 3,其中铀的富集系数(CC:伊犁煤中微量元素含量与世界低阶煤中微量元素含量的比值)分别为>50、8～20 和<8(图 2.16)。这种分类对应于样品的自然分组,如图 2.17 所示为整个样品组中铀浓度的柱状图。

组合 1 这些煤分层样品显著富集铀[CC>50,平均为 355,图 2.16(b);铀浓度>150μg/g,图 2.17],还富集 Se、Mo 和 Re[图 2.16(a)、(b)],CC 平均值分别为 19.8、182 和 2377。在具有最高铀浓度[7207.5μg/g;图 2.16(a)]的分层样品 0177-12-1 中,显著富集元素 Se(CC=253)、Mo(CC=567)和 Re(CC=33953);元素 V、Co、As、Cd 和 W 也有较小程度的富集(CC>10)。

组合 2 的煤分层样品中铀浓度较低(8<CC<20,平均值为 14.4;铀浓度在 30～60μg/g,图 2.17)。元素 Mo(CC=50.5)和 Re(CC=27.7)在该组样品中显著富集,并且 Ni(CC=4.73)和 W(CC=10.7)轻度富集[图 2.16(c)]。

组合 3 的煤分层样品中的铀浓度(铀浓度<25μg/g;图 2.17)接近(0.5<CC<8)或远低于(CC<0.5)Ketris 和 Yudovich(2009)报道的世界低阶煤中铀的平均值[图 2.16(d)]。但是 Mo(CC=5.93)、W(CC=6.41)和 Re(CC=7.77)在样品中轻度富集[图 2.16(d)]。组合 3 中的样品 0177-10-2 具有最高的 Hg 浓度(3858ng/g;CC=38.58),但该样品的铀浓度平均值仅为 3.08μg/g(CC=1.06)。除 Re(CC=10.33)外,As(CC=25.48)、Tl(CC=36.3)、Ni(CC=19.39)、Co(CC=7.08)、Be(CC=6.96)等元素也在该样品中富集。

总的来说,元素 Mo、Re、Cd 和 Se(在较小程度上)也富集在富铀(U 浓度>150 μg/g)的煤分层样品中。富铀煤层中 Se、Mo 和 Re 与铀浓度的正相关关系也支持这种相关性观点(图 2.18)。除铀含量最高的煤分层(0177-12-1)中的砷外,组合 1 和组合 2 样品中 Hg、As 和 Tl 的浓度低于或接近世界低阶煤中对应元素的平均值。在一个低铀煤分层(0177-10-2)中,Hg、As 和 Tl 相对富集[图 2.16(d)、(e)],但它们与其他样品中的铀浓度没有特别的关系(图 2.18)。

(二)微量元素在煤层垂直剖面上的变化

煤层中矿物和微量元素在垂向和横向上的分布通常不均匀(Hower et al.,2002;Yudovich,2003;Seredin et al.,2006;Dai et al.,2013a,2014a;Kelloway et al.,2014),反映了泥炭形成过程中的渐进变化,也许还有广泛的沉积后过程(Ward,2002;Permana et al.,2013)。一个特殊的案例是"Zilbermints Law"(Pavlov,1966;Yudovich,2003),这是 Zilbermints 等(1936)首次观察到的并指出顿涅茨克盆地煤层的顶板、底板和夹矸附近的锗的富集。因此,对煤层内不同层位中矿物和微量元素分布的分析有助于更好地了解煤地质历史上可能发生的同生阶段、成岩阶段和后生阶段的元素富集过程。

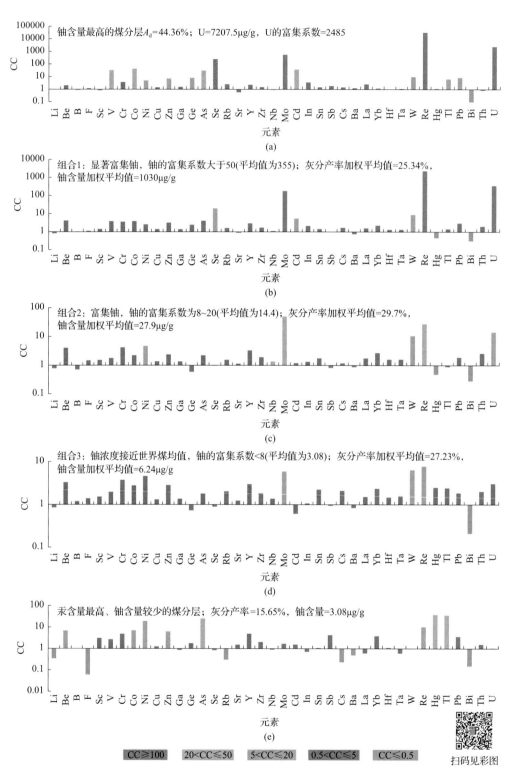

图 2.16　伊犁煤与世界低阶煤中微量元素相比的富集系数

世界低阶煤中微量元素的数据来自 Ketris 和 Yudovich（2009）

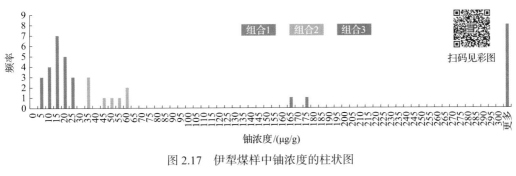

图 2.17　伊犁煤样中铀浓度的柱状图

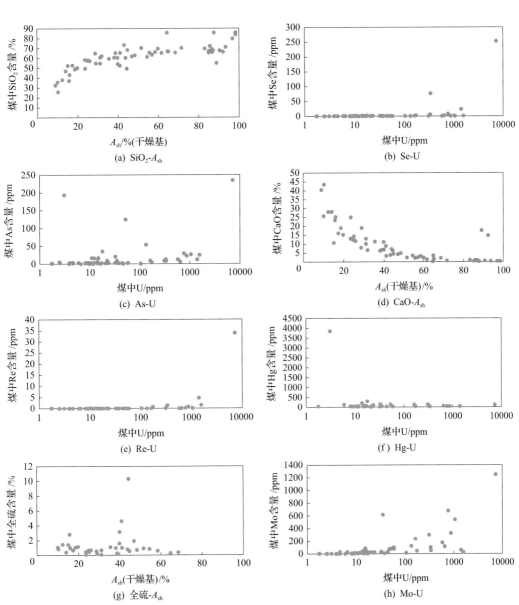

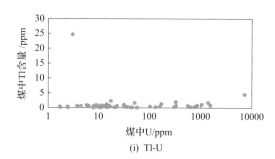

(i) Tl-U

图 2.18　SiO_2-A_{sh}、CaO-A_{sh}、全硫-A_{sh} 及 Se、As、Re、Hg、Mo、Tl 与 U 的相关关系图

图 2.19～图 2.21 显示了煤中所选微量元素浓度的变化(U、Se、Re、Mo、W、As 和 Hg)，以及煤层垂直剖面上的灰分产率和全硫含量的变化，具体如下所述：

(1)在顶板砂岩和夹矸砂岩下的煤层中，元素 U、Se、Re、Mo 富集[图 2.19(a)，图 2.20，图 2.21(b)]。

(2)除紧邻富铀煤层的样品 0161-11-P1[图 2.20(a)]外，夹矸中 U、Re、Se 均未富集。

(3)在粉砂岩层中，U、Re、Se 在某些情况下富集[如钻孔 K0161 中的 12 号煤，图 2.20(b)]，但在其他情况下不富集[如钻孔 K0407 中的 11 号煤，图 2.19(b)]。

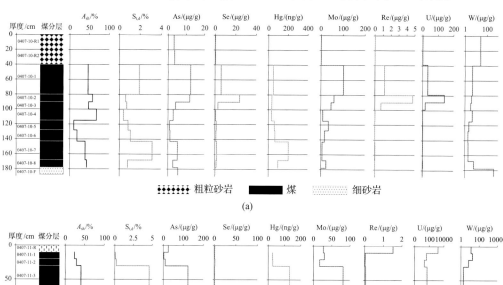

(a)

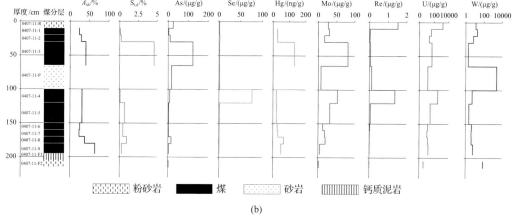

(b)

图 2.19　钻孔 K0407 煤层中 A_{sh}、$S_{t,d}$、As、Se、Hg、Mo、Re、U、W 的剖面变化

(a)10 号煤；(b)11 号煤

(4)煤层剖面中 As、Hg、$S_{t,d}$ 的变化规律相似。这三种元素富集的煤层中，铀含量较低。然而，分层样品 0177-12-1 是个例外，它的铀含量最高，同时 As-Hg-S 和 U-Se-Re-Mo 元素组合的浓度也较高。

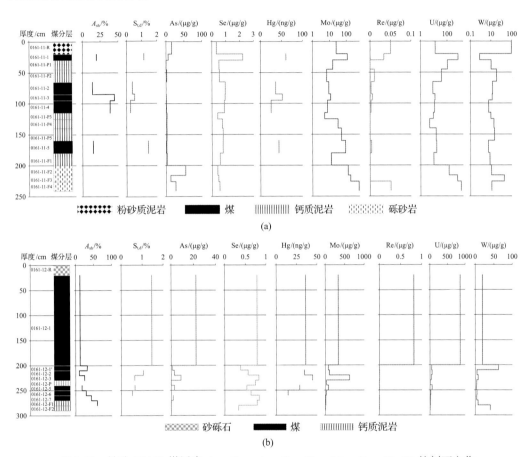

图 2.20　钻孔 K0161 煤层中 A_{sh}、$S_{t,d}$、As、Se、Hg、Mo、Re、U、W 的剖面变化
(a)11 号煤；(b)12 号煤

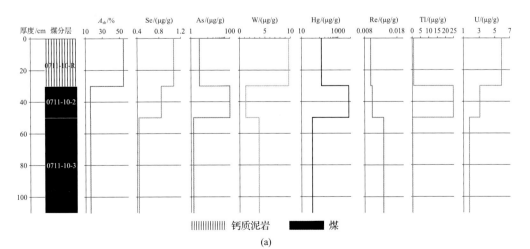

(a)

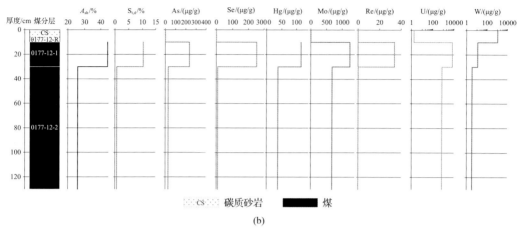

图 2.21　钻孔 K0177 煤层中 A_{sh}、$S_{t,d}$、As、Se、Hg、Mo、Re、U、W 的剖面变化
(a)10 号煤；(b)12 号煤

（三）稀土元素和钇的分布模式

稀土元素和钇(REY)由于在不同的地球化学过程中具有连贯的行为及其可预测的分馏模式而作为沉积环境和煤沉积后的历史地球化学指标已经多年(Hower et al., 1999; Seredin and Dai, 2012; Bau et al., 2014; Dai et al., 2015a)。

本书使用了 REY 的三种分类:轻稀土(LREY:La、Ce、Pr、Nd 和 Sm)、中稀土(MREY: Eu、Gd、Tb、Dy 和 Y)和重稀土(HREY: Ho、Er、Tm、Yb 和 Lu)(Seredin and Dai, 2012)。因此，与上地壳(UCC)(Taylor and McLennan, 1985)相比，确定了三种稀土富集类型(Seredin and Dai, 2012): L 型(轻稀土富集型; $La_N/Lu_N>1$)、M 型(中稀土富集型; $La_N/Sm_N<1$, $Gd_N/Lu_N>1$)和 H 型(重稀土富集型; $La_N/Lu_N<1$)。

除了汞含量最高的样品 0177-10-2 以外,La～Nd 浓度较低(CC<1),伊犁煤中的 REY 浓度略高于 Ketris 和 Yudovich(2009)报道的世界低阶煤中稀土浓度的平均值(59.7μg/g)。

除样品 0177-12-1(U 含量最高, L 型)和 0177-10-2 外,煤层中的 REY 富集模式以 H 型($La_N/Lu_N<1$)为主,或在某些情况下为 H-M 型组合,均具有弱的负/正 Eu 异常和弱的负 Ce 异常(图 2.22);样品 0407-10-3 是个例外,其具有明显的 Ce 负异常。样品 0177-12-1 的特征是 L 型富集。与上地壳相比较,样品 0177-10-3 中的轻、中、重稀土是弱分馏的[图 2.22(f)]。

含砾砂岩顶板样品中,轻、中、重稀土的分馏较弱,Eu 正异常较弱[图 2.23(a)]。顶板岩层碳质泥岩和粉砂质砂岩中 REY 分布特征为 H 型,未见 Eu 异常[如 K0711 中 10 号煤;图 2.23(b)]。砂岩分层[样品 0407-11-P;图 2.23(f)]与砂岩顶板岩层 REY 分布模式相同(如样品 0161-11-R、0177-12-R、0407-10-R1、0407-10-R2;图 2.23)。

重稀土元素在夹矸和煤层底板中略有富集[如样品 0161-11-P1、0161-11-F4;图 2.23(d)、(e)]。然而,各夹矸[如样品 0161-12P;图 2.23(f)]为 L 型稀土富集,Eu 为负异常,U、Se、Re、Mo 均未富集。其他分层样品,包括样品 0407-10-F、0407-11-F2、0161-12-F1、0161-12-F1 为 H 型轻度富集,Eu 异常较弱[图 2.23(c)]。下面将讨论煤和围岩中 REY 分布模式的意义。

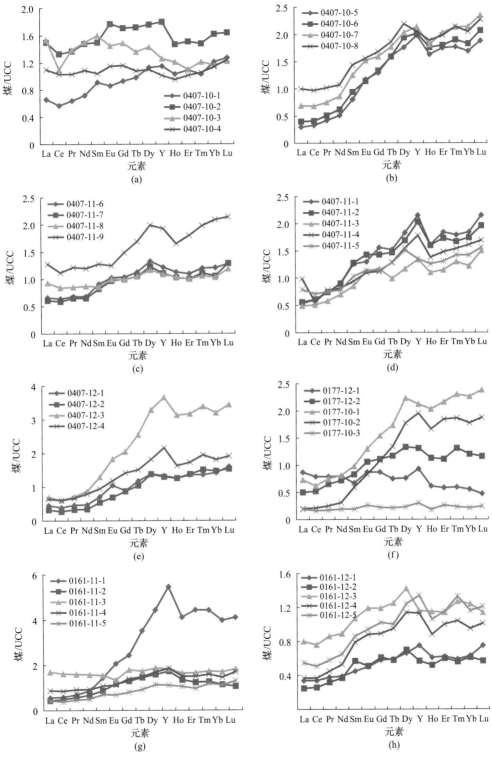

图2.22　三个钻孔的煤分层中的 REY 分布模式图

REY 经上地壳(UCC)标准化(Taylor and McLennan，1985)

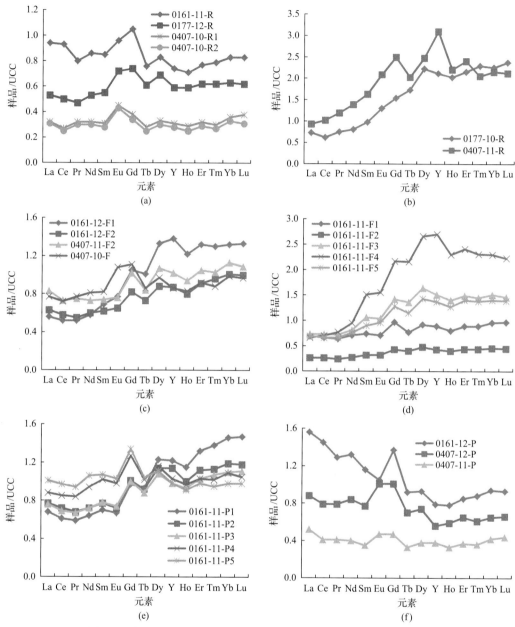

图 2.23　伊犁盆地煤层顶板、底板及夹矸地层中 REY 的分布模式图

REY 经上地壳(UCC)标准化(Taylor and McLennan，1985)

第六节　小　　结

砂岩型铀矿床占世界铀资源的 18%左右，是美国、澳大利亚、尼日尔、南非和中亚地区主要的铀矿化类型之一(Hobday and Galloway，1999；World Nuclear Association，2009)。这些矿床中的铀通常在局部环境退化的中到粗粒砂岩矿床内积累，通常出现在称

为前路缘的弯曲地带(Min et al., 2005a, 2005b; Wu et al., 2009; Pirajno et al., 2011)。这些砂岩型铀矿床中,包括伊犁铀矿床,部分赋存于含煤层序中(Min et al.,2005a,2005b; Wu et al., 2009)。Min 等(2005a, 2005b)、王正其等(2005, 2006a, 2006b)、Feng 和 Jiang(2000)等对伊犁含砂岩滚轴型铀矿床进行了研究和报道。含铀砂岩主要由石英、长石、碳质碎屑、泥质和粉质基质中的岩屑组成。矿体在氧化岩与还原岩界面处呈典型的单、双 C 型(roll-front)。矿石中的矿物有方铀矿、铀石、黄铁矿、白铁矿、方铅矿和铀有机复合物(Min et al., 2005a, 2005b)。矿区砂岩围岩中植物碎屑富集 U、Se、Mo、Re,成矿年龄为 17~11Ma(Min et al., 2001)。这种含砂岩的煤盆地滚轴铀矿化与中新世低温大气流体注入侏罗纪碎屑沉积物有关(Min et al., 2001; Pirajno et al., 2011)。Yue 和 Wang(2011)研究表明,U 在水中的溶解和沉积与有机碳和沿地下水流动路径的硫化物、碳酸盐、硅酸盐等矿物的反应密切相关。

　　然而,尽管煤中可能含有数百至数千微克/克的铀,但煤本身中的铀矿化程度尚未像砂岩中的铀那样得到充分研究(Seredin and Finkelman, 2008; Dai et al., 2015a)。伊犁煤中 U、Se、Mo、Re、Hg 和 As 的含量以及矿物组合的浓度升高,是由沉积物源区和两种不同的溶液(富 U-Se-Re-Mo 入渗型溶液和富含 Hg-As 的出渗型火山成因溶液)造成的。

一、沉积物源区

　　煤盆地边缘的沉积物源区的性质可能是决定微量元素背景浓度的主要因素(Dai et al., 2012a),这不仅存在于小型断层控制和大型下陷型煤盆地中,也存在于煤型矿床中(Zhuang et al., 2006; Qi et al., 2007; Dai et al., 2012a)。

　　如上所述,伊犁煤中石英、钾长石、粗粒高岭石、伊利石、绿泥石、角闪石、钠斜长石和方解石的赋存模式表明,它们均来自陆源碎屑物质。碎屑矿物颗粒的角砾化[图 2.9(a)~(c)]和矿物的分选程度不好(图 2.9),以及表观碳酸盐矿物(如方解石)的存在[图 2.15(e)]表明,在当前情况下,沉积物源区位于煤盆地附近。

　　Al_2O_3/TiO_2 是一种有用的沉积岩和煤沉积(Dai et al., 2013a, 2015a)的物源指标(Hayashi et al., 1997; He et al., 2010),主要是因为这些元素在沉积物中的比例与其在母岩中的比例相似(Hayashi et al., 1997; Dai et al., 2013a)。镁铁质火成岩、中性火成岩和酸性火成岩沉积物中 Al_2O_3/TiO_2 的典型值分别为 3~8、8~21 和 21~70(Hayashi et al., 1997)。夹矸、顶板和底板地层[图 2.24(a)]以及煤分层中[图 2.24(b)]的 Al_2O_3/TiO_2 表明,伊犁盆地含煤地层的沉积物源区主要与海西期花岗岩、石炭—二叠纪中酸性火成岩和周边地区火山碎屑岩与碳酸盐岩互层岩石的成分一致,为酸性,在某些情况下为中性,这与 Min 等(2001, 2005a, 2005b)和王正其等(2005, 2006a, 2006b)所述一致。煤和非煤样品中钾长石(可能是微晶)的存在也与酸性沉积物源物质一致。

二、热液

　　伊犁煤中的铀、硒、铼和钼的富集属于表观成因入渗型,其原因如下。

　　(1)除了在泥炭堆积过程中作为伊犁煤的沉积物源区外,石炭—二叠纪中酸性火成岩和海西期花岗岩均富含铀(分别为 3.0~12.9μg/g 和 5.4~20.9μg/g;侯惠群等, 2010),并为这种煤型矿床提供了后生铀源，如覆盖在富铀煤上的砂岩型铀矿床（Min et al.，2001，2005a，2005b；王正其等，2005，2006a，2006b）。

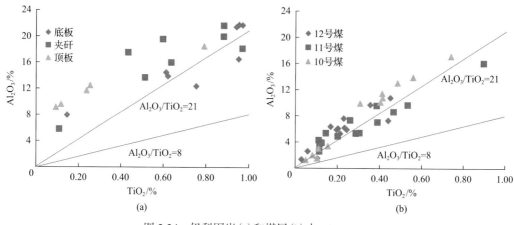

图 2.24　伊犁围岩（a）和煤层（b）中 Al_2O_3/TiO_2

（2）从早白垩世晚期到第四纪一直是干旱的气候（Wang et al., 2006a, 2006b），这很容易造成氧化环境，从而有利于将铀从周围富铀岩石中浸出并作为可溶性铀（Ⅵ）溶解到溶液中。许多研究人员也对此进行了报道（Min, 1995; Spirakis, 1996; Seredin and Finkelman, 2008; 秦明宽等，2009）。伊犁盆地周围火成岩裂缝水中的铀含量很高（30~400μg/L；侯惠群等，2010）。

（3）大量的粗粒沉积物（如多砾石和/或粗粒砂岩；图 2.19~图 2.21）可作为含铀溶液迁移的通道。在干旱时期，紧邻粗粒沉积物下面的煤层部分可接触到富氧高铀的水，从而使铀被有机物捕获（图 2.19~图 2.21）。在与氧化围岩接触处或附近的煤层上部发现了最高的铀浓度。具有显著的铀富集（CC＞50 或浓度＞150μg/g）的煤分层的厚度从 10cm（如 ZK0161-11）至 180cm（如 ZK0161-12）。但是，据 Seredin 和 Finkelman（2008）报道：后生成因入渗型近接触含铀煤层的厚度在大多数情况下为 0.1~0.5m，很少超过 1~2m。接缝处与不渗透性黏土顶板、夹矸和底板相邻的部分铀含量低（图 2.19~图 2.21）。煤矿床单斜倾角入渗型矿床中的铀矿体仅位于该矿床的上部（Denson and Gill，1965）。

（4）惰质组分中的孔隙（如细胞、裂缝、细脉）中含铀的矿物的赋存模式（图 2.14）表明，这些矿物是在煤沉积后的某个阶段从渗透微孔富惰质组的煤（特别是上面所述的丝质体和半丝质体）中析出的。富含惰质组的多孔煤炭可能不仅为含铀溶液的迁移提供了通道，而且还充当了还原剂，导致从 U（Ⅵ）变为 U（Ⅳ），然后析出铀矿物（如沥青和铀石；图 2.14），其中存在有利条件，如在多孔砂岩顶板层附近的（富含惰质组的）煤。煤中并存的黄铁矿和其他痕量的硫化物和硒化物也印证了从溶液中析出铀的还原条件。此外，有机质的吸附和络合是富铀溶液中铀的另外两种沉积机理（王剑锋，1983；Meunier et al.，1989），伊犁煤中铀的有机-无机混合亲和性也证实了这一观点。煤的低煤级［伊犁煤的镜质组油浸反射率 $R_o=(0.51\%~0.59\%)R_r$］有利于铀的两个沉积过程（王剑锋，1983）。

（5）本研究中煤的沉积物源区主要由中性至酸性火成岩组成，从而导致 L 型 REE 的富集。但是大多数煤分层的特征是 H 型或 H-M 型富集类型，这进一步表明伊犁煤经历了热液作用(Seredin and Dai，2012)。在其他地区也观察到由热液引起的 H 或 H-M 富集类型的煤(Seredin and Finkelman，2008)。多砾石砂岩顶板样品和 0177-10-3[图 2.22(f)，图 2.14)]中轻、中和重稀土的弱分馏也可能归因于热液的输入。然而，由于中酸性沉积物源岩的输入，这些样品应该具有 L 型富集特征。尽管伊犁煤是 H 型或 H-M 型富集类型，但未在煤中观察到重或中稀土矿物。相反，伊犁煤中发现了一种轻稀土矿物，即含硅的水磷镧石，通常被认为是源自热液的自生矿物(Seredin and Finkelman，2008；Seredin and Dai，2012；Zhao et al.，2013)。

夹矸和煤层底板[如样品 0161-11-P1、0161-11-F4；图 2.23(d)、(e)]的特征是 H 型略有富集，这也是热液输入导致的。否则，由于它们具有与煤相同的沉积物源区，它们将具有 L 型富集。但是，并非本研究中的所有夹矸都经过了热液作用[如样品 0161-12-P；图 2.23(f)]，因此其具有 L 型富集和 Eu 的负异常，并且具有含量相对较低的铀、硒、铼和钼，与沉积物源区的性质一致。

值得注意的是，并不是所有的伊犁煤都富集铀。Li 等(2014a)表明，伊犁盆地的一些侏罗纪煤中铀含量低于 2μg/g，这表明只有位于砂岩型铀矿床附近的煤才富集铀。

基于 Danchev 和 Strelyanov(1979)、Seredin 和 Finkelman(2008)的研究，以及本书中 U、Se、Mo 在煤层中的含量变化，本书中 U、Se、Mo 的富集类型如图 2.25 所示。后生入渗作用所产生的煤系铀矿床具有带状分布。最上层的含 U(Se、Mo)带(区域 1)位于流体前缘后方，直接位于砂岩下方(图 2.25)，由富含氢氧化铁的氧化煤[图 2.16(e)、(f)]组成，该带中的铀通常以 U(Ⅵ)的形式出现在有机质中(Seredin and Finkelman，2008)。位于区域 1 下方的含 U(Se、Mo)的区域 2(图 2.25；如样品 0407-11-3)已显著矿化，并包含高百分比的黄铁矿以及其他表观遗传的硫化物和硒化物。区域 2 中的铀通常以四价形式存在于氧化物和硅酸盐中(如沥青、铀石；样品 0177-12-2；图 2.15)(Seredin and Finkelman，

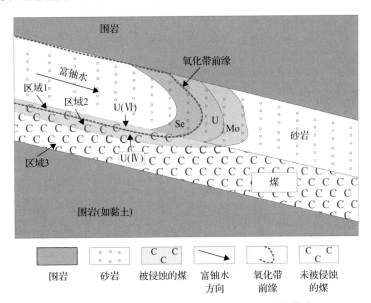

图 2.25　伊犁含煤矿床中 U、Se、Mo 的富集模式

富集模式基于 Danchev 和 Strelyanov(1979)、Seredin 和 Finkelman(2008)，以及 U、Se、Mo 在本研究煤层中的浓度变化

2008)。前区下方是未改变的煤(区域 3),U-Se-Mo 浓度低。在与氧化围岩接触的上部区域以及与氧化岩层有一定距离的前部区域,发现了最高的铀浓度。铀、硒和钼在区域 1 和 2 中分布不均匀(在某些情况下,两个区域是重叠的),导致整个剖面中元素浓度分布不一致(图 2.19~图 2.21)。

Dai 等(2015a)、Seredin 和 Finkelman(2008)报道的煤中铀富集的过程是同生或成岩作用早期的入渗或出渗机制造成的。在同生出渗类型的矿床中,富铀煤矿床通常夹在不渗透性黏土(Seredin and Finkelman,2008;Dai et al.,2013a)或石灰石(Dai et al.,2015a)之间。除了表观成因入渗型的伊犁富铀煤外,同生出渗的富铀煤通常缺乏 Hg、As 和 W(Seredin and Finkelman,2008;Dai et al.,2013a,2015a)。例如,位于中国南部贵州省的晚二叠世煤系铀矿床中的砷含量为 9.24μg/g,汞含量为 165ng/g,接近于世界平均水平[w(As)=9.0μg/g 和 w(Hg)=100ng/g;Ketris and Yudovich,2009]。但是,伊犁煤不仅富含 U、Se、Mo 和 Re,而且富含 Hg 和 As,这表明需要额外输入出渗型热液。Hg-As 和 U-Se-Re 组合在煤层剖面的位置是可变的,这表明富 Hg-As 和富 U-Se-Re 溶液的来源不同。煤和含煤矿床中砷和汞的富集通常归因于火山热液作用。例如,中国(云南临沧和内蒙古乌兰图嘎煤锗矿床;Zhuang et al.,2006;Hu et al.,2009;Dai et al.,2012a)和俄罗斯远东地区(Seredin et al.,2006)煤型锗矿床中显著富集汞和砷。砷和汞还与伊犁煤中的某些黄铁矿有关(图 2.12),表明这两种元素是单独的火山成因热液溶液的结果。

第三章　贵州贵定煤型铀矿床

第一节　地　质　背　景

贵定煤田位于中国西南地区贵州中部。煤田出露的沉积地层(图3.1)包括下二叠统茅口组、上二叠统吴家坪组、下三叠统大冶组和第四系。

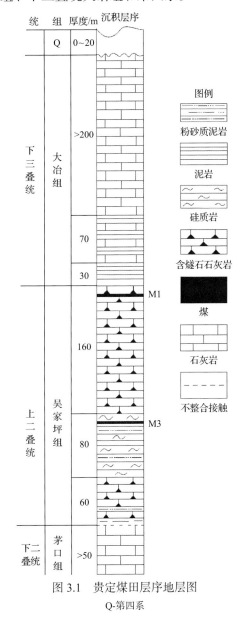

图 3.1　贵定煤田层序地层图

Q-第四系

茅口组的主要组成为厚层含藻类化石的灰色石灰岩。贵定煤田的含煤层段是吴家坪组，与下伏茅口组呈不整合接触。吴家坪组主要由含燧石石灰岩与煤层、薄层泥岩、硅质岩互层组成。吴家坪组可以分为三段：底段厚度为 60m 左右，主要由中厚层含燧石石灰岩组成，其与粉砂质泥岩互层；中段厚度为 80m，主要由薄层硅质岩组成，其与粉砂质泥岩互层；上段厚度为 160m，主要由含燧石石灰岩组成。本区的可采煤层 M3 位于中段上部，厚度为 0.9m；M1 煤层仅厚 20cm，位于上段的上部。

M1 和 M3 煤层的顶底板不同。M1 煤层的顶底板主要为硅质石灰岩或含燧石石灰岩，有时底板为硅质岩(燧石)。M3 煤层的顶板为硅质石灰岩或硅质岩，底板为硅质岩。

吴家坪组上部的大冶组根据岩性组合特征也可以分为三段：底段厚度为 30m，由灰黄色或棕黄色泥岩组成；中段厚度为 70m，由薄层石灰岩和泥岩互层组成；上段是大于 200m 的灰色石灰岩。

贵定煤田的沉积物源供给区为康滇古陆(中国煤炭地质总局，1996)。康滇古陆是中国西南大部分晚二叠世含煤盆地的物源区。

云南砚山(Dai et al.，2008c)、广西合山(Lei et al.，1994；Shao et al.，2003；Zeng et al.，2005)、湖南辰溪和贵州贵定均属于局限碳酸盐岩台地潮汐环境成煤，煤层保存在海相碳酸盐岩演替序列中。与广西合山临近的扶绥煤田则是形成于低水动力条件开放碳酸盐岩台地的潟湖环境(冯增昭等，1994；Dai et al.，2013b)。

西南地区碳酸盐岩台地成煤的含煤地层名称不同，如广西扶绥、合山的合山组，云南砚山，贵州贵定，湖南辰溪的吴家坪组，它们的时代相同，均为晚二叠世。这些层位煤层的顶板以石灰岩为主(石灰岩、硅质石灰岩、含燧石石灰岩或生物碎屑石灰岩)。在某些情况下，在煤层和石灰岩顶板之间可见到薄层硅质岩(燧石)或泥岩的夹层。底板的岩性差别很大，可以以石灰岩为主，也可以是硅质岩(燧石)、泥灰岩或泥岩。

第二节　煤的基本特征

根据美国材料与试验协会(ASTM)标准(ASTM，2012)，用镜质组随机反射率(R_r)和灰分产率(V_{daf}，干燥无灰基)作为对贵定煤煤级进行划分的指标：HST-3 属于高挥发分烟煤，LHD-1 属于中挥发分烟煤，GC-1 和 GC-3 属于低挥发分烟煤。GC-3-1、GC-3-2、GC-3C 由于高含量的方解石其挥发分含量高于其他煤分层(GC-3-3 和 GC-3-4)。

为了便于对比，云南砚山煤(R_r=1.81 %；Dai et al.，2008c)、广西合山煤(R_r=1.74%～1.92%；Shao et al.，2003；Dai et al.，2013a)、广西扶绥煤(R_r=1.41%～1.56%；Dai et al.，2013b)均为低挥发分烟煤；湖南辰溪煤的挥发分均值为 42.11 %(李薇薇和唐跃刚，2013；李薇薇等，2013)，属于高挥发分烟煤。

贵州贵定煤的有机硫含量较高，黄铁矿硫含量较低。有机硫含量为 2.42%～6.62%，均值为 5.19%；黄铁矿硫含量为 0.1%～3.15%，均值为 0.86%。这些煤属于超高有机硫煤。除上述中国西南晚二叠世超高有机硫煤外，在世界其他地区也有超高有机硫煤的报道，如澳大利亚维多利亚吉普斯兰(Gippsland)盆地煤(Smith and Batts，1974)，澳大利亚西部 Cranky Corner 盆地的 Tangorin 煤(Marshall and Draycott，1954；Ward et al.，2007)，斯洛文尼亚的 Raša 煤(Damsté et al.，1999)，后者的有机硫含量达到 11%。

　　根据《煤炭质量分级　第 1 部分：灰分》(GB/T 15224.1—2018)，灰分产率为 16.01%～29%的煤为中灰煤，灰分产率大于 29%的煤为高灰煤，因此贵州贵定煤属于中灰煤。

第三节　煤的矿物学特征

一、煤和非煤层中的矿物

　　表 3.1 和表 3.2 分别列出了煤样低温灰和非煤样(顶板、底板)的矿物组成百分比。表 3.3 列出了基于原煤的结晶质含量的相似数据。

表 3.1　XRD 和 Siroquant 测定的煤样的 LTA 中的矿物组成　　　　(单位：%)

样品	LTA	石英	高岭石	伊利石	I/S	方解石	白云石	烧石膏	硬石膏	黄铁矿	白铁矿	黄钾铁矾
GC-1C	27	3.9	4.9	66		18.3		1.8	1.4	3.7		
GC-3-1	52	7.1		57		31.2			1.6	3.1		
GC-3-2	24.9	4.2		66.7		21.2	0.8	3	2.8	1.4		
GC-3-3	16.5	1.5	2.2	83.3					3.7	9.3		
GC-3-4	30.7	2.8	3.8	78.1					4.6	10.7		
GC-3-5	22.3	2.2	6.2	75.3					3.1	11.7		1.5
GC-3C	30.6	4	2.5	73.4		9.3		3.9	5.7	1.2		
HST-3-0	54.3	2.5	3	80.8				0.1	1.7	11.9		
HST-3-1	35.7	0.8	5.8	81.6				0.3	0.3	4.9	6.4	
HST-3-2	19.3	3.9	4.8	82.9					0.5	2.2	4.6	1
HST-3-3	50.7	7.3	6.1	77.9				0.1	1.4	6.2		1
HST-3-4	65.5	28.2	1.8	22.4	36.3			0.2	1.2	9.6	0.4	
HST-3C	38.9	3.8	4.8	80.6				0.1	1.4	5.6	2.4	1.3
LHD-1C	18.4	3.9	9.5	61.2		11.9	0.8	6.4	5.2			1.1

注：C 表示刻槽样品；LTA 表示低温灰；I/S 表示伊/蒙混层；由于四舍五入，各矿物之和可能存在一定的误差。

表 3.2　通过 XRD 和 Siroquant 检测的围岩样品中的矿物组成　　　　(单位：%)

样品	LTA	石英	高岭石	伊利石	I/S	方解石	白云石	石膏	烧石膏	硬石膏	黄铁矿	白铁矿	锐钛矿	长石
GC-1R		11.4				88.6								
GC-1F		39.5				60.5								
GC-3R		4.2		6.4		88.0	1.4							
GC-3F		97.5				2.5								
HST-3R2		94.2				5.8								
HST-3F(1)	75.7	22.2	0.8	25.1	32.3				0.1	1.4	13.5			4.6
HST-3F(2)		63.8	1.4	11.3	15.2			1.9			5.1		0.8	
LHD-1R2		13.5	1.8			76.8	1.0	1.2			5.0		0.6	
LHD-1R1		7.4	1.6			88.9	1.2				0.9			
LHD-1F1		84.7				13.9	1.0				0.5			
LHD-1F2		16.2	1.1			76.3		4.1			2.2			

注：R 表示顶板；F 表示底板；I/S 表示伊/蒙混层；LTA 表示低温灰；由于四舍五入，各矿物之和可能存在一定的误差。

表 3.3　通过 XRD 和 Siroquant 处理的原煤样品中结晶部分的矿物组成　（单位：%）

样品	石英	高岭石	伊利石	I/S	方解石	石膏	黄铁矿	白铁矿	黄钾铁矾	锐钛矿
GC-1C	5.7	4.8	67.7		12.6	5.6	3.6			
GC-3-1	9.4	1.4	54.9		28.3	2.1	3.7			0.2
GC-3-2	11.2	2.6	55.8		17.5	11.2	1.7			
GC-3-3	0.9	4.5	75.5		19.1					
GC-3-4	2.4	1.6	74.5		20.8				0.7	
GC-3-5	2.1	2.9	68.1		24.0				2.9	
GC-3C	6.1	1.8	67.0	7.3	15.7	2.1				
HST-3-1	1.3	3.2	32.0	48.8		0.5	5.4	8.9		
HST-3-2	5.8	9.5	44.1	26		1.7	3.0	6.8	3.0	
HST-3-3	10.2	3.4	17.2	52.5		2.4	7.4	1.6	4.3	0.9
HST-3C	5.9	3.1	30.3	42.7		3.7	7.4	3.4	3.5	
LHD-1C	7.8	6.4	30.5	31.0	5.4	14.5			4.4	

注：C 表示刻槽样品；I/S 表示伊/蒙混层；由于四舍五入，各矿物之和可能存在一定的误差。

除 HST-3 底板样品 HST-3F(1) 和 HST-3F(2) 外，顶板和底板样品中多以方解石为主，或者在某些情况下以石英为主（如 GC-3F、HST-3R2、LHD-1F1）。这进一步表明顶板和底板为石灰岩或硅质岩。一些方解石丰富的围岩和煤层低温灰中也有少量白云石存在。

然而，大部分煤的低温灰中的矿物以伊利石为主，还存在相当数量的方解石、黄铁矿和/或白铁矿。煤的低温灰中大多可检测到少量烧石膏或硬石膏。

煤的低温灰和 GC 煤层的伊利石具有单一的 10.3Å[①] 的 XRD 峰。但黑神田和老黑洞煤矿的原煤及黑神田煤矿底板的低温灰中的伊利石具有约 10.9Å 的第二宽峰，这就代表存在伊/蒙混层矿物。伊/蒙混层矿物有时在原煤中出现却在其低温灰中消失，这可能是低温灰化过程中伴随着加热而除去层间水使伊/蒙混层矿物破坏的结果。

关冲和老黑洞煤中黄铁矿含量较低。但是黄铁矿在黑神田煤样（如 HST-3-1、HST-3-2、HST-3C）和底板中富集，有时候还伴随白铁矿的富集。黄铁矿或白铁矿的氧化产物黄钾铁矾也存在于某些样品中，特别是存在于黑神田煤矿富含黄铁矿的样品中。

大部分原煤中都存在石膏，尤其是 GC-3 和 LHD-1 样品中（表 3.3）。然而，相同样品的低温灰含有硬石膏或烧石膏，而非石膏。烧石膏通常被认为是等离子体低温灰化的一种人工合成物质，由灰化过程中有机质释放的 Ca 和 S 反应生成（Frazer and Belcher，1973）。因此，烧石膏和硬石膏至少代表了煤中已经存在石膏的脱水产物。

在 HST 底板样品 HST-3F(1) 中检测到少量长石 (4.6%)（表 3.2）。XRD 谱图显示它具有钠长石结构。SEM-EDS 归一化化学分析数据表明该颗粒在检测点中具有最高的 Na_2O 含量，与钠长石鉴定结果一致。

二、化学测试和 XRD 数据对比

图 3.2 中对比了由 XRD 数据推算出的主要元素氧化物含量（无 SO_3 基）和 XRF 分析得到的相同氧化物含量（归一化，无 SO_3 基）。两组数据的关系用 X-Y 散点图展示，图 3.2

---

① 1Å = 10^{-10}m。

上的对角线表示两种不同方法得到的常量元素氧化物含量相等。图 3.2 中 SiO₂ 和 CaO 的点接近对角线表明由 XRD 数据推算的含量与 XRF 分析数据相符。

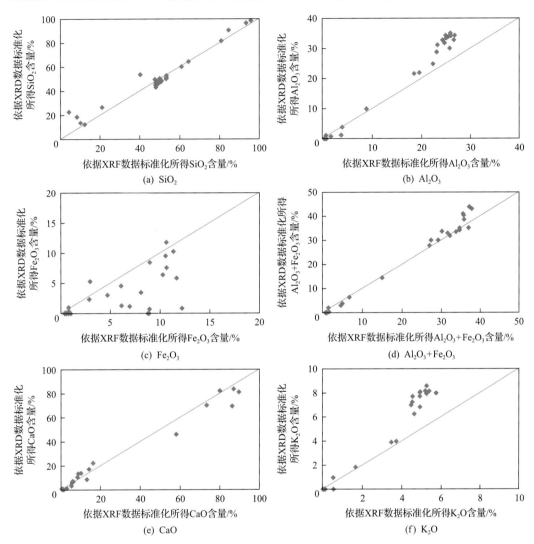

图 3.2　由 XRD 数据推算出的主要元素氧化物含量(归一化，无 SO₃ 基)与 XRF 分析得到的相同氧化物含量(归一化，无 SO₃ 基)的关系

在低含量范围下，Al₂O₃ 的点接近对角线；在高含量范围下，由 XRD 数据推算的含量要高于 XRF 分析的结果。虽然 Fe₂O₃ 的许多点接近对角线，但是许多点远低于对角线，表明由 XRD 数据推算的主要元素氧化物含量被低估。这可能是煤中的伊利石和伊/蒙混层矿物中 Fe 替代 Al 所导致的，而 Al 和 Fe 不在计算范围内。图 3.2(d) 显示了样品中 Al₂O₃ 和 Fe₂O₃ 总和之间的关系曲线，可以观察到由 XRD 数据推算的值和 XRF 分析值之间有较好的一致性，表明在同一样品中被低估的 Fe₂O₃ 含量与被高估的 Al₂O₃ 含量平衡。因此，伊利石和伊/蒙混层矿物中一部分 Al 被 Fe 替代。

当 K₂O 含量小于 4% 时，XRF 分析值和由 XRD 数据推算含量具有较高的一致性。

这代表未灰化的非煤样品中伊利石和伊/蒙混层都是独立的物相。当 K_2O 含量大于 4%时，煤的低温灰由 XRD 数据推算的值略高于对角线。用于计算推算化学成分的伊利石是按照层间位置只含有 K^+ 的伊利石进行的。上述结果表明，除了 K^+以外其他离子也存在于这些煤样的伊利石中。

如上所述，煤的低温灰(如黑神田和老黑洞煤矿)中鉴定的伊利石可能是伊利石和伊/蒙混层矿物的组合，在低温灰化过程中伊/蒙混层矿物因加热破坏后会形成更简单的伊利石结构。与伊利石相比，伊/蒙混层矿物中的 K^+含量较低。煤样中存在伊/蒙混层矿物但其未参与计算，这就解释了由 XRD 数据推算值和 XRF 分析值之间 K_2O 含量存在差异的原因。

图 3.3 显示了黄铁矿和白铁矿含量与黄铁矿硫的对比图。图 3.3 中还增加了矿物化学组成和黄铁矿硫之间的理论关系线。如图 3.3 所示，黄铁矿和白铁矿之和与黄铁矿硫之间的相关性较好，但 XRD 定量硫化矿物的含量略有偏高。Ward 等(2001)指出基于 Rietveld 的 XRD 方法(其中分析基于 Cu-Kα 辐射)测定黄铁矿和其他富 Fe 相可能会受到质量吸收效应的影响，后期 Siroquant 定量过程已经对这种效应进行校正，但前期样品测试过程中 Brindley 粒度不同对 XRD 结果产生的影响则无法避免。

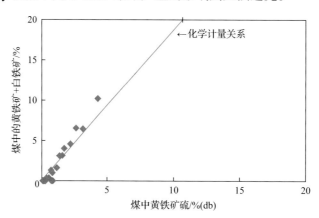

图 3.3　黄铁矿和白铁矿之和与黄铁矿硫的百分比之间的关系

db-纯计数单位

三、煤中矿物的赋存状态

(一)石英

石英主要呈单颗粒赋存在基质镜质体中，粒度常小于 20μm[图 3.4(a)～(c)]。此种类型的石英可能是自生成因或是碎屑来源。在云南东部和贵州西部的晚二叠世煤中常见自生石英(任德贻，1996；Wang et al.，2012)。前人研究表明石英是由康滇古陆玄武岩风化产生的含硅的溶液沉积而成的(任德贻，1996)。贵州贵定煤中也存在少量后生热液成因的石英，以充填物形式产出在裂隙中[图 3.4(d)]。

(二)黏土矿物

贵州贵定煤中可识别出三种形态的黏土矿物[图 3.5(a)～(d)]：大量的伊/蒙混层矿

物顺层理分布[图 3.5(a)、(d)]；高岭石、伊利石和伊/蒙混层矿物充填胞腔[图 3.5(b)]；或者以柱状和针状赋存在基质镜质体中[图 3.5(a)、(c)]。顺层理分布和充填胞腔方式存在的黏土矿物分别代表了陆源碎屑成因和自生成因，但板状和针状赋存的黏土矿物则是陆源碎屑输入的结果。在广西合山煤和夹矸中也发现过细粒的板状或针状的陆源碎屑成因的伊利石(Dai et al.，2013a)。在贵州贵定煤中未检测到充填裂隙的后生黏土矿物。

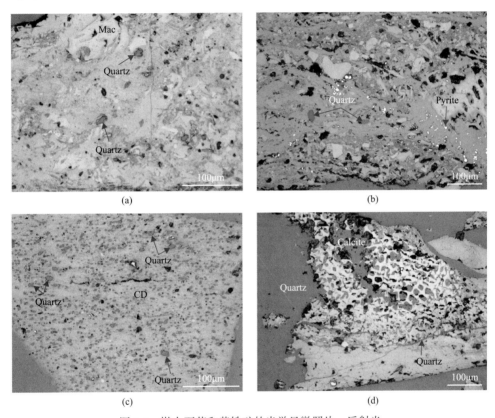

图 3.4　煤中石英和黄铁矿的光学显微照片，反射光

(a)样品 GC-3C 中的石英；(b)样品 HST-3-1 中的石英和黄铁矿；(c)样品 LHD-1C 中的石英；(d)样品 GC-3C
裂缝中充填的石英；Mac-粗粒体；CD-基质镜质体；F-丝质体；Quartz-石英；Pyrite-黄铁矿；Calcite-方解石

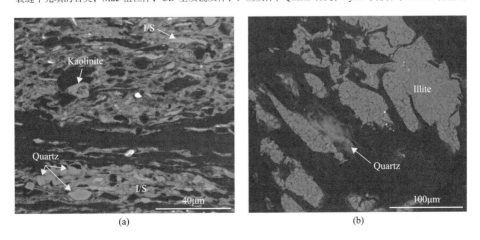

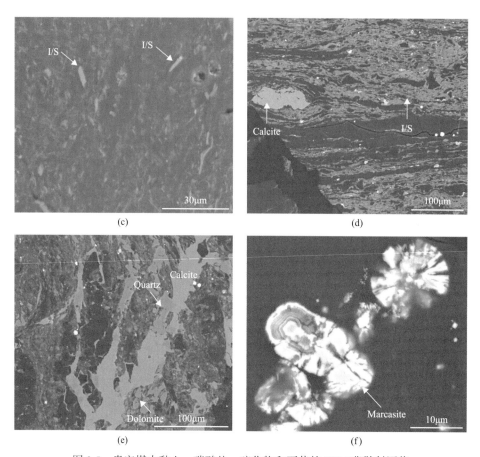

图 3.5 贵定煤中黏土、碳酸盐、硫化物和石英的 SEM 背散射图像

(a)样品 GC-1C 中的高岭石、I/S 和石英；(b)样品 GC-1C 中充填胞腔的伊利石和充填裂缝的石英；(c)样品 GC-1C 基质镜质体中的 I/S；(d)样品 GC-1C 中 I/S 出现在平面层理中，并沿方解石边缘分布[图 3.5(d)]；(e)样品 GC-8-1 中充填裂隙的方解石、白云石、石英；(f)样品 GC-1C 中的白铁矿；Quartz-石英；I/S-伊/蒙混层；Calcite-方解石；Kaolinite-高岭石；Marcasite-白铁矿；Dolomite-白云石；Illite-伊利石

（三）碳酸盐矿物

贵州贵定煤中方解石的赋存状态主要有两种：①基质镜质体的碎屑。陆源碎屑成因的伊/蒙混层矿物沿方解石颗粒的边缘分布[图 3.5(d)]，是来自形成相关石灰岩的沉积物的碎屑，属于压实作用前的同生沉积。Shao 等(1998)在合山煤中也发现了碎屑白云石。②裂隙充填。显微组分中白云岩和方解石充填裂缝，表明其为后生成因[图 3.5(e)]。

（四）硫化物和硫酸盐矿物

贵州贵定煤中的硫化物矿物包括白铁矿、黄铁矿和少量闪锌矿。白铁矿以放射状集合体的形式出现，有时呈叠加层样式[图 3.5(f)]。黄铁矿以细粒晶体形式出现在基质镜质体中[图 3.4(b)，图 3.6(a)]。一些黄铁矿显示溶蚀的痕迹，溶蚀后的空间被硫酸盐矿物所代替[图 3.6(a)～(d)]。通过 SEM-EDX 方法在贵州贵定煤中识别出了闪锌矿，成分测试表明闪锌矿中存在少量的镉。

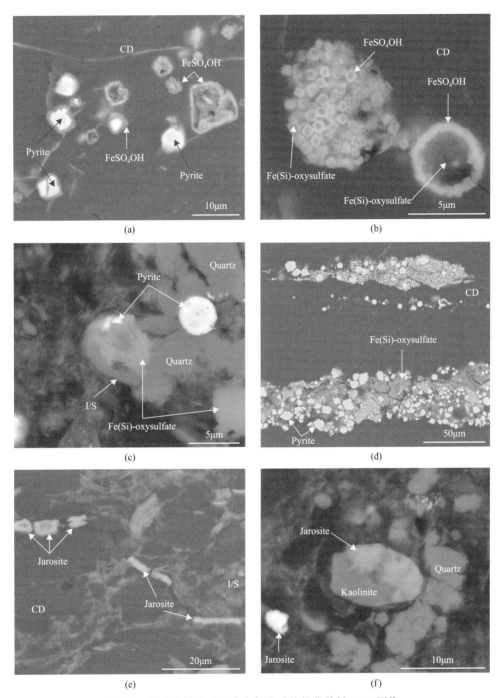

图 3.6　煤中含铁硫酸盐或含氧硫酸盐的背散射 SEM 图像

(a) 样品 GC-3-1，FeSO$_4$OH 和蚀变黄铁矿；(b) 样品 GC-3-2，FeSO$_4$OH 和含水铁 (硅) 氧硫酸盐；(c) 样品 GC-1C，含水铁 (硅) 氧硫酸盐、黄铁矿、石英和伊/蒙混层；(d) 样品 HST-3C，含水铁 (硅) 氧硫酸盐和黄铁矿；(e) 样品 LHD-1C，基质镜质体中的黄钾铁矾；(f) 样品 GC-2-C，高岭石中分布的黄钾铁矾；Pyrite-黄铁矿；Kaolinite-高岭石；Jarosite-黄钾铁矾；Quartz-石英；CD-基质镜质体；I/S-伊/蒙混层；Fe (Si) -oxysulfate-含水铁 (硅) 氧硫酸盐

通过 XRD 和 SEM-EDX 在贵州贵定煤中检测到硫酸盐矿物包括黄钾铁矾、FeSO$_4$OH

晶体[图 3.6(a)、(b)]和含水铁(硅)氧硫酸盐[图 3.6(b)~(d)]。FeSO₄OH 晶体分布在蚀变黄铁矿的边缘[图 3.6(a)、(b)],可能是黄铁矿氧化的产物。含水铁(硅)氧硫酸盐分布在基质镜质体和蚀变黄铁矿的空隙中[图 3.6(c)、(d)]。从矿物的共生组合关系推断含水铁(硅)氧硫酸盐属于黄铁矿氧化物和含 Si 溶液反应的产物。

某些煤样品通过 XRD 检测到了黄钾铁矾[KFe₃+3(OH)₆(SO₄)₂][图 3.6(e)]。Rao 和 Gluskoter(1973)指出黄钾铁矾可能来源于硫化铁的氧化。黄钾铁矾可以呈板状或不规则块状或者均匀地分布在基质镜质体中[图 3.6(e)、(f)]。

石膏产出在煤样的裂隙中(图 3.7),可能是方解石和煤中黄铁矿氧化产生的硫酸发生反应的结果(Rao and Gluskoter,1973;Pearson and Kwong,1979;Ward,2002)。然而,低煤级煤中石膏可以通过暴露的煤表面或煤蒸发孔隙水而形成(Kemezys and Taylor,1964;Ward,2002)。

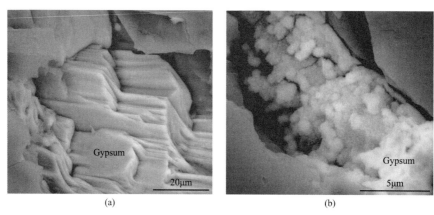

(a)   (b)

图 3.7 样品 GC-3-2 中充填裂缝的石膏的 SEM 背散射图

Gypsum-石膏

(五)含铀矿物

扫描电镜下发现贵州贵定煤中存在少量的含铀矿物,如铀石[U(SiO₄)₁₋ₓ(OH)₄ₓ]、铀钛矿(UTi₂O₆)(图 3.8)。它们主要分布在有机质或黏土矿物中(图 3.8),可能属于后生

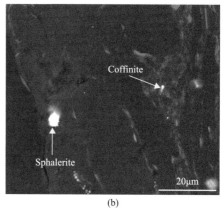

(a)   (b)

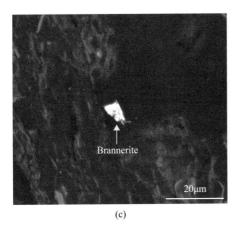 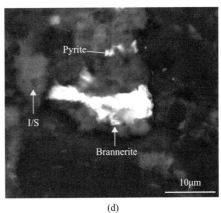

图 3.8　样品 GC-3-2 中含铀矿物的 SEM 背散射图像

(a)有机质中的铀石；(b)黏土矿物中的铀石和有机质中的闪锌矿；(c)有机质中的铀钛矿；(d)伊/蒙混层中的铀钛矿和黄铁
矿；Coffinite-铀石；Sphalerite-闪锌矿；Brannerite-铀钛矿；Pyrite-黄铁矿；I/S-伊/蒙混层

成因。含铀矿物可能由热液流体从煤中浸出的铀与含 Si 热液或煤中不稳定含 Ti 矿物分解产生的 Ti 溶液反应生成。铀石在煤中已有报道（van der Flier and Fyfe，1985；Seredin and Finkelman，2008），然而，并未见到过煤中铀钛矿的文献资料。广西合山、云南砚山、广西扶绥煤中的铀主要表现为有机结合态，未发现含铀矿物（Dai et al.，2008c，2013a，2013b）。

第四节　煤的地球化学特征

一、常量元素氧化物和微量元素

表 3.4 列出了贵州贵定煤中常量元素氧化物和微量元素含量。与中国煤中均值相比（Dai et al.，2012a），K_2O、SiO_2 在贵州贵定煤中富集，其他常量元素含量低于或接近中国煤均值（Dai et al.，2012a）。

贵州贵定煤田 4 个不同的煤层中微量元素的含量不相上下（表 3.4；图 3.9）。与世界硬煤均值（Ketris and Yudovich，2009）相比，贵州贵定煤中异常富集 U、Re、Mo，它们的富集系数 CC>100；高度富集 F、V、Cr、Se、Cd，10<CC<100；富集 Ni 和 Tl，5<CC<10；轻微富集 Cl、Cu、Zn、Zr、Nb 和 Ta，2<CC<5；亏损 P、Mn、Ba、Bi，CC<0.5；其他元素的含量与世界硬煤均值（Ketris and Yudovich，2009）接近。

贵州贵定煤中 B 的浓度均值为 37.9μg/g，略低于世界硬煤均值 47μg/g（Ketris and Yudovich，2009），与 Goodarzi 和 Swaine（1994）提出的 B 含量指数相比，这个数值并不像预期的那么高。Goodarzi 和 Swaine 分别将淡水/半咸水/海洋咸水中的 B 含量边界置于 50μg/g 和 110μg/g。贵州贵定煤中 B 浓度远低于在海水影响下形成的煤（>110μg/g）（Goodarzi and Swaine，1994；Eskenazy et al.，1994；Chen et al.，2011）。

贵州贵定煤与中国西南地区其他局限碳酸盐岩台地形成的合山煤（Dai et al.，2013a）、

表 3.4 贵定煤田煤样的常量元素氧化物和微量元素含量（煤基）

样品编号	样品类型	SiO$_2$	TiO$_2$	Al$_2$O$_3$	Fe$_2$O$_3$	MgO	CaO	Na$_2$O	K$_2$O	SiO$_2$/Al$_2$O$_3$	LOI	Li	Be	B	F	P	Cl	Sc	V	Cr	Mn	Co	Ni	Cu	Zn
GC-1C	刻槽	10.2	0.21	5.33	1.68	0.52	1.82	0.087	0.93	1.91	76.7	29.1	1.11	47.9	1915	33.9	1329	3.62	1153	461	33.5	5.02	134	45.3	98.1
LHD-1C	刻槽	7.2	0.18	3.48	1.34	0.49	1.53	0.03	0.74	2.07	83.1	18.5	1.34	22.7	1725	33	821	2.77	835	246	20.3	3.83	88.8	38.8	36.7
GC-3C	刻槽	11	0.26	5.32	1.5	0.62	1.8	0.041	1.06	2.07	76.2	25	1.21	41.2	2118	41.2	1016	4.08	1013	548	22.5	3.07	110	43	60.3
GC-3R	顶板	6.93	0.13	2.25	0.56	1.05	45.1	0.044	0.3	3.08	40	12.1	0.5	17.6	272	37.3	1107	2.6	407	271	33.5	3.1	58.3	12.6	17.5
GC-3-1	分层	20	0.5	9.28	1.96	1.1	6.79	0.06	1.93	2.16	51.8	27.5	1.13	60	2554	56.5	725	6.91	1388	1094	42.6	5.91	221	69.8	62.6
GC-3-2	分层	8.6	0.18	4.14	1.1	0.53	2.56	0.032	0.81	2.08	79	20.4	0.97	35.6	1768	28.4	1396	3.2	1127	677	22	4.76	175	44.8	75.1
GC-3-3	分层	6.99	0.17	3.6	1.24	0.41	0.78	0.029	0.73	1.94	84.9	20.8	1.18	34.6	1623	26.3	1057	3.21	938	360	9.94	1.26	52.1	25.3	44.6
GC-3-4	分层	7.44	0.18	3.86	1.31	0.44	0.87	0.028	0.77	1.93	83.7	22.8	1.24	36.9	1296	28.5	1064	3.37	805	366	12.5	1.92	57.6	32.7	61
GC-3-5	分层	6.17	0.18	3.22	1.58	0.34	0.81	0.024	0.64	1.92	86.1	20.2	1.22	30	1590	38.8	1266	3.56	479	204	12.9	1.28	35.1	25.1	38.1
GC-3B-Av	均值	7.75	0.19	3.9	1.38	0.45	1.46	0.03	0.78	1.99	82.28	21.2	1.16	34.9	1621	33.1	1184	3.55	808	405	15.5	2.32	79.8	32.8	52.5
HST-3C	刻槽	12	0.44	5.63	2.4	0.74	0.2	0.032	1.11	2.13	76.5	27.3	1.56	41.8	2370	57	697	5.22	838	268	37.7	8.6	97	55.5	74.4
HST-3-0	分层	20.6	1.29	11	4.7	1.19	0.39	0.136	2.18	1.87	56.7	40	1.6	nd	3575	60.1	1131	10.2	770	583	97.9	10.4	123	72.1	92.8
HST-3-1	分层	11.8	0.39	6.22	2.46	0.73	0.33	0.053	1.34	1.9	75.8	28.9	2.23	55.1	2429	30.6	629	4.89	1647	487	25.5	10.9	152	38.9	98.1
HST-3-2	分层	7.32	0.17	3.5	1.41	0.44	0.12	0.03	0.74	2.09	85.8	15.9	1.3	27.4	1485	23.1	807	2.87	902	237	12.4	4.41	94.1	31.8	55.1
HST-3-3	分层	15.3	0.64	6.95	3.34	0.91	0.21	0.029	1.3	2.2	69.9	32.6	1.56	49.3	2697	93	802	6.91	645	243	60.3	13.6	95.1	73.3	109
HST-3-4	分层	31.1	0.93	8.9	4.33	1.05	0.27	0.05	1.67	3.49	49.8	42.7	1.74	78.6	3271	229	628	9.93	365	246	68.1	10.7	71.3	87.3	70.9
HST-3B-Av	均值	15.8	0.62	6.73	2.98	0.798	0.23	0.056	1.33	2.35	70.26	29.3	1.57	37.4	2495	78.5	821	6.38	812	331	47.9	8.82	102	56.9	78.3
所有贵定煤		11.1	0.34	5.21	1.94	0.62	1.11	0.04	1.03	2.13	76.91	25.3	1.33	37.9	2076	48.8	973	4.49	892	391	29.7	5.26	99.7	45.5	66
世界硬煤或中国煤*		8.47	0.33	5.98	4.85	0.22	1.23	0.16	0.19	1.42	nd	14	2.0	47	82	250	340	3.7	28	17	71	6.0	17	16	28

续表

样品编号	样品类型	Ga	Ge	As	Se	Rb	Sr	Zr	Nb	Mo	Cd	In	Sn	Sb	Cs	Ba	Ta	W	Re	Hg	Tl	Pb	Bi	Th	U
GC-1C	刻槽	6.94	1.22	8.79	29.7	26.3	176	86.7	7.13	472	6.69	0.039	1.43	0.9	1.58	48.8	0.41	1.24	0.76	187	3.53	12.7	0.37	4.62	288
LHD-1C	刻槽	5.27	0.73	18.3	14.2	20.3	143	44.1	4.9	419	3.1	0.023	0.6	0.81	3.01	44.9	0.35	0.67	0.14	76.6	2.39	6.63	0.18	1.91	229
GC-3C	刻槽	6.1	1.09	6.62	42.6	36.3	210	67.6	6.78	349	3.28	0.04	0.86	1.03	2.02	76.4	0.51	1.42	0.54	175	3.41	9.43	0.32	3.03	211
GC-3-1	分层	8.51	0.89	11.2	77.1	54.6	513	141	12.8	210	4.43	0.051	1.24	1.69	2.56	107	0.99	1.56	2.34	258	4.92	8.46	0.27	4.94	157
GC-3-2	分层	4.67	0.89	6.9	29.9	25.6	204	67.8	5.8	362	4.16	0.035	0.68	0.92	1.47	59.9	0.36	0.93	0.98	146	2.76	6.98	0.2	2.32	273
GC-3-3	分层	4.67	1.54	5.56	27.3	25	124	43.2	4.91	387	2.25	0.035	0.73	0.84	1.64	58.6	0.34	1.09	0.05	153	2.77	6.37	0.26	2.16	176
GC-3-4	分层	5.05	1.35	5.32	29.6	27.2	146	48.2	5.49	398	2.5	0.048	0.76	0.78	1.72	64.3	0.36	0.67	0.09	179	2.6	8	0.26	2.5	193
GC-3-5	分层	4.62	1.21	5.16	27.4	22.4	123	48.9	5.52	320	1.55	0.048	0.78	0.65	1.62	48.2	0.35	1.13	0.06	174	1.96	6.74	0.2	2.17	147
GC-3B-Av	均值	4.92	1.22	5.92	30.8	26.1	163	55.9	5.81	352	2.54	0.04	0.77	0.82	1.66	58.7	0.38	1.01	0.36	169	2.55	7.05	0.23	2.4	187
HST-3C	刻槽	8.24	1.41	7.86	32.5	35.8	175	78.1	9.99	369	3.29	0.041	1.02	1.12	2	69.8	0.8	1.22	0.13	154	2.85	8.72	0.24	3.3	223
HST-3-0	分层	12	0.94	33.6	100	58	199	166	25.9	232	4.37	0.08	1.37	2.58	2.88	84.9	1.81	1.95	0.12	359	3.74	14	0.31	6.53	95.3
HST-3-1	分层	7.67	0.99	8.14	29.2	43.3	248	80.9	9.16	387	3.91	0.043	1.05	1.25	2.19	92.8	0.7	0.66	0.3	149	5.2	11.2	0.37	2.99	281
HST-3-2	分层	5.66	2.07	4.24	13.9	23.3	171	41.3	5.13	430	2.85	0.022	0.69	0.84	1.19	45.5	0.36	0.59	0.07	83	2.89	6.64	0.18	2.15	269
HST-3-3	分层	10.6	2.64	9.61	45.2	37.5	162	101	15.6	321	3.76	0.054	1.43	1.4	2.26	55.8	1.09	1.3	0.09	198	2.64	8.21	0.19	3.97	198
HST-3-4	分层	12.6	0.75	12.1	57.1	45.4	255	143	21	174	2.96	0.066	1.42	1.77	2.58	186	1.57	1.52	0.06	218	1.98	11	0.23	4.44	67.9
HST-3B-Av	均值	9.11	1.61	12.6	44.8	38.2	197	97	14	325	3.42	0.048	1.11	1.47	2.04	84	1.01	1.14	0.1	185	3.08	9.53	0.23	3.78	190
所有贵定煤		6.83	1.26	9.24	35.3	32.1	182	72.8	8.55	364	3.43	0.041	0.95	1.07	1.99	68	0.61	1.15	0.32	165	2.98	8.86	0.26	3.14	211
世界硬煤或中国煤*		6.0	2.4	9.0	1.6	18	100	36	4.0	2.1	0.20	0.040	1.4	1.00	1.1	150	0.30	0.99	nd	0.10	0.58	9.0	1.1	3.2	1.9

注：GC 表示关沖煤矿；LHD 表示老黑洞矿；HST 表示黑沖煤矿；3B-Av 表示 M3 煤层分层样品加权平均值（按采样间隔厚度加权）；C 表示刻槽样品；R 表示顶板；所有贵定煤表示贵定煤田中所有煤的平均含量；nd 表示未检测到；LOI 表示烧失量；常量元素氧化物单位为%，Hg 的单位为 ng/g，其余微量元素单位为 μg/g。
* 中国煤的常量元素氧化物平均值和世界硬煤的微量元素平均值分别来自 Dai 等（2012b）、Ketris 和 Yudovich（2009）。

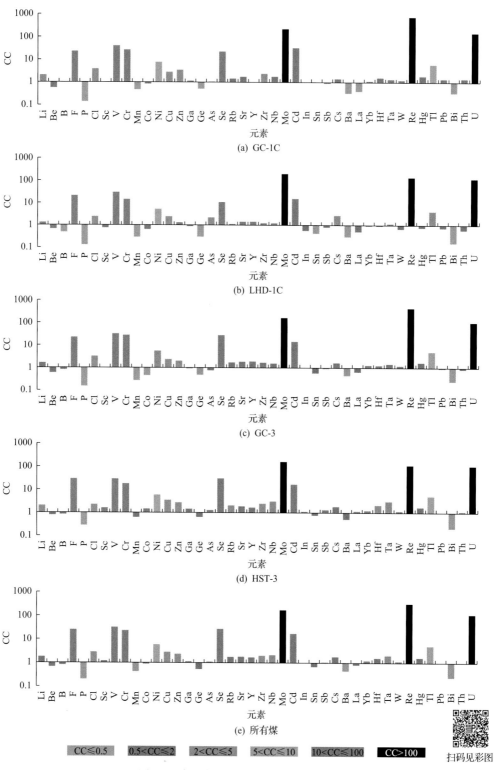

图 3.9 贵州贵定煤中微量元素富集系数 CC

经世界硬煤均值标准化(Ketris and Yudovich, 2009)

砚山煤(Dai et al.，2008c)、辰溪煤(李薇薇等，2013)具有近似的微量元素富集组合——U、Se、Mo、Re、V[图 3.10(a)～(c)]。广西扶绥煤形成于开放的碳酸盐岩台地，与世界硬煤均值(Ketris and Yudovich，2009)相比亦富集 U、Se、Mo，但它们的富集程度不能和贵定煤、合山煤和砚山煤相比[图 3.10(d)]。

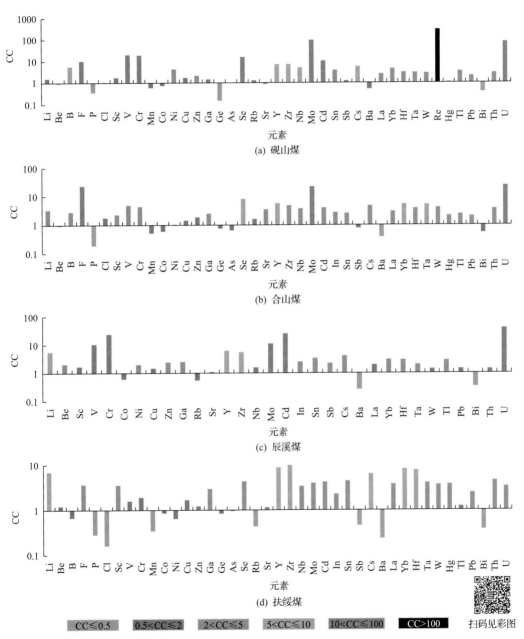

图 3.10　砚山煤、合山煤、辰溪煤和扶绥煤的微量元素富集系数 CC

经世界硬煤微量元素均值标准化(Ketris and Yudovich，2009)；砚山煤数据引自 Dai 等(2008c)；合山煤数据引自 Dai 等(2013a)；辰溪煤数据引自李薇薇和唐跃刚(2013)、李薇薇等(2013)

二、稀土元素和钇

本书中稀土元素分类采用 Seredin 和 Dai(2012)推荐的三分法。贵州贵定煤刻槽样品和分层样品的稀土均值(以样品间隔厚度加权)为63.6μg/g,与世界硬煤均值68.6μg/g(Ketris and Yudovich,2009)相当。稀土元素配分模式均为重稀土富集型,这与砚山煤、合山煤、扶绥煤、辰溪煤相似(图3.11)。

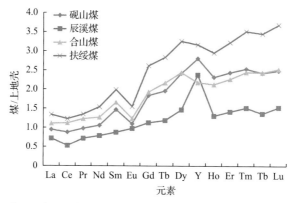

图3.11 砚山、合山、扶绥、辰溪煤田晚二叠世煤 REY 分布模式图(煤基)

REY 经上地壳标准化(Taylor and McLennan,1985)

贵州贵定煤的稀土元素配分模式图呈现弱的 Eu 和 Ce 异常(图3.12),这与西南地区其他以康滇古陆为物源区的晚二叠世煤类似(Dai et al.,2014b)。但砚山煤、合山煤、扶绥煤呈现弱的Ce负异常和典型的Eu负异常,辰溪煤未见Eu异常(图3.11)。样品GC-3、LHD-1C、HST-3 显示 Y 正异常[图3.12(a)~(d)],砚山煤也显示 Y 正异常(图3.11)。贵定煤 GC-1C 样品没有明显的 Y 异常[图3.12(d)],这与合山煤和扶绥煤类似(图3.11)。

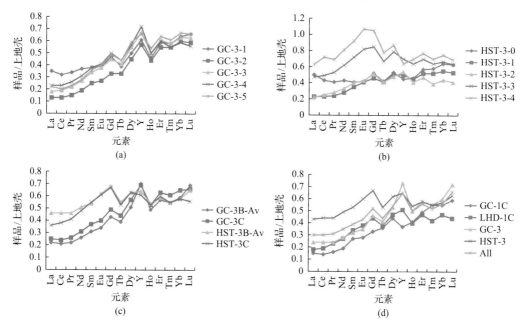

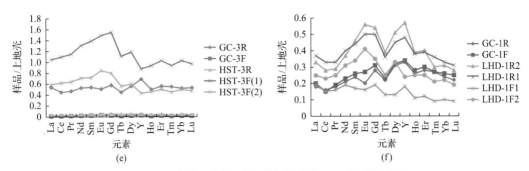

图 3.12 贵州贵定煤（煤基）与围岩的 REY 配分模式图

(a)关冲煤矿 M3 煤层煤分层；(b)黑神田煤矿 M3 煤层煤分层；(c)关冲和黑神田煤矿 M3 煤层煤分层平均值和刻槽样品；
(d)M1 层刻槽样品和 M3 煤层平均样品；(e)、(f)关冲煤矿和黑神田煤矿顶板及底板地层样品；REY 经上地壳(UCC)标准
化(Taylor and McLennan，1985)；R-顶板；F-底板

砚山煤、合山煤、扶绥煤稀土元素配分模式中明显的 Eu 负异常表明它们的沉积物源区与其他西南地区晚二叠世煤(包括贵定煤)不同，后者的物源主要来自康滇古陆的基性玄武岩。砚山煤田的物源区是越北古陆的酸性流纹岩(李东旭和许顺山，2000；Chen et al.，2003)；广西合山和扶绥煤田的物源区为云开古陆。云开古陆形成于晚二叠世早期，其岩性主要为酸性的石炭—二叠纪岩石(冯增昭等，1994)。

三、煤的微量元素的赋存状态

（一）U、Mo、V 和 Re

通过 Pearson 相关系数计算得到的元素亲和性煤中各元素的浓度与灰分产率或选定的常量元素之间的关系如下：

（1）与灰分产率的相关性

r_{ash}=0.70～0.96

S_p(0.80)，SiO_2(0.95)，TiO_2(0.82)，Al_2O_3(0.95)，Fe_2O_3(0.77)，MgO(0.95)，K_2O(0.93)，Li(0.84)，B(0.90)，F(0.88)，P(0.70)，Sc(0.91)，Mn(0.83)，Cu(0.92)，Ga(0.86)，Se(0.86)，Rb(0.89)，Sr(0.71)，Zr(0.96)，Nb(0.86)，In(0.76)，Sn(0.77)，Sb(0.87)，Ba(0.80)，Hf(0.94)，Ta(0.88)，W(0.76)，Hg(0.75)，Th(0.84)，REY(0.76)

r_{ash}=0.40～0.64

Na_2O(0.57)，Cr(0.48)，Co(0.62)，Ni(0.45)，Zn(0.40)，As(0.53)，Cs(0.64)，Re(0.42)，Pb(0.58)

r_{ash}=-0.05～0.35

CaO(0.35)，Be(0.30)，Y(0.27)，Tl(0.32)，Bi(0.21)，Cd(0.35)，V(-0.05)

r_{ash}=-0.91～-0.30

S_t(-0.86)，S_o(-0.91)，Cl(-0.37)，Ge(-0.30)，Mo(-0.86)，U(-0.63)

（2）选中元素对的相关性系数

U-Mo=0.85，

F-B=0.88, F-Na_2O=0.65, F-MgO=0.94, F-Al_2O_3=0.94, F-SiO_2=0.88, F-K_2O=0.92,

F-Mn=0.94, F-Fe$_2$O$_3$=0.94, F-Cr=0.22

M_{ad}-Cl=−0.22, Cl-Na$_2$O=0.17, Cl-Al$_2$O$_3$=−0.32, Cl-SiO$_2$=−0.45, B-MgO=0.88; B-K$_2$O=0.85

由上及图 3.13 可见 U、Mo 和灰分产率呈负相关，表明它们可能与煤的有机质有关。另外，有少量的 U 赋存在矿物中如铀石和钛铀矿。U 和 Mo 呈正相关，相关系数为 0.85(图 3.13)，表明贵州贵定煤中 U 和 Mo 的地球化学行为相似。

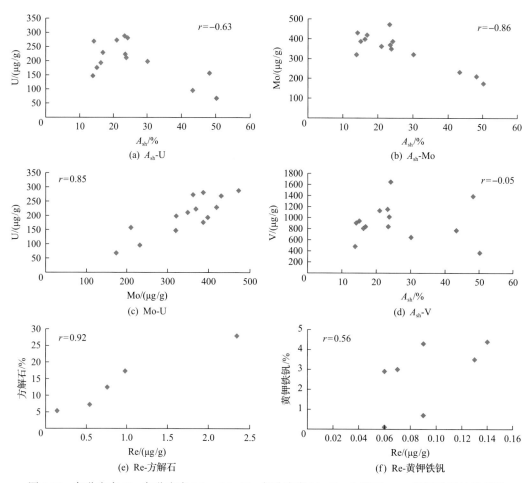

图 3.13 灰分产率-U、灰分产率-Mo、Mo-U、灰分产率-V、Re-方解石、Re-黄钾铁矾的关系图

V 和灰分产率的相关系数仅为−0.05(图 3.13)，表明 V 存在有机和无机混合态。V 和黄钾铁矾弱的正相关关系表明部分 V 存在于黄钾铁矾矿物相中。

世界范围内的煤型铀矿床中铀主要以有机结合态存在，仅有少量的铀存在于矿物中(Seredin and Finkelman，2008)。贵州贵定煤中钼的赋存状态与其他煤型铀矿床不同，其他煤型铀矿床中钼的载体为辉钼矿(Seredin and Finkelman，2008)。用 SEM-EDS 配合逐级化学提取的方法发现砚山煤中 U、Mo、V、Cr、Ni 不仅存在于硅酸盐矿物中而且与有机质有关(Dai et al.，2008c)。

Re 和灰分产率的相关系数为 0.42，表明 Re 与无机质相关。如图 3.13 所示，Re 和黄钾铁矾的相关系数为 0.56，Re 和方解石的相关系数为 0.92。表明贵州贵定煤中的 Re 可能与铁硫化物的氧化产物和碳酸盐矿物有关。

Re 在煤中含量通常很低（<0.001μg/g）（Finkelman，1993），因此很难直接检测到载体矿物。Yossifova（2014）从洗选厂的煤浆和原煤的滤出液中提取的干残渣中发现了 Re 的无机物相，可能为氧化物或氢氧化物、蚀变的硫化物、碳酸盐和氯化物。这种含 Re 的物相可能在煤中存在或者是在氧化和脱水过程中蚀变或新形成的产物（Yossifova，2014）。

（二）Se、Hg、As、Tl、Cd

贵州贵定煤的 Se、Hg、As 均与灰分产率呈正相关，相关系数分别为 0.86、0.75 和 0.53，表明它们主要与无机矿物质有关。另外，Se、Hg、As 均与黄铁矿呈正相关，相关系数分别为 0.71、0.75 和 0.89；而它们与白铁矿呈负相关，相关系数分别为-0.82、-0.76、-0.71（图 3.14）。因此，Se、Hg、As 的主要载体是黄铁矿而非白铁矿。广西扶绥

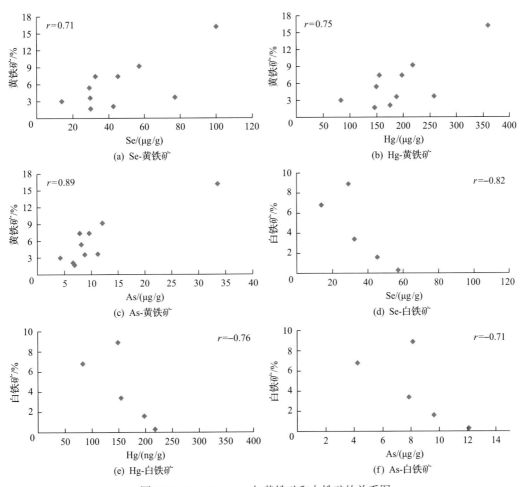

图 3.14　Se、Hg、As 与黄铁矿和白铁矿的关系图

煤的黄铁矿和白铁矿都是早期同生作用阶段的产物，但 Se 主要赋存于白铁矿中（Dai et al.，2013b）。

高硒煤中硒的赋存状态多样，包括天然硒、白硒铁矿（$FeSe_2$）、硫化物矿物中硒类质同相替代（黄铁矿、砷黄铁矿、黄铜矿、方铅矿等）（Maksimova and Shmariovich，1993；Kislyakov and Shchetochkin，2000；Fu et al.，2013）、硒铅矿（Finkelman，1980；Hower and Robertson，2003）。一部分硒也可能存在于高硒煤的有机质中（Yudovich and Ketris，2006a）。Tl 与白铁矿呈正相关（$r = 0.86$），与黄铁矿呈弱相关（$r = -0.09$），表明 Tl 与白铁矿有关。Cd 与伊利石、伊/蒙混层、伊利石 + 伊/蒙混层的相关系数分别为 -0.07、0.56、-0.12，而 Cd 与 Mg、Na、K 的相关系数分别为 0.35、0.63、0.37，表明 Cd 主要与伊/蒙混层相关，而不是伊利石。

（三）F 和 Cl

一些学者的研究表明煤中 F 常与矿物质有关，如黏土矿物和氟磷灰石，以及电气石、黄玉、角闪石和云母（Godbeer and Swaine，1987；Swaine，1990；Finkelman，1995）；此外，F 也可能具有有机亲和性（McIntyre et al.，1985；Bouška et al.，2000；Wang et al.，2011）。广西煤中 F 的浓度高达 3362μg/g，主要赋存在后生成因的萤石中，在这些煤中也检测出少量含 F 和稀土的矿物 $CaMgCO_3F$（Dai et al.，2013b）。

F 和灰分产率之间高的相关性（$r = 0.88$；图 3.15）表明贵州贵定煤中的 F 具有无机赋存态。此外，F 与其他组分，如 B、Na_2O、MgO、Al_2O_3、SiO_2、K_2O、Mn、Fe_2O_3 和 Cr 等的正相关系数表明贵州贵定煤中的 F 很可能存在于电气石中，因为电气石的组成与上述和 F 呈正相关的元素相似。然而，电气石由于其在煤中含量低未被 XRD、SEM-EDS 或光学显微镜观测到。

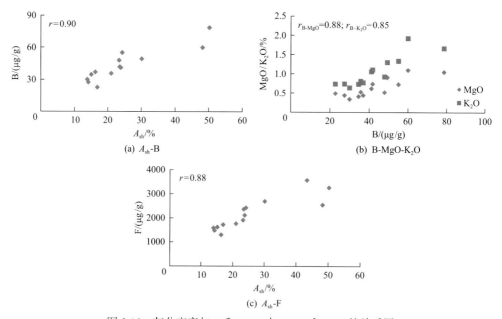

图 3.15　灰分产率与 B 和 F、B 与 MgO 和 K_2O 的关系图

对于煤中Cl的研究由来已久(Daybell and Pringle, 1958; Skipsey, 1975; Caswell, 1981; Caswell et al., 1984; Hower et al., 1991; Huggins and Huffman, 1995; Ward et al., 1999; Vassilev et al., 2000; Spears, 2005),并且已经得出一些其可能的赋存状态,如有机结合态、矿物和无定形无机组分中的杂质成分、单矿物(Vassilev et al., 2000)、与煤中水分有关(Spears, 2005)。但基于分子(Cl_2)自由基反应机理,Cl不可能以有机相和HCl形式出现(梁汉东, 2001; Dai et al., 2012b)。在本研究中,由于Na_2O和Cl之间的低相关性(0.17),煤中的Cl以NaCl形态存在的可能性也不大。

除有机硫外,几乎所有的元素都与Cl呈弱或负相关。Cl-Al_2O_3($r=-0.32$)、Cl-SiO_2($r=-0.45$)、Cl-K_2O($r=-0.37$)的低相关系数表明,贵定煤中的Cl与黏土矿物(高岭石、伊利石、伊/蒙混层)关系不大。Cl似乎与煤中的其他元素组合无关。此外,Cl与水分的相关系数为-0.22,说明Cl与水分不相关。因此,推断Cl作为离子态被贵定煤的有机质吸附是合理的。在澳大利亚冈尼达(Gunnedah)盆地的煤中也观察到以类似形态存在的Cl(Ward et al., 1999)。

(四)B

贵定煤中B的含量很低(表3.4)。B被认为是成煤环境很好的古盐度指标(Goodarzi and Swaine, 1994),因此研究B的意义是显著的。目前,煤中B的赋存状态主要有三种:与有机质结合;与一些黏土矿物(主要与伊利石)有关;存在于电气石的晶格内(Ward, 1980; Eskenazy et al., 1994; Finkelman, 1995; Querol et al., 1995, 1999; Boyd, 2002; Oliveira et al., 2013)。伊利石和电气石作为B的载体仅在局部地区有重要意义,但有机结合态通常被认为是B最常见的赋存状态(Ward, 1980; Swaine, 1990; Boyd, 2002; Riley et al., 2012; Li et al., 2014b, 2014c)。

本研究中B与灰分产率($r=0.90$;图3.15)、K_2O($r=0.85$)、MgO($r=0.88$)、伊/蒙混层矿物($r=0.55$)和F($r=0.88$;F主要存在于电气石中)呈正相关,但与伊利石呈负相关($r=-0.41$)。这表明可能贵定煤的B主要与伊/蒙混层矿物和电气石有关,而不是与伊利石或有机质有关。基于B的低含量以及与伊/蒙混层矿物和电气石的赋存关系,推断贵定煤中的B是陆源成因,而不是来自海水或热液活动。Finkelman(1982)和任德贻等(2006)也曾指出陆源成因的B主要与黏土矿物有关。

第五节 小 结

一些学者的研究表明超高有机硫煤形成于海相碳酸盐岩层序中(雷加锦等, 1994; Shao et al., 2003; Zeng et al., 2005),因此海水是煤地球化学异常的重要影响因素(Chou, 2012)。最近的研究表明除海水外,云南砚山和广西合山煤中大部分有机硫以及U、Se、Mo、V和Re可能来源于海底喷流的热液流体(Dai et al., 2008b, 2013a)。

一、高硫煤的成因

煤中同生成因的硫与原始泥炭形成环境的古盐度有关。大多数情况下,低硫煤形成于河流环境中，而高硫煤的形成则与海水关系密切，反映海水中可利用的硫酸盐更多（Chou，1997a，1997b，2012；Ward et al.，2007）。例如，Chou（1990）认为美国伊利诺伊（Illinois）盆地 Herrin 煤高含量的 S、B、Mo、U 来源于海水，并且海水的入侵终止了泥炭沼泽的堆积（Chou，1984，1997a，1997b）。

一般认为，超高有机硫煤多形成于碎屑供给贫乏的盆地，常含藻类并且受海水影响显著（Chou，2012）。大量研究认为广西合山和贵州贵定晚二叠世煤形成于局限碳酸盐岩台地形成的碳酸盐岩层序列中（Shao et al.，1998，2003；Zeng et al.，2005）。

然而高硫煤的形成也可不受海水影响。例如，土耳其安纳托利亚中部 Beypazari 盆地 Çayirhan 煤田中新世高硫褐煤（$S_{t,d}$= 8.2%）未受海水影响。这些煤中硫的来源被归因于火山碎屑或碎屑物质、盆地流体（Whateley and Tuncali，1995a，1995b）。土耳其西北部中新世褐煤中硫含量变化在 0.4%~12.2%，而硫源来自区域火山活动和硫化物的矿化作用（Gürdal，2011；Gürdal and Bozcu，2011）。这些土耳其的高硫褐煤在淡水环境中形成，硫源并非海水。

贵定煤的有机硫可能部分来自海水。如上所述，贵定煤形成于局限碳酸盐岩台地，如果不补充新鲜的海水，可能导致该系统中硫的总量有限。此外，古海水中的 SO_4^{2-} 浓度在一定范围内。例如，显生宙海水的 SO_4^{2-} 浓度在 5~27.6mmol/kg（Lowenstein et al.，2003；Strauss，2004）。海水可能对贵定煤中的硫具有显著的贡献。贵定煤中的有机硫和黄铁矿硫的 $\delta^{34}S$ 值分别为–7.4‰~7.7‰和–30.6‰~–28.2‰（雷加锦等，1994），表明它形成于硫酸盐受限制细菌还原的静海环境，即具有循环海水硫酸盐供应的部分封闭的盆地（Turner and Richardson，2004；Elswick et al.，2007；Jiang et al.，2008；Chou，2012）。

全硫含量大于 1%的高硫煤中有机硫的 $\delta^{34}S$ 是可变的，通常负值居多。例如，美国伊利诺伊盆地煤中有机硫的 $\delta^{34}S$ 为–8‰~15‰（Price and Shieh，1979）。澳大利亚维多利亚吉普斯兰盆地的超高有机硫煤的有机硫含量为 5.2%~7.4%，有机硫的 $\delta^{34}S$ 为 2.9‰~24.4‰（Smith and Batts，1974）；内蒙古煤中有机硫的 $\delta^{34}S$ 为–12.3‰~5.8‰（Dai et al.，2002）。有机硫的 $\delta^{34}S$ 值也表明泥炭堆积过程中细菌对植物残片改造时对同位素的贡献。

二、煤中 B

煤中 B 含量可以作为成煤环境的古盐度指标（Cairncross et al.，1990；Goodarzi and Swaine，1994；Eskenazy et al.，1994）。例如，Goodarzi 和 Swaine（1994）将淡水/半咸水/咸水的 B 含量界限定在 50μg/g 和 110μg/g，作为成煤沉积环境的指标。

虽然古盐度指示元素 B 已被研究者广泛使用（Alastuey et al.，2001；Hower et al.，2002；Kalkreuth et al.，2010），但是 B 作为古盐度指标的使用仍然存在争议（Lyons et al.，1989；Eskenazy et al.，1994）。例如，煤中 B 含量的升高也可能来自热液活动（Lyons et al.，1989）、火山活动（Bouška and Pešek，1983；Karayiğit et al.，2000）和气候变化（Bouška and Pešek，1983）。

海水中 B 浓度比河水中高出 400 倍以上（Li，1982）。研究表明碳酸盐岩系列中的煤或显著受海水影响的煤未必富集 B。例如，广西扶绥(Dai et al.，2013b)和合山(Dai et al.，2013a)晚二叠世煤及贵州贵定煤中 B 含量均较低(表 3.4)。中国内蒙古乌达煤田的 9 煤和10 煤受海水影响严重(彭苏萍和张建华，1995；Dai et al.，2002)，但其 B 浓度异常低，从低于 ICP-MS 检测限到 10.4μg/g，平均值为 4.26μg/g。Dai 等(2013b)认为煤层和上部碳酸盐之间的夹层泥岩或硅质岩的低渗透性阻止了海水对煤层的影响。然而上述解释不适用于贵州贵定煤，因为贵州贵定煤的直接顶板为石灰岩。上述解释也不适用于没有直接石灰岩顶板而受海水影响严重的煤，如内蒙古乌达煤(彭苏萍和张建华，1995；Dai et al.，2002)。

因此很难确定这些碳酸盐岩序列煤中高含量的硼[如砚山煤 323μg/g(任德贻等，2006)、合山煤 135μg/g(Dai et al.，2013a)]是否可以归因于海水。因为这些煤也受到热液流体的显著影响(Dai et al.，2008c，2013a)，热液流体也可能为煤中 B 提供来源(Lyons et al.，1989)。

三、煤中其他元素的指示作用

除 B 外，海水中 Cl、Li、Mg、Ca、Na、F、Sr 和 Rb 等元素比淡水中丰富 2～4 个数量级(Cairncross et al.，1990；Reimann and de Caritat，1998)，因此估计受海水影响的煤中会富集这些元素。许多研究表明在受海水影响的环境中形成的泥炭和煤亦富集这些元素(Raymond et al.，1990；Eskenazy et al.，1994，2013；Hickmott and Baldridge，1995；Chou，1997a，1997b；Liu et al.，2004，2006；唐修义和黄文辉，2004；Song et al.，2007；Yossifova，2014)。这不仅受控于海水中的这些元素含量高于淡水，而且海水中浮游生物富含这些元素，它们可以改变微环境的 pH、Eh、H_2S 含量，为微量元素的富集提供了良好条件(唐修义和黄文辉，2004；任德贻等，2006；Wang et al.，2007)。然而，受海水影响煤层中的元素富集机理需要进一步研究。一些超高有机硫煤中并不富集上述这些元素(图 3.9，图 3.10)。例如，砚山煤中 Li、Rb、Sr、Cl，辰溪煤中 Rb、Sr，扶绥煤中 Cl、Rb、Sr 的含量接近甚至低于世界煤均值(Ketris and Yudovich，2009)。

超高有机硫煤(如砚山煤、辰溪煤、扶绥煤)中较低含量的元素组合(如 Li、B、F、Cl、Sr 和 Rb)表明高含量的有机硫来源于热液流体(Dai et al.，2008c，2013b)。海水对扶绥某些超高有机硫煤的化学成分的影响不大或很弱，可能是由于煤层上直接覆盖的不渗透黏土或硅质层阻止了上覆石灰岩形成时海水对煤层的影响。

合山超高有机硫煤中高含量的 B、Mg、K、Sr、Rb 表明它的形成受海水影响明显(Dai et al.，2013a)。例如，煤层剖面 Sr/Ba 高于世界煤均值(0.67)。Dai 等(2013a)认为合山煤中高含量的 S、V、Mo 和 U 可能主要来源于泥炭堆积或早期成岩阶段的热液，还有一少部分可能来源于海水。

煤中富集的重稀土(图 3.12)可能归因于热液流体(Michard and Albarède，1986；Seredin and Dai，2012)。研究表明，煤盆地的循环流体都富含重稀土(Seredin，2001)，如碱性陆地水(Johanneson and Zhou，1997)、富 p_{CO_2}(CO_2 分压)冷矿化水(Shand et al.，2005)、低温(130℃)碱性热液(Michard and Albarède，1986)、高温(>500℃)火山成因流体(Rybin et al.，2003)。然而，煤中的稀土元素主要来源于沉积物源区(如陆源区的花岗

岩、碳酸盐岩或铝土矿），通常具有富集轻稀土的特征（Seredin and Dai，2012；Dai et al.，2014b）。例如，滇东宣威新德晚二叠世煤的 REY 主要来源于康滇古陆的玄武岩，煤中稀土元素具有轻稀土富集特征（或中稀土富集特征；Dai et al.，2014b）。此外，广西合山煤和云南砚山煤中的稀土元素来自越北古陆和云开古陆，它们主要由酸性岩石组成（冯增昭等，1994；李东旭和许顺山，2000；Chen et al.，2003），因此推断这些煤中的稀土元素应该具有轻稀土富集特征，但由于受热液流体的影响这些煤中的稀土元素具有重稀土富集特征（Dai et al.，2008c，2013a）。

尽管重稀土富集的模式可以作为热液进入煤层的指标，但贵定煤中 U/Th 的高值指示一个静海环境（Bostrom et al.，1973；Bostrom，1983；Dai et al.，2008c），如 GC-3 煤（77.9）、HST-3 煤（50.3）、LHD-1C 煤（120）以及合山煤［3.9（Dai et al.，2013a）］、砚山煤（16.9；Dai et al.，2008c）、辰溪煤（16.9；李薇薇和唐跃刚，2013）表明它们形成于静海环境。然而，世界硬煤中 U/Th 平均值仅为 0.6（Ketris and Yudovich，2009）。自生成因的铀的含量也可以被认为是沉积环境的指标（Wignall，1994）。自生铀（U_a）含量的计算公式为 $U_a= U_{Total}-Th/3$（U_{Total} 表示全部铀的含量）。样品 LHD-1C（228μg/g）、GC-1C（286μg/g）、GC-3（186μg/g）和 HST-3（189μg/g）的 U_a 值表明贵定煤形成于静海环境，此环境有利于铀的显著富集。类似地，合山煤（平均为 42.3μg/g；Dai et al.，2013a）、砚山煤（平均为150μg/g；Dai et al.，2008c）和辰溪煤（平均为 73.7μg/g；李薇薇和唐跃刚，2013）中的自生铀含量也很高。世界硬煤中的自生 U_a 平均值仅为 0.83μg/g（Ketris and Yudovich，2009）。

四、富 U 超高有机硫煤的一般特征

煤中微量元素的富集通常归因于泥炭堆积、成岩作用和后生作用等系列地质过程。Seredin 和 Finkelman（2008）提出煤中 U 以及 Se、Mo、Re、V 等伴生元素的两种富集模式，如下所述。

（1）后生入渗型。微量元素的富集归因于褐煤到亚烟煤阶段煤盆地中后生入渗流体的循环，通常能够形成大规模铀矿床。通常与铀伴生的 Mo、Se、V、Re 也会富集在富铀煤层中，其他亲石元素、亲铜元素、亲铁元素（如 Co、Cu、Zn、Ge、Se、Y、Ag、Th、Be、REE、Zr、Tl）也可能富集。这些煤盆地常被显著富集铀的岩石包围，并且在后生渗透过程中气候干旱。形成富铀煤的最佳水文条件包括粗沉积物作为含铀溶液的迁移通道。

（2）同生或早期成岩入渗和出渗型。这种含铀煤的规模通常远小于典型后生入渗型。煤层通常在不渗透的黏土岩之间的夹层中存在，这也阻止了后生溶液浸入煤层。此种类型煤层常位于煤盆地边缘地区。同生或早期成岩阶段出渗型富铀煤具有以下特征：形成于含煤盆地构造，受到基底交代作用的改造，富铀层厚度（3～6m）大，矿化区域小，位于不同垂深及相邻非煤层具有铀矿化现象。同生或早期成岩入渗和出渗型富铀煤通常含钨，而后生入渗型煤则不含钨。

贵定、合山、辰溪、砚山富铀煤赋存在碳酸盐岩地层序列中，同时也富含 Se、Mo、Re、V。然而，这些煤中高含量的微量元素富集机理不同于 Seredin 和 Finkelman（2008）

提出的两种模式。贵定、合山、辰溪、砚山煤具有以下特点：

(1) 中国南方富 U、Se、Mo、Re、V 的超高有机硫煤均属晚二叠世。然而，其他后生入渗型富铀煤属古生代、中生代和新生代(Seredin and Finkelman，2008)。

(2) 元素 S、U、Se、Mo、Re、V 主要来源于泥炭堆积过程中的出渗型热液流体(Dai et al.，2008c，2013a)或沉积于静海环境。

(3) 所有的超高有机硫煤层夹于海相碳酸盐岩地层中。多数情况下，煤层顶板是石灰岩(或硅质岩、生物碎屑石灰岩)。然而在某些情况下，煤与顶板石灰岩之间有一层薄的泥岩或硅质层。超高有机硫煤的底板是石灰岩或泥岩。

(4) 超高有机硫煤的厚度一般小于 2m。如 Seredin 和 Finkelman(2008)所述，其他含铀煤的厚度多数情况下为 0.1～0.5m，很少超过 1～2m。

(5) 超高有机硫煤的沉积物源区不同。例如，云南砚山煤的沉积物源区为越北古陆(Dai et al.，2008c)，广西合山和扶绥煤的沉积物源区为云开古陆(Dai et al.，2013a，2013b)，湖南辰溪煤的沉积物源区为江南古陆(李薇薇和唐跃刚，2013)。沉积物源区具有不同的岩性组成。例如，越北古陆主要由流纹岩组成(李东旭和许顺山，2000；Chen et al.，2003)，云开古陆以石炭——二叠纪酸性岩为主(冯增昭等，1994)，康滇古陆的玄武岩是贵定煤的物源区(中国煤炭地质总局，1996)。

(6) 高含量的 U、Mo、V 等微量元素的赋存状态多样，但以有机结合态为主。超高有机硫煤中铀的含量从几十微克/克到 200μg/g。然而，围岩(顶板、底板)并未富集这些微量元素(表 3.5)。超高有机硫煤的铀资源总量可能低于 Seredin 和 Finkelman(2008)报道的后生入渗型铀矿床。

(7) 超高有机硫煤中 U、Se、Mo、Re、V 在剖面分布(Dai et al.，2013a；表 3.4)比后生入渗型富铀煤均衡(Seredin and Finkelman，2008)。后生入渗型煤富铀煤中铀在垂直剖面上变化很大，最大值出现在煤层顶部与氧化顶板接触部位(Seredin and Finkelman，2008)。

五、超高有机硫煤中稀有金属的潜在经济意义

如上所述，稀有金属 U、Se、Mo、Re、V 以及 REY 在超高有机硫煤中显著富集(表3.6)，其含量高达世界煤均值的几百倍。因此，其燃烧产物(如飞灰和底灰)的经济意义值得关注。除广西扶绥煤中的 V、Se、Mo 和 U 及贵州贵定煤中的 REY 和合山煤中的 V(表3.6)之外，其他稀有金属，特别是 REY、Re 和 U 可能具有潜在的经济意义。

煤燃烧过程中 Mo、U、V 不是挥发性元素(Clarke and Sloss，1992)，因此，它们在飞灰和底灰之间不会发生显著分异。一些研究表明，与底灰相比，这些元素在飞灰中的富集更为明显(如对于 V 的分配，Dai et al.，2014c；对于 Mo 的分配，Qi et al.，2011)，这可能与它们在原煤中的有机赋存状态有关(Dai et al.，2014c)。由于飞灰颗粒能够从气相捕获挥发性的 Se，飞灰的 Se 含量可以达到原煤中 Se 含量的 20～100 倍(Seredin et al.，2013；Swanson et al.，2013)。尽管 REY 倾向于富集在小粒度飞灰中(Hower et al.，2013b)，但是 REY 在飞灰和底灰之间没有显示明显分馏，因此燃煤产物如飞灰和底灰都应被视为潜在的 REY 来源。

表 3.5 贵定煤田围岩样品中常量元素氧化物和微量元素的含量

样品编号及类型		SiO₂	TiO₂	Al₂O₃	Fe₂O₃	MgO	CaO	Na₂O	K₂O	SiO₂/Al₂O₃	LOI	Li	Be	B	F	P	Cl	Sc	V	Cr	Mn	Co	Ni	Cu	Zn
GC-1R	顶板	5.12	0.02	0.37	0.24	0.60	55.1	bdl	0.02	13.8	37.4	1.7	0.11	7.06	171	12.8	518	0.36	39.1	28.5	39.9	1.84	20.0	1.80	bdl
GC-1F	底板	29.7	0.02	0.28	0.33	0.58	42.8	bdl	0.02	106	25.3	5.59	0.31	5.25	125	43.0	524	0.50	31.8	31.3	59.5	2.09	17.4	2.22	11.1
LHD-1R2	顶板	2.19	0.29	1.91	1.49	0.78	43.5	0.008	0.28	1.15	34.2	7.07	bdl	13.6	359	60.9	1145	2.42	71.7	44.0	138	4.09	20.3	26.5	4.02
LHD-1R1	顶板	6.00	0.06	0.44	0.46	0.69	51.4	bdl	0.03	13.6	39.0	2.57	0.22	4.13	164	43.0	807	1.64	21.2	14.4	159	3.32	21.3	0.91	5.45
LHD-1F1	底板	76.6	0.04	0.77	0.73	0.38	11.9	0.020	0.09	99.5	7.90	4.96	0.12	22.3	281	68.3	649	0.35	103	55.5	74.0	0.85	15.8	11.8	5.50
LHD-1F2	底板	13.5	0.14	1.11	1.84	0.39	46.9	0.009	0.09	12.2	33.2	6.99	0.21	4.31	158	0	1438	1.28	39.6	24.2	224	3.60	21.2	6.91	22.7
GC-3R	顶板	6.93	0.13	2.25	0.56	1.05	45.1	0.044	0.30	3.08	40.0	12.1	0.50	17.6	272	37.3	1107	2.60	407	271	33.5	3.10	58.3	12.6	17.5
GC-3F	底板	93.0	0.02	0.46	0.52	0.11	2.84	0.024	0.05	202	2.20	2.07	0.04	16.6	210	74.2	518	0.13	17.4	33.7	33.1	0.42	4.92	4.64	0.72
HST-3R	顶板	89.7	0.04	0.36	0.72	0.05	5.09	0.029	0.04	249	3.70	6.12	0.06	14.4	109	28.3	833	0.59	34.6	44.6	51.9	0.68	7.99	8.09	7.77
HST-3F(1)	底板	38.1	1.16	12.2	6.65	1.50	0.23	0.417	2.32	3.12	35.0	55.3	2.22	nd	4093	239	715	13.3	186	244	296	13.2	71.6	84.8	105
HST-3F(2)	底板	69.0	0.85	7.55	5.19	0.89	0.34	0.069	1.42	9.14	12.5	36.7	1.03	55.5	3074	325	522	8.70	356	187	1425	10.8	61.3	58.9	66.3

样品编号及类型		Ga	Ge	As	Se	Rb	Sr	Zr	Nb	Mo	Cd	In	Sn	Sb	Cs	Ba	Ta	W	Re	Hg	Tl	Pb	Bi	Th	U
GC-1R	顶板	4.19	bdl	0.73	2.16	1.91	2392	3.85	0.44	3.52	0.21	bdl	0.13	0.05	bdl	6.66	0.08	7.79	0.24	6.78	0.15	8.19	0.11	0.61	5.21
GC-1F	底板	1.08	0.03	0.33	1.79	0.84	1019	2.23	0.30	3.29	0.38	bdl	0.17	0.06	bdl	9.23	0.02	13.4	0.26	3.6	0.08	20.8	0.06	0.42	5.54
LHD-1R2	顶板	7.34	bdl	11.2	9.40	7.42	618	29.7	4.54	5.70	0.18	bdl	0.31	0.49	0.55	6.86	0.33	1.77	0.16	57.5	0.35	bdl	0.04	0.98	4.93
LHD-1R1	顶板	4.13	0.02	3.35	3.29	1.25	1342	5.97	0.89	3.76	0.20	bdl	0.07	0.09	bdl	10.6	0.06	1.14	0.19	12.6	0.09	7.09	0.07	0.43	39.0
LHD-1F1	底板	0.68	0.12	1.65	4.64	1.60	303	7.58	0.61	7.54	0.54	0.017	0.37	0.16	0.27	17.2	0.05	26.7	0.16	8.02	0.13	2.34	0.02	0.33	10.3
LHD-1F2	底板	5.42	0.06	35.9	3.59	2.12	392	18.0	2.43	13.5	0.20	bdl	0.22	0.29	bdl	9.80	0.17	4.17	0.16	10.6	0.17	3.38	0.07	1.19	4.13
GC-3R	顶板	4.79	0.21	3.35	27.6	19.0	3553	27.7	3.24	50.9	1.32	bdl	0.40	0.34	0.36	51.4	0.20	2.41	0.61	69.1	1.61	30.8	0.22	2.34	65.2
GC-3F	底板	0.26	0.08	0.48	2.18	0.89	105	2.07	0.26	3.2	0.10	0.012	0.21	0.09	0.37	82.5	0.02	23.8	0.27	5.42	bdl	2.38	0.01	0.03	2.44
HST-3R	顶板	0.68	0.16	1.12	0.54	1.28	206	3.99	0.63	1.97	0.15	0.026	0.30	0.11	0.01	17.5	0.04	34.4	0.24	6.93	bdl	2.06	0.03	0.36	2.10
HST-3F(1)	底板	15.2	0.81	27.3	56.7	62.1	330	181	27.3	178	1.96	0.105	1.93	3.71	3.26	84.0	2.11	1.97	0.05	336	1.14	14.4	0.38	7.85	28.1
HST-3F(2)	底板	10.1	0.46	27.0	30.8	33.1	251	137	18.2	77.1	1.18	0.076	1.13	2.71	1.44	272	1.38	2.22	0.09	177	0.93	6.63	0.16	4.60	21.9

注：GC 表示关寨冲煤矿；LHD 表示老鹰洞煤矿；HST 表示黑神田煤矿；R 表示顶板；F 表示底板；bdl 表示低于检测限；常量元素氧化物及 LOI 的单位为%，微量元素的单位为μg/g，Hg 的单位为 ng/g。

表 3.6　煤灰中稀有金属和铬、镍、镉的含量

样品	V /(μg/g)	Se /(μg/g)	Mo /(μg/g)	Re /(μg/g)	REO /(μg/g)	U /(μg/g)	Sum-RM /%	Cr /(μg/g)	Ni /(μg/g)	Cd /(μg/g)
GC-1C	4948	127	2026	3.26	181	1236	0.83	1979	575	28.7
GC-3-1	2880	160	436	4.85	197	326	0.38	2270	486	9.19
GC-3-2	5367	142	1724	4.67	235	1300	0.85	3223	833	19.8
GC-3-3	6212	180	2563	0.33	411	1166	1.01	2384	345	14.9
GC-3-4	4939	182	2442	0.55	441	1184	0.87	2245	353	15.3
GC-3-5	3446	197	2302	0.43	453	1058	0.70	1468	253	11.2
GC-3B-Av	4559	174	1984	2.03	358	1057	0.78	2284	451	14.3
GC-3C	4256	179	1466	2.27	305	887	0.68	2303	462	13.8
HST-3-0	1778	231	536	0.28	241	220	0.28	1346	284	10.1
HST-3-1	6806	121	1599	1.24	272	1161	0.97	2012	628	16.2
HST-3-2	6352	98	3028	0.49	477	1894	1.14	1669	663	20.1
HST-3-3	2143	150	1066	0.30	394	658	0.40	807	316	12.5
HST-3-4	727	114	347	0.12	365	135	0.13	490	142	5.90
HST-3B-Av	2732	151	1092	0.35	347	638	0.46	1113	341	11.5
HST-3C	3566	138	1570	0.55	404	949	0.62	1140	413	14.0
LHD-1C	4941	84	2479	0.83	336	1355	0.89	1456	525	18.3
GC-3	4408	176	1725	2.15	332	972	0.73	2293	456	14.1
HST-3	3055	146	1277	0.43	369	758	0.52	1124	369	12.5
所有贵定煤	3998	152	1652	1.49	337	950	0.68	1754	440	15.1
砚山 [a]	2061	91.6	742	1.1	941	556	0.44	1196	269	7.50
扶绥 [b]	147	22.9	27.3	nd	1170	21.0	0.12	107	35.6	2.77
合山 [c]	381	35.5	125	nd	767	126	0.14	205	48.0	2.20
辰溪 [d]	2120	nd	166	nd	1349	539	0.42	2923	244	35.9
世界煤灰 [e]	170	10.0	14	nd	534	15	0.074	120	100	1.20

注：nd 表示未检测到；C 表示刻槽样品；Av 表示样品加权平均值（按采样间隔厚度加权）；REO 表示稀土元素氧化物含量；Sum-RM 表示钒、硒、钼、铀与稀土元素之和；GC-3 表示关冲煤田 M3 煤层均值；HST-3 表示黑神田煤田 M3 煤层均值；3B-Av 表示 M3 煤层样品的加权平均值（按煤分层厚度加权）。

a 引自 Dai 等（2008c）。

b 引自 Dai 等（2013b）。

c 引自 Dai 等（2013a）。

d 引自李薇薇和唐跃刚（2013）、李薇薇等（2013）。

e 引自 Ketris 和 Yudovich（2009）。

第四章 广西合山煤型铀矿床

第一节 地 质 背 景

合山煤田位于中国南部广西壮族自治区的中部，面积360km²，包括十三个矿（图4.1）。本区地层包括下二叠统茅口组、上二叠统合山组和大隆组、下三叠统罗楼组、中三叠统高岭组和第四系沉积地层。

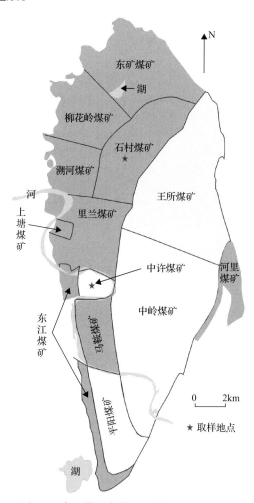

图4.1 合山煤田各煤矿在煤田中的位置图

含煤地层合山组与下伏茅口组石灰岩呈不整合接触，与其上部的罗楼组石灰岩呈整合接触。合山组的岩石类型主要包括石灰岩、与石灰岩互层的煤、薄层砂岩和碳质泥岩（Lu，1996），厚度变化为107～207m。合山组含煤7层，分别为2号、3上、3中、3下、

4 上、4 下和 5 号煤层，其中 3 上、3 下、4 上和 4 下煤层可采；可采煤层的厚度变化在 1~3m，常含硅质泥岩夹矸。

合山煤田 3 上煤层的顶板为含化石碎片的灰色中厚层硅质石灰岩(3U-R)；底板为厚层石灰岩，通常顶部有一薄层燧石层(3U-F)。3 下煤层的顶板为含有孔虫和藻类化石的中厚层石灰岩，其中夹有富硅或者燧石的薄层；底板为含有孔虫和藻类碎片的厚层硅质石灰岩。4 下煤层下部为厚层石灰岩、上部为碳质泥岩。4 上煤层顶板为石灰岩(王根发等，1995)。上述煤层顶底板与贵州贵定、云南砚山煤田的煤层顶底板类似，均形成于局限碳酸盐岩台地的潮坪环境(王根发等，1995，1997；Shao et al.，2003)。

大隆组主要由粉砂质泥岩和火山凝灰岩层夹层组成，局部为石灰岩。高陵组由粉砂岩、细粒砂岩和泥岩组成。罗楼组主要为石灰岩，夹凝灰岩层和薄层泥质石灰岩。

合山煤系沉积源区为云开古陆(冯增昭等，1994；Dai et al.，2013b)，而不是为西南地区大部分晚二叠世含煤地区提供陆源物质的康滇古陆。

第二节 煤的基本特征

表 4.1 列出了合山煤田 5 个煤层刻槽样品和 18 个分层样品的元素分析、工业分析、全硫和形态硫数据。按照 ASTM 分类标准，根据刻槽样品的挥发分(表 4.1)和镜质组反射率判断合山煤田的煤分层属于低挥发分烟煤(ASTM，2005)。

按照《煤炭质量分级 第 1 部分：灰分》(GB/T 15224.1—2018)，灰分在 16.01%~29% 划分为中灰煤，灰分大于 29% 则为高灰煤。因此 3 下煤层为中灰煤，而 3 上、4 上和 4 下煤层为高灰煤。

合山煤属于超高有机硫煤(Chou，2012；表 4.1)，特别是 3 下煤层的有机硫含量变化为 7.51%~10.82%，平均值为 9.24%。这些超高有机硫煤以低含量的黄铁矿硫为特征；而围岩的顶底板中有机硫含量低。

这种有机硫含量在 4%~11% 的煤在世界范围内也很少见，在中国贵州贵定(雷加锦等，1994)、四川安县(现在的安州区)武义矿(任德贻等，2006)、云南砚山(Dai et al.，2008c)中对这种超高有机硫煤都有报道；澳大利亚维多利亚州吉普斯兰盆地沿岸古近—新近纪的煤中也有报道(Smith and Batts，1974)。澳大利亚西部 Cranky Corner 盆地二叠世 Tangorin 煤层的有机硫含量高达 6%；斯洛文尼亚早古新世的 Raša 煤有机硫含量可达 11%(Damsté et al.，1999)。

第三节 煤岩学特征

本节的样品表明合山煤的显微组分以均质镜质体和碎屑镜质体为主(表 4.2)。3 下煤层的 1 号和 9 号分层中惰质组的含量大于 20%。3 下煤层 4 分层、4 上煤层 1 分层惰质组含量大于 30%，4 上煤层 C2 刻槽样品的惰质组含量高达 59.4%。本次检测并未发现壳质组，因为对低挥发分烟煤而言壳质组组分很难识别。

表 4.1　合山煤田煤的厚度、元素分析、工业分析、全硫和形态硫

样品		厚度/cm	M_{ad}/%	A_d/%	V_{daf}/%	C_{daf}/%	H_{daf}/%	N_{daf}/%	$S_{t,d}$/%	$S_{s,d}$/%	$S_{p,d}$/%	$S_{o,d}$/%
3U 煤分层样	3U-R		0.55	84.03					1.67	bdl	1.14	0.53
	3U-1	16	0.78	41.91	15.42	85.84	3.36	0.71	7.16	0.30	0.53	6.33
	3U-2	10	0.72	31.33	15.17	85.97	3.25	0.64	8.57	0.04	0.32	8.21
	3U-3P	40	2.64	69.39					5.18	0.45	1.39	3.34
	3U-4	12	1.34	46.11	16.96	85.73	3.55	0.74	6.64	0.19	0.77	5.68
	3U-5P	7	2.61	66.74					5.87	0.47	1.48	3.92
	3U-F		0.16	99.09					0.24	bdl	0.03	0.21
	3U-WA	38	0.94	40.45	15.84	85.84	3.39	0.70	7.36	0.19	0.55	6.62
3L 煤分层样	3L-R		0.15	69.44					1.90	bdl	0.41	1.49
	3L-1	4	0.70	30.79	16.87	87.07	2.48	0.92	8.52	0.06	0.38	8.08
	3L-2P	20	0.75	51.67					8.72	0.06	1.77	6.89
	3L-3	14	0.27	14.10	12.54	82.58	2.20	0.74	11.20	bdl	0.38	10.82
	3L-4	5	0.19	39.32	17.92	89.34	3.87	0.61	8.21	bdl	0.70	7.51
	3L-5	10	0.35	23.31	25.29	86.40	3.31	0.07	10.21	0.11	0.46	9.64
	3L-6P	20	1.69	75.59					5.31	0.16	1.63	3.52
	3L-7	15	0.44	24.46	13.57	85.22	4.07	0.71	10.48	bdl	0.61	9.87
	3L-8P	13	1.03	52.78					7.27	0.28	1.33	5.66
	3L-9	12	0.41	31.30	13.26	86.97	3.65	0.71	9.41	bdl	0.75	8.66
	3L-F		0.08	68.44					0.34	0.18	0.09	0.07
	3L-WA	60	0.38	24.88	15.80	85.62	3.30	0.62	10.23	0.19	0.55	9.49
煤刻槽样	3U-C	83	0.80	36.13	17.79	81.55	4.13	0.77	7.43	0.11	0.74	6.58
	3L-C	113	0.45	29.30	14.43	81.99	4.22	0.87	9.64	bdl	0.65	8.99
	4U-C1	227	1.31	34.01	16.71	80.03	5.03	1.06	6.52	0.11	bdl	6.41
	4U-C2	155	2.63	45.46	25.77	77.66	4.90	1.26	6.69	0.69	0.87	5.13
	4L-C	106	1.66	41.65	15.41	80.44	4.62	1.41	7.10	0.34	0.07	6.69
AV	3U		0.87	38.29	16.82	83.70	3.76	0.73	7.40	0.15	0.65	6.60
	3L		0.41	27.09	15.12	83.81	3.76	0.74	9.84		0.60	9.24
	4U		1.97	39.73	21.24	78.84	4.96	1.16	6.61	0.40	0.44	5.77

注：M 表示水分；A 表示灰分；V 表示挥发分；C 表示碳；H 表示氢；N 表示氮；S_t 表示全硫；S_s 表示硫酸盐硫；S_p 表示黄铁矿硫；S_o 表示有机硫；ad 表示空气干燥基；d 表示干燥基；daf 表示干燥无灰基；bdl 表示低于检测限；AV 表示平均值；WA 表示煤分层样品的加权平均值；C 表示刻槽样；F 表示底板样品；R 表示顶板样品；P 表示夹矸。

表 4.2　合山煤的显微组分　　　　　　　（单位：%，无矿物基）

样品	T	CT	VD	CD	CG	G	TV	F	SF	Mic	Mac	Sec	Fg	ID	TI
3U-1	0	11.6	79.8	0	0	0	91.4	7.1	1.5	0	0	0	0	0	8.6
3U-2	0	52.2	43.3	0	0	0	95.5	3.8	0.6	0	0	0	0	0	4.4
3U-4	0	44.8	50.6	0	0.6	0	96.0	0.6	3.2	0	0	0	0	0	3.8
3L-1	0.2	28	45.4	0	0.7	0.7	75.0	12.2	12.4	0	0	0	0	0.2	24.8
3L-3	1	57.3	31.2	0	0.8	0.0	90.3	3.3	6.1	0.2	0	0	0	0	9.6
3L-4	0.2	48	11.7	0	0.2	0.7	60.8	27.4	11	0	0.5	0.2	0	0	39.1
3L-5	0.2	61.7	20	0	0	0.2	82.1	7.6	10.2	0	0	0	0	0	17.8
3L-7	0	59.9	28.7	0	0.3	0	88.9	4.9	5.4	0.3	0.3	0.3	0	0	11.2
3L-9	3.3	31.5	39.9	0	0.5	0.5	75.7	18.8	5.2	0	0.5	0	0	0	24.5
3U-C	0	20.9	73.2	0	0.3	0.3	94.7	1	3.3	0	1	0	0	0	5.3
3L-C	0.2	49.4	34.5	0	0.2	0.2	84.5	6	9.4	0	0	0	0	0	15.4
4U-C1	14	35.8	39.4	0	0.6	0	89.8	8.4	1.4	0	0	0.6	0	0	10.4
4U-C2	3.9	4.7	30.5	0	1.2	0.4	40.7	52.3	6.3	0	0	0	0.8	0	59.4
4L-C	10.2	24.1	14.7	0	1.1	0	50.1	45.7	2.8	0	0.3	0.8	0	0.3	49.9

注：T 表示结构凝胶体；CT 表示均质镜质体；VD 表示碎屑镜质体；CD 表示基质镜质体；CG 表示团块镜质体；G 表示凝胶体；TV 表示镜质组总量；F 表示丝质体；SF 表示半丝质体；Mic 表示微粒体；Mac 表示粗粒体；Sec 表示分泌体；Fg 表示菌类体；ID 表示碎屑惰质体；TI 表示惰质组总量；U 表示上煤层；L 表示下煤层；由于四舍五入，TV、TI 可能存在一定的误差。

众多的学者如 Hower 等（2009，2011a）、Scott（1989，2000，2002）、Scott 和 Glasspool（2005，2006，2007）、Scott 和 Jones（1994）、Scott 等（2000）对惰质组的成因进行过深入的探讨。合山煤的惰质组显示出清晰的火成丝质体和半丝质体［图 4.2(a)～(f)］。图 4.2(d)～(f)中丝质体和半丝质体呈现出降解的特征。图 4.2(g)、(h)中惰质组有木质

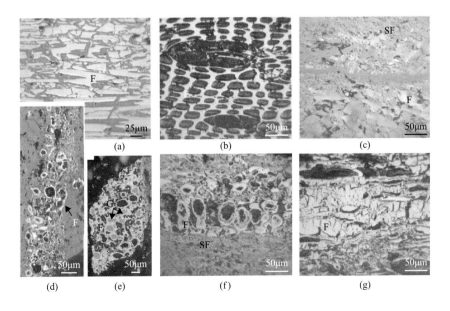

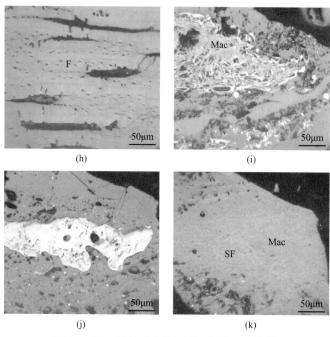

图 4.2　煤中惰质组和镜质组（油浸，反射光）

(a)在镜质组中的丝质体，照片 3L-1 08；(b)丝质体，照片 3L-4 04；(c)半丝质体和丝质体，照片 4U-C2 13，正交偏光，偏光板；(d)在镜质组中的丝质体，照片 3L-1 09；(e)丝质体胞腔内的凝胶体，照片 3L-4 07；(f)半丝质体和丝质体，照片 4L-1 05，正交偏光，偏光板；(g)镜质组降解为丝质体，照片 3L-4 13；(h)镜质组降解为丝质体，照片 4U-C2 12，正交偏光，偏光板；(i)丝质体和粗粒体，照片 3L-4 15；(j)粗粒体/丝质体混合，照片 3L-4 16；(k)粗粒体基质中的半丝质体，照片 3U-C 04；G-凝胶体；F-丝质体；SF-半丝质体；Mac-粗粒体

层燃烧后降解的特征。这些显微组分特征类似于美国西肯塔基角砾化和氧化的煤（Hower et al.，1987；de Wet et al.，1997；Hower and Williams，2001；O'Keefe et al.，2008）。图 4.2(i)～ (k)展示了与丝质体和半丝质体伴生的粗粒体。

第四节　煤的矿物学特征

一、矿物相

表 4.3 中列出了运用 XRD 和 Siroquant 方法测得合山煤的低温灰、夹矸、顶板和底板中矿物的种类和含量。上述样品中的矿物包括石英、高岭石、伊利石、伊/蒙混层、长石(钠长石)、黄铁矿、白铁矿、方解石和白云石，在一些样品中还有少量的蒙脱石、锐钛矿、烧石膏、石膏。另外，在一些煤样中通过 SEM-EDX 方法还检测到萤石、菱锶矿、含稀土元素的碳酸盐矿物(含 F 和 U)、黄钾铁矾、含水的铁硫酸盐矿物(含 Si 或含 Si 和 Al)，这些矿物含量低于 XRD 和 Siroquant 的检测限。在夹矸样品 3U-3P 和 3U-5P 中检测到 Ca 和 Fe 的硫酸盐矿物(如硫酸亚铁矿和硬石膏)，其他 Ca 和 Fe 的硫酸盐(如水铁矾)也可能存在于夹矸样品 3U-3P 和 3U-5P 中，但其可能低于可靠的定量水平。

表 4.3　运用 XRD 和 Siroquant 方法测定的煤低温灰样品、夹矸和顶板和底板中矿物组成（单位：%）

煤分层	样品	LTA	石英	高岭石	伊利石	I/S	蒙脱石	长石	黄铁矿	白铁矿	方解石	白云石	锐钛矿	烧石膏	石膏
3U 煤分层样	3U-R		48.4	4.4	2.2	5.6		1.4	2.5	1.6	33.5	0.3			
	3U-1	42.6	51.9	5.7	8.9	16.0		2.5	3.7		9.0	0.4		1.9	
	3U-2	32.3	46.3	7.0	8.8	17.1		4.2	2.5		10.8	1.3		2.1	
	3U-3P		22.7	10.3	8.9	43.3		2.8	4.5	1.5	1.2	0.9		1.0	3.0
	3U-4	52.0	34.2	8.6	12.8	25.8		2.1	2.6	1.7	8.2	2.1		1.9	
	3U-5P		25.5	12.0	4.8	36.8	2.0	1.4	6.3	1.2	0.4	5.3		1.3	2.9
	3U-F		94.2	1.5		1.7		0.8	0.3		0.8	0.7			
3L 煤分层样	3L-R		17.4	2.7	2.4	5.0		10.9	0.9	1.7	57.4	1.6			
	3L-1	31.6	24.6	5.6	8.2	43.3		4.6	1.6	1.8	10.3				
	3L-2P		28.8	3.6	29.7	14.5		12.0	6.8	3.0		0.8	0.8		
	3L-3	13.7	20.6	1.9	11.1	35.7		12.2	4.7	2.7	7.9	3.0	0.2		
	3L-4	38.5	60.0	1.5	4.8	4.5		2.2	4.3	0.5	15.6	5.5		1.0	
	3L-5	23.2	38.4	1.2	8.7	24.0		11.9	5.3		3.5	5.2		1.0	
	3L-6P		24.8	0.7	11.0	45.0		8.3	5.5	1.8		2.9			
	3L-7	27.3	30.1	2.5	10.9	35.7		10.5	5.1	2.0	1.4	1.4		0.4	
	3L-8P		22.5	0.6	8.8	48.2		7.4	4.9	1.2		6.6			
	3L-9	34.4	28.6	2.2	26.1	24.0		5.7	6.5	0.2	5.1	1.6			
	3L-F		10.7	1.6	0.4	0.4		1.4	0.4	0.7	83.7	0.6			
煤刻槽样	3U-C	42.18	41.6	11.8	17.1	6.2		1.4	3.0	0.8	15.6	2.5			
	3L-C	32.07	26.6	2.8	23.4	23.1		11.0	4.2	1.1	4.6	3.2			
	4U-C1	37.33	0.5	61.4	33.8	2.6			0.2		1.6				
	4U-C2	49.68	1.6	31.4	51.6	9.1		0.6	3.3		0.3		1.4	0.8	
	4L-C	47.5	15.5	6.4	50.8	14.2		12.2	0.3		0.6				

注：U 表示上煤层；L 表示下煤层；I/S 表示伊/蒙混层；LTA 表示低温灰；R 表示顶板样品；P 表示夹矸样品；F 表示底板样品；C 表示刻槽样品；由于四舍五入，各矿物之和可能存在一定的误差。

　　合山煤和夹矸中的矿物以石英和伊/蒙混层矿物为主，含少量但仍然占显著比例的长石（钠长石）、伊利石和高岭石。与其他煤层不同，4 上煤层的矿物以高岭石和伊利石为主，仅含少量石英和长石。3 上和 3 下煤层的低温灰中能够检测到方解石；3 上煤层夹矸中也存在少量方解石，3 下煤层夹矸则不含方解石。3 下煤层顶板、底板和 3 上煤层顶板中富含方解石，3 下煤层底板的矿物特征表明其为纯净的石灰石。相比之下，3 上煤层底板几乎完全由石英组成，与硅化灰岩岩性一致。

　　3 上煤层和 3 下煤层的分层样品低温灰中可见少量的白铁矿和白云石，偶见少量烧石膏和石膏。Ward（2002）对其他煤的研究表明，烧石膏可能来源于煤中石膏的部分脱水，或者来源于低温灰化过程中有机质释放的 Ca 和 S 结合的产物。

如图 4.3 所示，同一样品的低温灰灰分产率接近但略高于其高温灰灰分产率，产生这种差异的原因可能是高温灰化过程中黏土矿物脱水、黄铁矿氧化或碳酸盐矿物释放 CO_2。

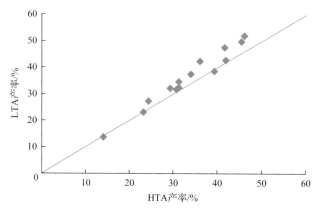

图 4.3　低温灰与高温灰灰分产率之间的关系图

LTA-低温灰；HTA-高温灰

二、煤中矿物的赋存状态

石英主要以细粒（通常小于 1μm）分散在有机质中［图 4.4（a）］，也可呈自形或半自形晶体出现在基质镜质体中［图 4.4（b）］。后者有蚀变的痕迹［图 4.4（b）、（c）］。石英也以胞腔和裂隙充填物产出［图 4.4（d）～（f）］。

高岭石、伊利石、伊/蒙混层矿物以胞腔和裂隙充填物形态产出的较多［图 4.4（d）、（e）］，也有少量顺煤的微层分布。在某些地方，伊利石以针状和板状存在于有机质基质中［图 4.5（a）］，具有胶状结构的混层黏土矿物也分布在有机质基质中［图 4.5（b）］。

基质镜质体中自形钠长石常有被溶蚀的特征（图 4.6），其中一些溶蚀的空间被其他矿物充填，如萤石［图 4.6（b）］。

方解石、白云石、菱锶矿、萤石等碳酸盐矿物主要以充填丝质体胞腔或者裂隙的形态产出（图 4.7）。

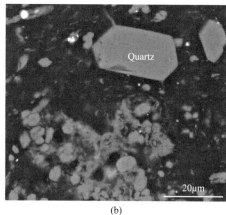

(a)　　　　　　　　　　　　　　　　　　(b)

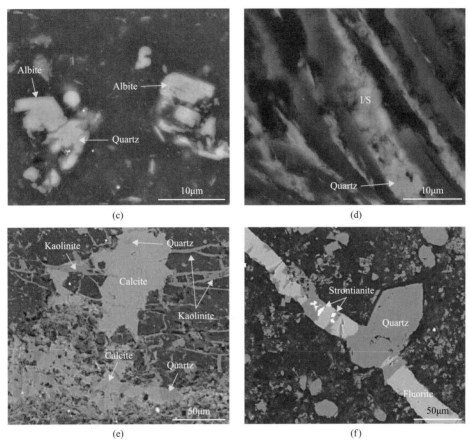

图 4.4　煤中石英、钠长石、黏土矿物、萤石和碳酸盐岩矿物的扫描电镜和背散射电子图像
(a)细粒石英，样品 3L-1；(b)被腐蚀的石英晶体，样品 3L-5；(c)被腐蚀的石英和钠长石，样品 3L-5；(d)充填胞腔的石英和伊/蒙混层矿物，样品 3L-5；(e)充填裂隙的石英、高岭石和方解石，样品 3L-1；(f)充填裂隙的石英、萤石和菱锶矿，样品 3L-5；Quartz-石英；Kaolinite-高岭石；Calcite-方解石；Albite-钠长石；I/S-伊/蒙混层；Strontianite-菱锶矿；Fluorite-萤石

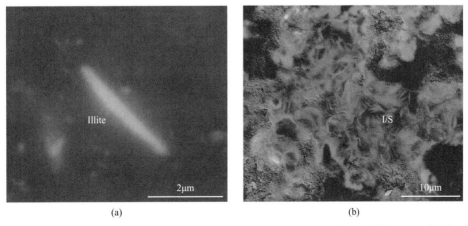

图 4.5　煤中板状伊利石(a)和具有层状纹理的混层黏土矿物(b)的扫描电镜和背散射电子图像(样品 3L-5)
Illite-伊利石；I/S-伊/蒙混层

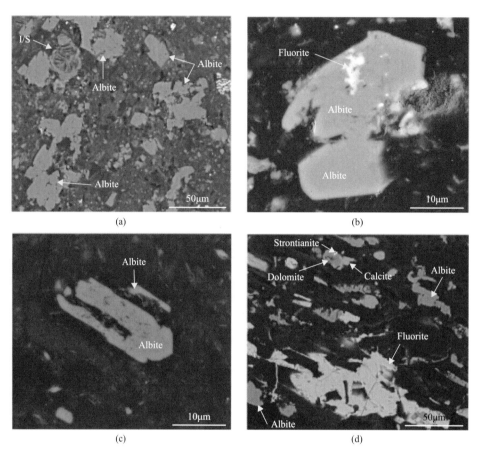

图 4.6　煤中钠长石的扫描电镜和背散射电子图像

(a)基质镜质体中被溶蚀的钠长石，样品 3L-1；(b)被萤石填充缝隙和被溶蚀的钠长石，样品 3L-5；(c)被溶蚀的钠长石，样品 3L-5；(d)充填胞腔的钠长石和充填裂隙的萤石，样品 3L-5；Albite-钠长石；Fluorite-萤石；I/S-伊/蒙混层；Strontianite-菱锶矿；Calcite-方解石

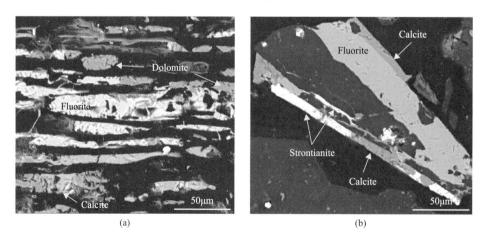

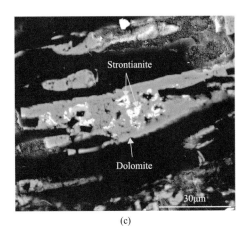
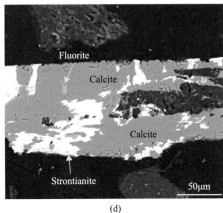

(c)　　　　　　　　　　　　　　　　(d)

图 4.7　煤中碳酸盐矿物和萤石的扫描电镜和背散射电子图像

(a)充填胞腔的白云石、萤石和方解石，样品 3L-5；(b)充填裂隙的菱锶矿、方解石和萤石，样品 3L-1；(c)充填裂隙的白云石和菱锶矿，样品 3L-5；(d)充填裂隙的方解石、菱锶矿和萤石，样品 3L-1；Dolomite-白云石；Fluorite-萤石；Calcite-方解石；Strontianite-菱锶矿

在裂隙附近发现了黄钾铁矾[KFe$_3$+3(OH)$_6$(SO$_4$)$_2$]和含水铁(Si，Al)氧硫酸盐[图 4.8(a)、(b)]。黄钾铁矾可能来源于铁的硫化物氧化(Rao and Gluskoter，1973)，呈 1μm 的晶粒群产出[图 4.8(a)]。另外，含水铁(Si，Al)氧硫酸盐矿物取代蚀变黄铁矿的外部或者围绕蚀变黄铁矿的边缘分布[图 4.8(c)、(d)]。

稀土元素的载体矿物包括 Sr(Ca)CO$_3$ 和 Ca(Mg)CO$_3$(F)，呈胞腔和裂隙充填物产出(图 4.9)。

三、夹矸中矿物的赋存状态

夹矸中的大多数石英呈自形或半自形的颗粒长轴顺层理分布。石英的粒度大小从小于 1μm 到数微米，还有一小部分石英呈裂隙细脉状产出切断黏土矿物[图 4.10(g)]。3 下煤层夹矸中的钠长石呈半自形颗粒产出，未见胞腔或裂隙充填状[图 4.10(a)、(b)、(e)、(f)]。

伊/蒙混层矿物以板状或针状在夹矸中产出[图 4.10(c)]。白云石呈裂隙和胞腔充填物产出；或以柱状形态在黏土矿物中产出[图 4.10(d)]。莓球状或细粒状的黄铁矿分布在黏土矿物中[图 4.10(f)]。

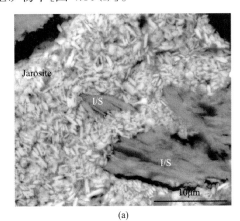
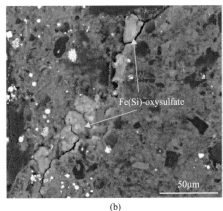

(a)　　　　　　　　　　　　　　　　(b)

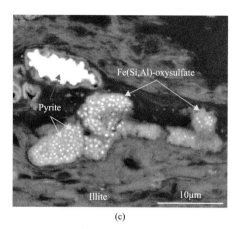
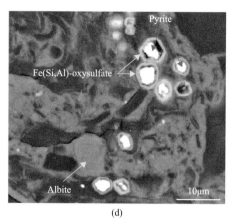

(c)　　　　　　　　　　　　　　　　　　(d)

图 4.8　4U-C2 样品中天然硫酸盐矿物的扫描电镜和背散射电子图像 (a) 和 (b)

(a) 和 (b) 沿裂隙分布的黄钾铁矾和含水铁 (Si) 含氧硫酸盐矿物；(c) 和 (d) 含水铁 (Si, Al) 氧硫酸盐矿物和黄铁矿；Jarosite-黄钾铁矾；I/S-伊/蒙混层；Fe (Si)-oxysulfate-含水铁 (Si) 含氧硫酸盐；Fe (Si, Al)-oxysulfate-含水铁 (Si, Al) 含氧硫酸盐；Pyrite-黄铁矿；Albite-钠长石

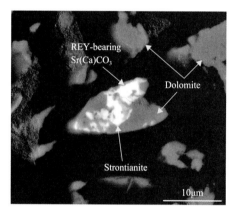
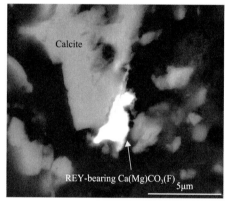

图 4.9　含稀土碳酸盐矿物的 SEM 和背散射电子图像

(a) 细胞中含稀土的 Sr (Ca) CO₃ 矿物、白云石和锶铁矿 (样品 3L-5)；(b) 裂缝中的含稀土的 Ca (Mg) CO₃ (F) 矿物和方解石 (样品 3L-5)；REY-bearing Sr (Ca) CO₃-含稀土的 Sr (Ca) CO₃ 矿物；Dolomite-白云石；Strontianite-菱锶矿；Calcite-方解石；REY-bearing Ca (Mg) CO₃ (F)-含稀土的 Ca (Mg) CO₃ (F) 矿物

(a)　　　　　　　　　　　　　　　　　　(b)

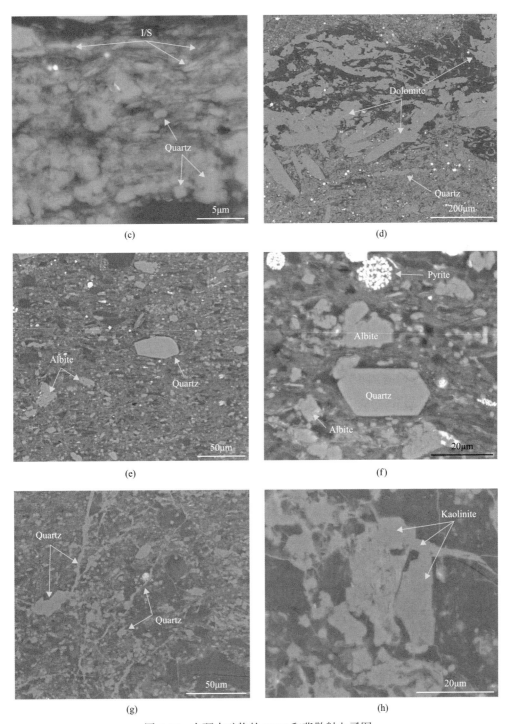

图 4.10 夹矸中矿物的 SEM 和背散射电子图

(a)3L-2P 样品中的碎屑石英和钠长石；(b)3L-2P 样品中碎屑石英、钠长石和微细充填石英脉；(c)3L-2P 样品中碎屑石英与板条/针状伊/蒙混层；(d)3L-2P 样品中充填裂缝的白云岩和石英；(e) 和(f)2U-3P 样品中有碎屑的半自形和自形石英，以及碎屑钠长石；(g)2U-3P 样品中的碎屑和微脉状充填石英；(h)2U-3P 样中裂隙充填的高岭石；Quartz-石英；Albite-钠长石；Dolomite-白云石；Kaolinite-高岭石；I/S-伊/蒙混层；Quartz vein-石英脉

第五节　煤的地球化学特征

一、常量元素氧化物

从全煤基角度看(表 4.4)，与中国煤均值(Dai et al., 2012a)相比，合山煤中 SiO_2、Al_2O_3、K_2O、Na_2O、MgO 含量较高，尤其是 SiO_2，可能主要归因于这些煤样高含量的矿物质(灰分产率)。

其他常量元素氧化物 CaO、TiO_2、Fe_2O_3、P_2O_5 含量低于或接近中国煤均值。合山煤的 SiO_2/Al_2O_3 远高于高岭石的 1.18(Dai et al., 2012a)，也高于中国煤的 1.42，这表明合山煤中存在过多的 SiO_2。矿物的定量结果(表 4.3)中高含量的石英也证实了这一点。

与 3 下煤层相比，3 上煤层中的 SiO_2 和 CaO 含量较高，而 Na_2O 含量较低。4 下煤层的刻槽样品比 4 下煤层富含 SiO_2、MgO、Na_2O。除 3 上煤层底板外，其他煤层顶底板均为石灰岩，它们的组成以 CaO 为主且富含 SiO_2。3 上煤层底板中高含量的 SiO_2(94.3%)主要以石英形式产出。

二、矿物组成与元素组成对比

表 4.5 列出了由煤的 LTA 或夹矸样品的 XRD 和 Siroquant 分析计算的(高温)煤灰的化学组成。这些换算的元素含量与表 4.4 中归一化的常量元素含量进行了对比，并以 X-Y 图(图 4.11)展示了对比的结果，每条曲线上有一对角线用来对比 XRF 和 XRD 的结果。SiO_2、Al_2O_3、CaO、Na_2O 点的分布与对角线接近，表明由 XRD 数据推算的结果与 XRF 分析的结果可对比，剖面上矿物组成的变化与常量元素组成变化一致。尽管 K_2O 的点分布在对角线附近，但有些离散，这可能反映了伊利石或伊/蒙混层矿物的组成与标准矿物的差异。

MgO、Fe_2O_3、CaO 由 XRD 数据推算出的值与 XRF 分析值接近对角线，XRF 分析值高于由 XRD 数据推算出来的值的原因可能有两种：①萤石、菱锶矿、含水铁氧硫酸盐存在于一些煤样中，但这些矿物的含量低于 Siroquant 检测限；②SEM-EDX 结果表明伊利石含有少量 Mg，白云石含有少量 Fe。这些矿物的组成由于低于 XRD 和 Siroquant 的检测限而未参与计算。

三、微量元素

与世界硬煤均值相比(Ketris and Yudovich, 2009)，合山煤中富集大量微量元素(表 4.6，图 4.12)。合山煤中均富集 F、V、Se、Mo、U，并且在较小程度上富集 Sr、Y、Zr、Nb、Cd、Cs、Hf、Ta、W、Hg 和 Th。另外，4 上和 4 下煤层富集 Li、Sc、Ga，3 上和 4 上煤层中富集 Sn，但 Co、Ba、Bi 在这些煤中亏损。除 3 上煤层外，这些煤中 As 和 Sb 含量较低。3 上和 3 下煤层中亏损 Ge。

表 4.4　合山煤田样品中主要元素氧化物与烧失量

样品		SiO₂/%	TiO₂/%	Al₂O₃/%	Fe₂O₃/%	MnO/%	MgO/%	CaO/%	Na₂O/%	K₂O/%	P₂O₅/%	SiO₂/Al₂O₃	LOI/%
3U 煤分层样	3U-R	48.4	0.19	5.26	1.70	0.02	0.44	19.5	0.04	0.84	0.02	9.20	15.97
	3U-1	30.0	0.22	5.28	1.55	0.01	0.32	1.42	0.16	0.91	0.01	5.68	58.09
	3U-2	20.6	0.14	4.71	1.00	0.01	0.31	1.60	0.16	0.80	0.01	4.37	68.67
	3U-3P	41.3	0.43	16.6	3.32	0.02	0.93	1.22	0.13	2.32	0.02	2.49	30.61
	3U-4	28.7	0.31	8.63	2.02	0.01	0.66	1.79	0.15	1.24	0.02	3.33	53.89
	3U-5P	40.4	0.40	13.9	3.95	0.03	1.62	1.64	0.18	1.15	0.03	2.91	33.26
	3U-F	94.3	0.03	1.06	0.66	0.01	0.27	0.99	0.03	0.13	0.03	88.96	0.91
	3U-WA	27.1	0.23	6.19	1.55	0.01	0.42	1.58	0.16	0.99	0.01	4.38	59.55
3L 煤分层样	3L-R	20.5	0.20	3.43	0.92	0.01	1.01	33.9	0.67	0.33	0.01	5.98	30.56
	3L-1	17.4	0.16	5.97	0.72	0.00	0.51	2.52	0.29	0.40	0.01	2.91	69.21
	3L-2P	33.9	0.32	9.31	3.88	0.02	0.71	0.45	0.90	1.09	0.02	3.64	48.33
	3L-3	7.64	0.14	2.96	0.78	0.00	0.27	0.70	0.25	0.43	0.00	2.58	85.90
	3L-4	23.9	0.09	2.60	1.64	0.01	0.60	4.20	0.18	0.41	0.01	9.19	60.68
	3L-5	14.6	0.17	3.69	1.10	0.01	0.44	0.96	0.37	0.49	0.01	3.96	76.69
	3L-6P	47.8	0.47	16.0	3.82	0.05	1.33	0.93	1.01	1.52	0.03	2.99	24.41
	3L-7	15.1	0.23	5.32	1.18	0.00	0.34	0.46	0.35	0.75	0.01	2.84	75.54
	3L-8P	31.3	0.65	12.9	2.80	0.01	0.94	0.42	0.66	1.79	0.02	2.43	47.22
	3L-9	19.0	0.22	6.32	1.67	0.01	0.51	0.99	0.31	1.06	0.01	3.01	68.70
	3L-F	9.17	0.02	0.55	0.15	0.00	0.95	51.2	0.02	0.05	0.01	16.67	31.56
	3L-WA	14.9	0.18	4.51	1.18	0.00	0.41	1.15	0.30	0.64	0.01	3.30	75.12
煤刻槽样	3U-C	23.1	0.20	6.43	1.35	0.01	0.44	2.29	0.15	0.87	0.01	3.59	63.87
	3L-C	18.1	0.23	6.24	1.23	0.00	0.49	0.69	0.40	0.87	0.01	2.90	70.70
	4U-C1	17.3	0.37	13.3	0.46	0.00	0.25	0.43	0.10	0.39	0.01	1.30	65.99
	4U-C2	22.5	0.55	15.0	2.46	0.00	0.70	0.57	0.22	1.15	0.02	1.50	54.54
	4L-C	24.5	0.60	10.9	1.14	0.01	0.90	0.47	0.51	1.16	0.01	2.25	58.35
AV	3U	25.1	0.21	6.31	1.45	0.01	0.43	1.94	0.15	0.93	0.01	3.98	61.71
	3L	16.5	0.21	5.38	1.20	0.00	0.45	0.92	0.35	0.76	0.01	3.07	72.91
	4U	19.9	0.46	14.2	1.46	0.00	0.48	0.50	0.16	0.77	0.01	1.40	60.27
中国煤 [a]		8.47	0.33	5.98	4.85	0.02	0.22	1.23	0.16	0.19	0.09	1.42	

注：U 表示上煤层；L 表示下煤层；R 表示煤层顶板；P 表示夹矸；F 表示煤层底板；C 表示刻槽板；WA 表示煤层分层加权平均值；AV 表示煤层平均值；LOI 表示烧失量。
a 引自 Dai 等 (2012a)。

表 4.5   通过 XRD 和 Siroquant 分析计算(高温)煤灰的化学组成   (单位：%)

样品	SiO$_2$	TiO$_2$	Al$_2$O$_3$	Fe$_2$O$_3$	MgO	CaO	Na$_2$O	K$_2$O	P$_2$O$_5$	SO$_3$
3U-R	67.35	0.00	5.56	3.31	0.14	22.85	0.25	0.55	0.00	0.00
3U-1	75.41	0.00	11.95	2.67	0.25	6.48	0.44	1.66	0.00	1.13
3U-2	72.65	0.00	13.34	1.82	0.48	8.04	0.67	1.72	0.00	1.27
3U-3P	63.06	0.00	23.39	4.33	0.64	2.79	0.68	3.00	0.00	2.10
3U-4	66.78	0.00	18.34	3.16	0.77	6.75	0.47	2.57	0.00	1.15
3U-5P	62.60	0.00	21.11	5.54	1.70	3.92	0.50	2.33	0.00	2.29
3U-F	97.46	0.00	1.31	0.20	0.17	0.68	0.11	0.08	0.00	0.00
3L-R	41.68	0.00	7.81	2.40	0.55	45.12	1.83	0.61	0.00	0.00
3L-1	64.70	0.00	21.83	2.49	0.44	6.63	0.93	2.97	0.00	0.00
3L-2P	65.93	0.85	20.37	6.97	0.33	0.36	1.62	3.58	0.00	0.00
3L-3	61.69	0.22	20.56	5.48	1.09	6.17	1.87	2.92	0.00	0.00
3L-4	76.23	0.00	4.75	3.63	1.41	12.28	0.33	0.73	0.00	0.63
3L-5	70.59	0.00	14.75	4.42	1.48	4.43	1.71	2.04	0.00	0.60
3L-6P	66.12	0.00	21.65	5.21	1.12	1.25	1.39	3.26	0.00	0.00
3L-7	68.38	0.00	19.58	5.05	0.68	1.70	1.59	2.78	0.00	0.24
3L-8P	64.54	0.00	21.92	4.42	2.05	2.51	1.31	3.24	0.00	0.00
3L-9	65.37	0.00	20.69	4.85	0.62	3.80	0.91	3.76	0.00	0.00
3L-F	20.65	0.00	1.89	1.18	0.22	75.71	0.27	0.09	0.00	0.00
3U-C	68.39	0.00	14.87	2.88	0.69	10.84	0.24	2.09	0.00	0.00
3L-C	65.43	0.00	20.70	3.84	0.99	4.01	1.58	3.45	0.00	0.00
4U-C1	53.34	0.00	41.86	0.15	0.03	1.02	0.02	3.58	0.00	0.00
4U-C2	52.04	1.53	37.15	2.40	0.09	0.58	0.15	5.57	0.00	0.48
4L-C	63.12	0.00	29.01	0.21	0.27	0.29	1.61	5.49	0.00	0.00

注：R 表示煤层顶板；P 表示夹矸；F 表示煤层底板；C 表示刻槽样品；由于四舍五入各矿物之和可能存在一定的误差。

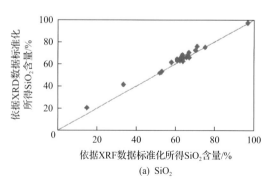

(a) SiO$_2$

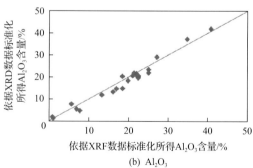

(b) Al$_2$O$_3$

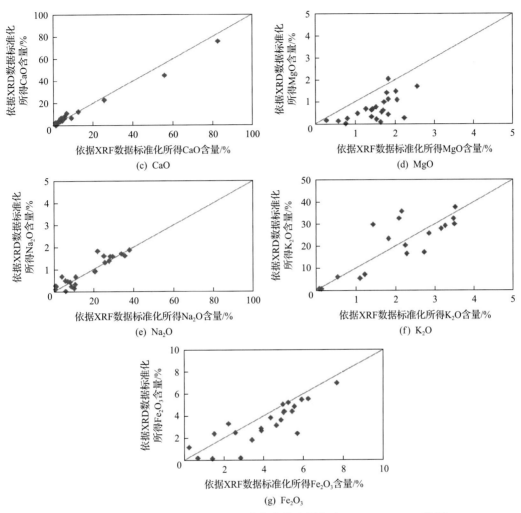

图 4.11 由 XRF 分析得到的归一化氧化物含量与由 XRD+Siroquant 数据
推算出的灰样氧化物含量的比较

每个图的对角线表示含量相等

从微量元素含量的剖面变化来看，3 上和 3 下煤层剖面可以分为两段。3 下煤层的上段从 3L-R～3L-5 分层，下段从 3L-6P～3L-9 分层。3 上煤层的上段以 3U-1 和 3U-2 为代表；3U-3P、3U-4 和 3U-5P 代表了下段。在所有的煤层中微量元素包括 V、Mo、U 的含量在上段比下段高（图 4.13）。V、Mo、U 在每个剖面的变化趋势类似。然而，Se 和有机硫均呈锯齿状变化，在 3U 和 3L 煤层剖面均呈相反趋势（图 4.13）。

夹矸中高含量的微量元素与世界黏土的平均值有相似性（Grigoriev，2009），F、Mo、U 的含量高，在较小程度上 Sr 和 Pb 的含量较低。但夹矸中 V 的浓度低于世界黏土和页岩的均值。

表 4.6　合山煤田煤、夹矸、顶底板和刻槽样中的微量元素含量

样品	3U 煤层								3L 煤层					
	3U-R	3U-1	3U-2	3U-3P	3U-4	3U-5P	3U-F	3U-WA	3L-R	3L-1	3L-2P	3L-3	3L-4	3L-5
Li	5.8	10.6	8.12	35.7	17.5	39.3	4.71	12.1	6.67	17.6	23.7	9.4	11.3	10.9
Be	0.43	1.56	2.23	2.99	3.36	2.08	0.11	2.3	0.34	1.44	1.28	1.84	0.92	1.64
B	100	90.6	76.5	417	169	167	31	112	59.8	81	172	51.8	38.3	58.3
F	895	1086	821	2554	1601	2791	249	1179	1226	3362	2752	1032	1993	1565
Cl	710	260	690	370	640	130	290	493	150	1540	320	1280	2730	1100
Sc	nd	nd	nd	nd	nd	nd	nd	nd	nd	nd	nd	nd	nd	nd
V	42.1	270	127	102	166	85.9	23.6	200	148	42.1	95.2	65.8	41.9	171
Cr	32.6	45.5	17.4	18	29.7	23.8	39	33.1	55.5	9.98	39	12.4	20.9	19.6
Co	2.63	2.23	1.38	3.91	3.15	3.49	0.52	2.3	1.75	1.57	7.56	1.63	2.12	1.95
Ni	18.1	22.7	11.4	10.9	21.4	16.9	8.2	19.3	33.5	5.5	21.9	9.5	19.6	12
Cu	7.41	11.6	9.12	20.2	39.9	21.7	4.36	19.9	13.8	13.1	559	9.69	38	12.8
Zn	43.6	56.3	52.6	68.7	159	125	27.6	87.8	43.6	18.1	89.2	32.5	122	24.2
Ga	4.18	6.42	7.59	23.8	13.3	15.7	1.02	8.9	3.92	14	10	11.2	8.62	9.84
Ge	0.16	0.32	0.37	0.55	0.52	0.55	0.26	0.4	0.39	0.3	0.83	0.72	0.66	0.7
As	13.5	12.8	8.66	29.3	13.5	27.1	1.33	11.9	1.13	3.69	9.15	1.84	7.62	2.22
Se	6.08	8.28	5.15	10.9	5.93	9.59	1.09	6.71	4.64	9.07	19.1	6.71	19.1	8.11
Rb	24.2	26.8	21.3	59.5	32	38.4	2.33	27	8.96	9.68	27.6	9.96	11.3	11
Sr	1089	164	215	676	327	777	98.4	229	1417	1548	349	293	402	624
Y	9.71	18.4	37.8	38.3	60.9	56.8	0.8	36.9	10.3	14.2	12.2	42.4	20	35.3
Zr	29.5	153	97.6	202	186	389	16.2	149	24.6	105	70.5	45.3	27.1	108
Nb	3.05	8.98	10.6	10.8	13.4	25.9	0.84	10.8	3.19	13	5.78	4.44	3.09	9.82
Mo	18.3	142	75	52.3	67.3	39	2.56	101	15.7	11.1	38.1	37.3	33	49.9
Cd	0.47	1.22	0.76	0.81	0.77	1.04	0.23	0.96	0.77	0.482	1.09	0.58	1.39	0.53
In	bdl	0.068	0.103	0.116	0.049	0.141	0.021	0.07	0.063	0.068	0.132	0.031	0.141	0.019
Sn	bdl	8.94	11.8	12.2	0	9.79	3.48	6.87	8.42	3.56	15.6	0	16.3	bdl

续表

样品	3U 煤层								3L 煤层					
	3U-R	3U-1	3U-2	3U-3P	3U-4	3U-5P	3U-F	3U-WA	3L-R	3L-1	3L-2P	3L-3	3L-4	3L-5
Sb	3.92	5.19	2.04	4.26	1.61	4.17	0.893	3.23	0.6	0.04	1.38	0.16	1.95	0.19
Cs	1.4	1.45	1.23	4.81	3.15	4.35	0.24	1.93	1.51	2.95	5.12	1.1	0.9	1.41
Ba	74.6	38.7	29.2	68.3	59.7	67	30.2	42.8	28.7	79.6	54.3	28.9	32.2	59.9
La	30	8.71	15.3	27.1	27.3	56.9	0.44	16.3	47.3	4.73	13.2	11	9.23	10.4
Ce	59.9	19.5	37.3	60.6	62.6	125	0.92	37.8	111	12.1	28.8	27.2	20.5	22.9
Pr	6.95	2.48	4.91	7.51	7.68	14.4	0.12	4.76	12.7	1.6	3.44	3.85	2.8	3.18
Nd	24.4	9.26	19.1	28.2	29.2	50.6	0.48	18.1	41.9	6.19	12.1	16.3	11.1	13.2
Sm	5.05	2.5	5.43	7.04	8.3	12	0.13	5.1	7.15	1.98	2.87	5.02	2.93	4.06
Eu	0.76	0.43	0.78	1.1	1.23	1.44	0.03	0.77	0.65	0.3	0.47	1.01	0.61	0.87
Gd	4.59	2.84	6.08	7.69	9.56	12.3	0.16	5.81	5.94	2.36	2.85	6.19	3.46	5.13
Tb	0.57	0.5	1.04	1.19	1.67	1.98	0.03	1.01	0.67	0.43	0.44	1.1	0.59	0.94
Dy	2.78	3.3	6.75	7.23	11.1	12.5	0.17	6.67	2.96	2.95	2.65	7.25	3.82	6.46
Ho	0.49	0.73	1.45	1.51	2.38	2.64	0.04	1.44	0.52	0.64	0.56	1.56	0.83	1.42
Er	1.26	2.25	4.34	4.4	7.15	7.82	0.11	4.35	1.34	1.96	1.64	4.55	2.4	4.28
Tm	0.17	0.35	0.66	0.66	1.1	1.2	0.02	0.67	0.19	0.31	0.25	0.67	0.36	0.63
Yb	1.1	2.41	4.47	4.23	7.28	8.16	0.1	4.49	1.18	2.09	1.7	4.32	2.29	4.23
Lu	0.16	0.38	0.68	0.65	1.12	1.26	0.02	0.69	0.17	0.32	0.27	0.64	0.36	0.65
Hf	1.37	2.63	2.17	6.13	4.43	8.87	0.42	3.08	0.89	3.28	2.31	0.83	0.86	1.6
Ta	0.72	0.4	0.24	2	7.66	2.49	0.09	2.65	0.49	1.7	1.05	0.042	2.07	0.08
W	7.21	10.2	7.23	2.86	18.5	7.58	27.3	12	2.82	3.77	175	2.1	2.47	4.39
Hg	142	376	198	185	97.7	322	7.18	241	83.5	90	367	91.3	235	103
Tl	1.57	3.7	2.14	5.26	3.39	7.15	0.22	3.19	0.42	0.2	0.78	0.55	1.32	0.63
Pb	4.81	9.27	10.5	28.2	13.7	26.1	1.64	11	8.87	13.1	19	4.65	11.2	5.48
Bi	0.33	0.27	0.3	0.5	0.32	0.5	0.04	0.29	0.34	0.71	0.58	0.21	0.54	0.19
Th	6.34	4.51	6.92	14.2	8.28	27.1	0.41	6.33	6.27	21.1	8.68	2.09	2.51	2.25
U	19	111	85.3	43.4	76.3	38.7	1.59	93.3	18.2	35.6	51.6	64.6	55.4	97.8

续表

样品	3L 煤层						刻槽样品					AV			世界硬煤
	3L-6P	3L-7	3L-8P	3L-9	3L-F	3L-WA	3U-C	3L-C	4U-C1	4U-C2	4L-C	3U	3L	4U	
Li	29.2	14.6	37.1	20.7	2.97	13.9	13.1	15.7	152	67.3	52.1	12.6	14.8	110	14
Be	1.21	1.74	1.79	1.27	0.17	1.56	0.85	0.22	1.61	3.08	2.69	1.58	0.89	2.35	2
B	268	125	254	116	7.76	84.9	102	116	90.7	165	204	107	100	128	47
F	861	2984	3549	2558	286	2149	1153	2103	991	2350	2692	1166	2126	1671	82
Cl	850	1570	600	700	500	1345	650	1740	290	150	100	572	1542	220	340
Sc	nd	nd	nd	nd	nd	nd	7.31	8.14	13.5	16	11.7	3.66	4.07	14.75	3.7
V	79.6	23.1	82.2	111	40.2	78.1	106	77.6	119	238	150	152	77.9	178.5	28
Cr	19.8	11.5	36	60.8	31.9	23.6	21.8	23.3	43.4	269	93.9	27.5	23.5	156	17
Co	4.16	2.53	5.56	4.02	0.82	2.42	2.28	2.96	4.91	7.38	3.2	2.29	2.69	6.15	6
Ni	10.6	6.5	20.8	24	14.6	12.6	11.7	10	10.3	40.8	18.1	15.5	11.3	25.6	17
Cu	12.9	10.1	19.4	15.3	2.03	14	14.1	13.7	25.9	33	32.3	17	13.9	29.5	16
Zn	98.5	23.4	73.1	231	21.1	75	58.5	40.8	9.2	61.4	44.4	73.1	57.9	35.3	28
Ga	12.8	11.5	12	9.38	0.56	10.7	9.48	11.6	19.2	19.4	20.8	9.19	11.1	19.3	6
Ge	0.86	0.58	0.77	0.69	0.08	0.64	0.49	0.64	2.11	3.35	3.44	0.44	0.64	2.73	2.4
As	17.7	3.32	9.48	5.64	0.38	3.64	11.6	3.1	2.92	7.69	3.11	11.8	3.37	5.31	8.3
Se	17.2	7.25	24	12.9	1.37	9.51	5.97	8.21	13.8	24.4	17.8	6.34	8.86	19.1	1.3
Rb	36.5	18.8	48.1	27	1.66	15.8	25.4	21.4	9.79	40.5	46	26.2	18.6	25.1	18
Sr	613	604	412	376	3042	535	237	531	199	345	363	233	533	272	100
Y	24.6	35.2	14.2	15.1	12	30.2	57.5	31.7	64.3	79.5	41.4	47.2	31	71.9	8.4
Zr	263	90.5	107	91	7.72	78.7	127	82	242	255	225	138	80.3	249	36
Nb	13.6	7.15	8.18	9.13	0.6	7.41	9.23	6.62	11.7	21.8	26.7	10	7.01	16.8	4
Mo	13.2	8.65	26.2	45.6	2.21	31.8	59.1	25.5	12.1	39	49.1	79.9	28.6	25.6	2.1
Cd	0.67	0.56	1.02	1.6	0.15	0.83	0.68	0.59	0.53	1.26	0.77	0.82	0.71	0.89	0.2
In	0.058	0.051	bdl	0.092	bdl	0.058	0.087	0.055	0.18	0.183	0.121	0.079	0.056	0.182	0.04
Sn	bdl	bdl	bdl	3.03	bdl	2.2	4.14	0.88	5.83	4.2	2.24	5.5	1.54	5.02	1.4
Sb	3.36	0.46	1.84	1.33	0.27	0.61	1.62	bdl	bdl	0.27	0.211	2.43	0.31	0.13	1

续表

样品	3L煤层						刻槽样品					AV			世界硬煤
	3L-6P	3L-7	3L-8P	3L-9	3L-F	3L-WA	3U-C	3L-C	4U-C1	4U-C2	4L-C	3U	3L	4U	
Cs	8.53	3.27	8.51	3.65	0.2	2.31	2.07	3.72	2.93	10.5	8.9	2	3.02	6.72	1.1
Ba	45.3	29.6	67.9	47.1	11.4	41.5	42.6	60.1	33.3	68.4	84.4	42.7	50.8	50.9	150
La	42.6	13.9	13.5	8.41	13.7	10.5	28	12.7	49.9	58.2	45.1	22.2	11.6	54.1	11
Ce	87.6	31.9	29.5	19.6	16.3	24.6	61.1	28.5	101	138	92.3	49.4	26.5	120	23
Pr	9.58	4.09	3.5	2.52	1.88	3.29	7.75	3.66	11.5	17.4	10.7	6.26	3.48	14.5	3.4
Nd	32.3	15.9	12.1	9.6	6.79	13.2	33.1	14.9	42.6	69.7	36.4	25.6	14.1	56.2	12
Sm	7.09	4.34	2.9	2.65	1.83	3.84	8.46	3.73	9.76	15.2	6.87	6.78	3.78	12.5	2.2
Eu	1.27	0.88	0.6	0.55	0.37	0.78	0.97	0.74	1.36	2.19	0.96	0.87	0.76	1.78	0.43
Gd	7.26	5.17	2.92	2.85	2.44	4.61	8.52	4.29	9.51	14	6.03	7.17	4.45	11.8	2.7
Tb	1.09	0.87	0.49	0.48	0.34	0.81	1.63	0.89	1.87	2.37	1.26	1.32	0.85	2.12	0.31
Dy	6.19	5.75	3.14	3.08	1.95	5.34	9.83	5.44	12.3	13.5	7.64	8.25	5.39	12.9	2.1
Ho	1.24	1.24	0.67	0.65	0.38	1.15	2.08	1.1	2.35	2.56	1.47	1.76	1.13	2.46	0.57
Er	3.55	3.62	2.02	1.96	1	3.4	6.39	3.45	7.05	7.97	4.59	5.37	3.43	7.51	1
Tm	0.54	0.53	0.32	0.3	0.13	0.5	0.99	0.57	1.12	1.2	0.7	0.83	0.54	1.16	0.3
Yb	3.73	3.38	2.17	1.99	0.77	3.29	6.64	3.77	7.35	7.98	4.72	5.57	3.53	7.67	1
Lu	0.57	0.51	0.34	0.31	0.11	0.5	1.02	0.61	1.04	1.23	0.71	0.86	0.56	1.14	0.2
Hf	6.28	2.13	2.52	1.93	0.22	1.67	3.4	2.36	6.65	6.98	6.33	3.24	2.01	6.82	1.2
Ta	2.91	0.52	1.11	1.21	0.08	0.68	0.54	0.61	1.12	2.26	2.34	1.6	0.65	1.69	0.3
W	2.83	2.67	3.22	5.63	2.51	3.47	3.58	2.06	1.96	2.52	3.37	7.81	2.77	2.24	0.99
Hg	404	108	242	167	4.94	124	182	120	188	401	226	212	122	295	100
Tl	0.95	0.53	0.8	1.15	0.1	0.72	3.97	0.68	0.14	0.74	0.89	3.58	0.7	0.44	0.58
Pb	36	9.92	26.3	13.7	0.63	9.03	12.9	10.3	31.7	33.9	20	11.9	9.66	32.8	9
Bi	0.7	0.28	0.99	0.47	0.05	0.34	0.4	0.46	0.8	1.11	0.68	0.35	0.4	0.95	1.1
Th	23.5	5.81	11.6	4.5	0.77	4.83	10.4	6.83	15.2	18.9	16.1	8.37	5.83	17.1	3.2
U	12.7	12.4	36	54.5	10.3	52.4	47.7	43.3	21.4	48.7	31.6	70.5	47.8	35.1	1.9

注：AV 表示平均值；R 表示煤层顶板；P 表示夹矸；F 表示煤层底板；WA 表示加权平均值；Hg 的单位为 ng/g 外，其余元素单位均为 μg/g。

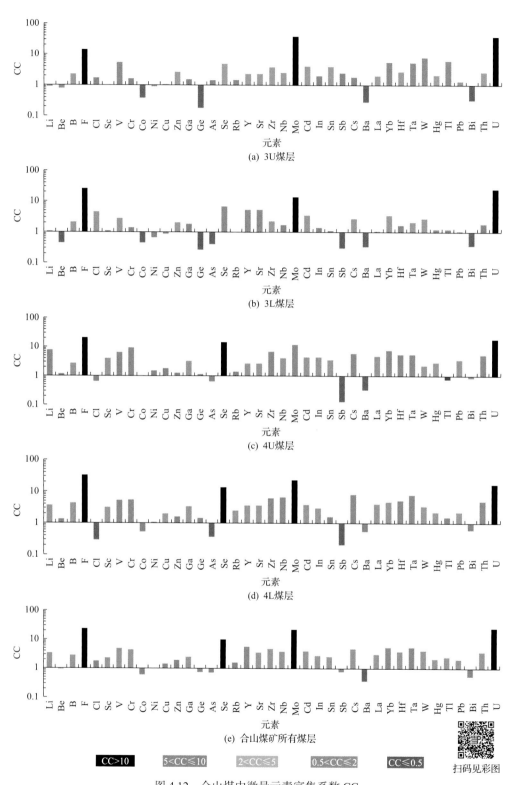

图 4.12　合山煤中微量元素富集系数 CC

经世界硬煤中微量元素含量均值标准化(Ketris and Yudovich, 2009)

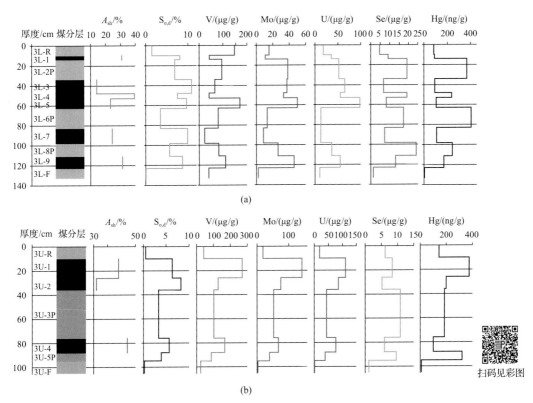

图 4.13 煤中灰分产率、有机硫、V、Mo、U、Se 和 Hg 的垂向变化趋势
(a)3L 煤层；(b)3U 煤层

四、稀土元素和钇

本书运用稀土元素三分法：轻稀土（LERY：La、Ce、Pr、Nd 和 Sm）、中稀土（MREY：Eu、Gd、Tb、Dy 和 Y）、重稀土（HREY：Ho、Er、Tm、Yb 和 Lu）(Seredin and Dai, 2012)。据此，通过上地壳稀土均值标准化后可以划分三种稀土的富集类型：轻稀土富集型（L 型，$La_N/Lu_N>1$）、中稀土富集型（M 型，$La_N/Sm_N<1$ 并且 $Gd_N/Lu_N>1$）、重稀土富集型（H 型，$La_N/Lu_N<1$）(Seredin and Dai, 2012)。

合山煤田 3 上、3 下、4 上、4 下煤层中稀土元素含量分别为 189μg/g、111μg/g、377μg/g 和 261μg/g，高于世界硬煤中稀土元素含量均值 68.6μg/g(Ketris and Yudovich, 2009)。

本书合山煤中 3 上和 3 下煤层顶板属于轻稀土富集型、3 下煤层底板属于中稀土富集型；其余煤层、夹矸、刻槽样品都属于重稀土富集型，且具有典型的 Eu 负异常（图 4.14）。合山煤分层、夹矸和顶板呈弱的 Ce 异常，其值在 0.90～1.03，而 3 上煤层底板和 3 下煤层底板的 Ce 呈明显负异常，其值分别为 0.67 和 0.69。

3 下煤层夹矸中的轻稀土含量（如 La）总比其下伏煤分层高，如 3L-3 与 3L-2P、3L-7 与 3L-6P、3L-9 与 3L-8P（图 4.15）。尽管 3L-6P 和 3L-8P 的重稀土（Yb）高于其下部的煤分层样品，但煤分层样品中 Yb/La 的值高于夹矸。

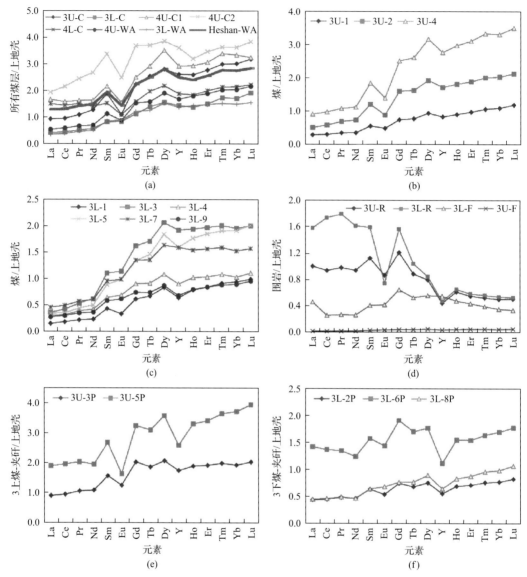

图 4.14　合山煤田煤、夹矸和围岩的稀土配分模式图

稀土元素经上地壳标准化(Taylor and McLennan, 1985)

　　3 上煤层中 3U-3P 夹矸中的轻稀土(如 La)含量接近下面的 3U-4 煤层,但重稀土(如 Yb)的含量较低[图 4.15(b)]。因此,Yb/La 的值在煤分层中较高。

　　在 3 上和 3 下煤层中,Yb/La 的值都呈现出上段高下段低的分布特征。在 3 上煤层剖面上,La 和 Yb 从上到下含量降低,而 3 下煤层中,它们的最大值出现在中部。

　　在 3 下煤层中部,Nb/Ta、Zr/Hf、U/Th 的值都呈现出高值段(图 4.16)。除 3 上煤层外,煤中 Nb/Ta 的值均高于相邻两段煤层上覆岩层中 Nb/Ta 的值(图 4.16)。

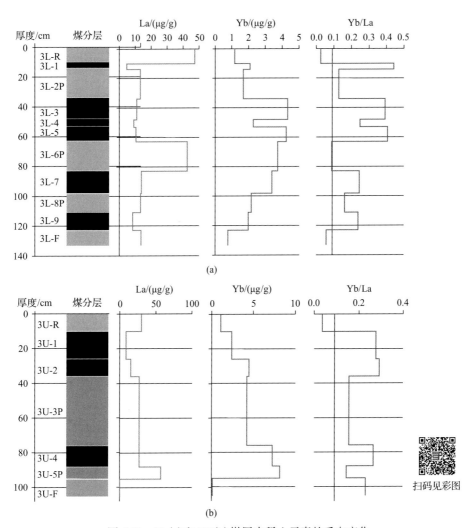

图 4.15　3L(a) 和 3U(b) 煤层中稀土元素的垂向变化

扫码见彩图

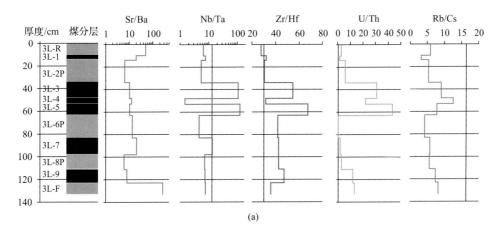

(a)

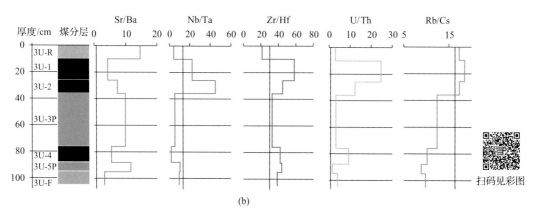

图 4.16　3L(a)和 3U(b)煤层中选定元素组合的垂向变化

第六节　小　　结

合山煤的地球化学和矿物学异常主要归结为以下三个方面：①物源区碎屑物质输入；②沉积过程中海水的影响；③多期热液流体的侵入。

一、沉积物源区

合山煤和夹矸中石英和钠长石颗粒具有长轴顺层分布的特征(图 4.4，图 4.10)，表明它们来源于陆源成因的碎屑物质输入，其中的一些晶体发育良好；然而夹矸中(如 3U-3P)少量以细脉状和裂隙充填状产出的石英和黏土矿物(图 4.4，图 4.10)则是热液成因。通常认为煤中的细粒石英(粒径<5~10μm)属于自生成因(Dai et al.，2012a)，而碎屑石英的粒度则在粉砂级或砂级(Kemezys and Taylor，1964；Ruppert et al.，1991)。任德贻(1996)认为中国煤中碎屑石英粒度属于粉砂级范畴(0.0039~0.0625mm)。本章研究表明细粒的碎屑石英颗粒也可以是物源区碎屑供给的产物。

长石(如钾长石、钠长石、钙长石)属于煤中的罕见矿物，如果出现则多为陆源碎屑成因(Kemezys and Taylor，1964；Ruppert et al.，1991；Bouška et al.，2000；Moore and Esmaeili，2012；Ward，1989，2002)。长石显然属于后生热液成因，然而在其他的含煤盆地中也有发现长石(Golab and Carr，2004；Yao and Liu，2012；Zhao et al.，2012)，通常与火山活动有关。同生期火山成因的钠长石(Brownfield et al.，2005)和热液成因的钠长石((Dai et al.，2008c)都曾有过报道。合山煤的低温灰和夹矸中矿物组成类似，钠长石的赋存状态也类似，这表明合山煤的钠长石来源于相同碎屑物质的输入。

伊利石和伊/蒙混层矿物主要是物源区碎屑输入的产物，它们呈针状或板状产出，颗粒长轴顺层理分布。

如表 4.3 所示，3 上和 3 下煤的矿物质组成中有高含量的石英、伊利石和伊/蒙混层矿物，煤的矿物学组成与夹矸的矿物学组成类似，主要矿物如石英、钠长石、伊利石、伊/蒙混层矿物的赋存状态类似，表明陆源碎屑物质的输入是合山煤中矿物质的重要来源。陆源碎屑物质的输入对 4 下煤的矿物质的贡献明显要小，它的矿物质组成中几乎没有石英和长石，高岭石和伊利石是其主要组成矿物。

合山煤田碎屑物质主要来源于云开古陆的酸性岩浆岩（冯增昭等，1994）。酸性岩浆岩碎屑的输入往往造成煤中的亲石元素含量增加。广西扶绥煤田与合山煤田物源区相同，广西扶绥煤中亲石元素含量较高（Dai et al.，2013b）。基性岩浆岩中富集的 Co、Ni、Cu 等元素在广西合山煤中亏损。这表明广西合山煤与其他中国西南晚二叠世煤的物源区不同，后者的碎屑物质主要来源于由玄武岩组成的康滇古陆。

由于 Al_2O_3/TiO_2 在沉积物母岩和沉积泥岩、砂岩中几乎保持不变，常被看作沉积岩很有效的溯源指标（Hayashi et al.，1997；He et al.，2010；Dai et al.，2011）。基性岩、中性岩、酸性岩各自的碎屑沉积物具有不同的 Al_2O_3/TiO_2 范围，分别为 3～8、8～21、21～70（Hayashi et al.，1997）。广西合山煤中夹矸样品 3U-3P、3L-2P、3L-6P、3L-8P 的 Al_2O_3/TiO_2 分别为 38.6、29.09、34.0、19.8，这些值明显高于康滇古陆玄武岩形成的两个泥岩的 Al_2O_3/TiO_2（6.67 和 6.85）（He et al.，2010）和中国西南地区同期四个基性凝灰岩的 Al_2O_3/TiO_2（均值 9.77）（Dai et al.，2011）。钛铝的分布表明广西合山煤的物源区是主要由酸性岩组成的云开古陆而非主要由基性玄武岩组成的康滇古陆。

经上地壳均值标准化后的稀土元素配分模式图显示广西合山煤和夹矸均呈现 Eu 的负异常（图 4.14），Eu 负异常是典型的酸性岩中 REY 的地球化学特征。康滇古陆基性玄武岩碎屑形成的泥岩（Dai et al.，2013b；He et al.，2010）或是一般的基性岩浆岩（Cullers and Graf，1984）呈 Eu 弱异常或无 Eu 异常。中国西南潮田地区的瓜德鲁普—乐平统（G–LP）边界泥岩也来自于康滇古陆基性岩浆岩沉积［图 4.17(a)～(d)］，该泥岩和 P—T 界限附近

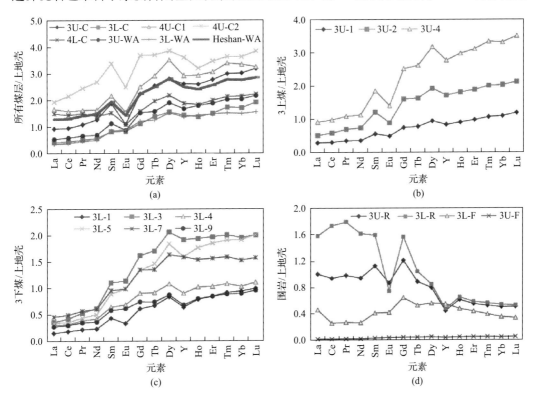

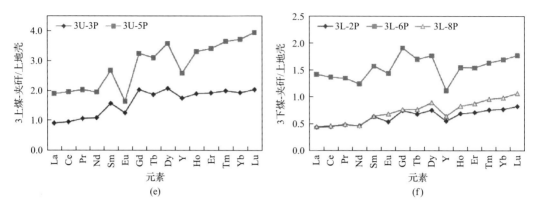

图 4.17　瓜德鲁普—乐平统边界泥岩和潮田地区 P—T 边界酸性凝灰岩的 REY 分布模式

(a)~(e) 数据来自 He 等(2010)；(f) 数据来自 Dai 等(2013b)；REY 经上大陆地壳(UCC)归一化(Taylor and McLennan, 1985)

酸性凝灰岩的稀土元素配分模式均不同于本章研究煤层的夹矸泥岩。中国西南地区煤田的主要物源区来自康滇古陆的基性岩浆岩，这些煤中稀土元素的配分模式明显不同于广西合山煤，前者呈现弱的 Eu 正异常或无异常。

没有在广西合山煤中观测到其他典型的陆源碎屑矿物，如锆石和磷灰石。广西合山煤中陆源碎屑成因的石英、钠长石、黏土矿物等含量明显要高于广西扶绥煤，这表明云开古陆对广西合山煤中碎屑物质的输入要多于扶绥煤。

二、泥炭沼泽堆积期的海水影响

如上所述，合山煤层与石灰岩互层，因此海水对煤层地球化学指标的影响是显著的(冯增昭等，1994；Shao et al.，2003；Zeng et al.，2005)。广西合山煤中高含量的 B、Mg、K、Sr、Rb 等元素支持这一推断，因为海水比淡水更富集这些元素(Reimann and de Caritat，1998)。合山煤的 Sr/Ba 明显高于世界硬煤均值的 0.67，这也表明合山煤受到海水影响。另外，表 4.6 显示合山煤中的硼含量与咸水和半咸水环境形成的煤层中的硼含量相当。

Goodarzi 和 Swaine (1994) 用煤中的硼含量作为划分煤层形成环境的标志：<50μg/g 为淡水、50~110μg/g 为半咸水、>110μg/g 为咸水。广西合山煤中硼含量在剖面上呈现从下到上降低的趋势(表 4.6)，表明煤层上部受海水影响较弱。

合山煤中的硼含量及其在剖面上的分布规律与广西扶绥煤田不同(Dai et al.，2013b)，广西扶绥煤中的硼含量较低，与淡水环境形成的煤层中的硼含量相当。

煤中硫含量也可以指示海水对煤层的影响(Chou，2012)，尽管(详情如下)并不是所有的硫都来源于海水。广西合山煤中硫的赋存状态(有机硫、莓球状黄铁矿、浸染状黄铁矿)表明部分硫来源于海水。广西合山煤中充填裂隙的后生热液成因的黄铁矿是罕见的。

三、多期次热液成因

相比于陆源碎屑供给和海水的影响，从矿物学和地球化学方面来看广西合山煤明显受到多期次热液流体的影响。

（一）矿物学证据

尽管 3 上、3 下煤层的顶底板岩性为石灰岩或硅质石灰岩，但它们的夹矸中均不含方解石。另外，SEM-EDX 观测表明萤石、菱锶矿仅出现在煤分层而不是夹矸中。这些脉状充填裂隙的矿物在煤层和夹矸中分布的不同表明煤层裂隙形成后为后生流体通过煤层提供了通道。

广西合山煤中充填胞腔或裂隙矿物如石英、黏土矿物、碳酸盐矿物、萤石、稀土载体矿物、含水铁(Si)含氧硫酸盐矿物等(图 4.4，图 4.6~图 4.9)属于自生成因或热液流体成因。胶状的混层黏土矿物[图 4.5(b)]也是自生成因。

碳酸盐矿物的赋存状态[图 4.7(c)、(d)]表明合山煤中菱锶矿的形成晚于方解石和白云石。后生成因的方解石和白云石在煤中常见(Ward，2002)，但煤中菱锶矿的报道较少。在澳大利亚 Hunter Valley 的晚二叠世煤中检测到菱锶矿(Tarriba et al.，1995；Golab et al.，2006)。Sr 可部分取代方解石中的 Ca 形成菱锶矿(Sia and Abdullah，2011)。Ward 等(1999)报道澳大利亚一些煤中的 Sr 和碳酸盐矿物(方解石和白云石)存在联系。广西合山煤中菱锶矿可能是附近石灰岩淋滤的 Ca 与酸性热液流体淋滤的 Sr 反应生成的。

萤石是煤中的罕见矿物(Bouška and Pešek，1999；Dai et al.，2012a)。前人的研究报道了煤层围岩中的萤石。Hower 等(2001)在西肯塔基尤宁(Union)县非煤层位中发现了热液成因的萤石。Yang 等(1982)报道了中国一些高煤级煤的围岩中热液成因的萤石脉。Zhou 和 Ren(1992)报道了茅口组和龙潭组不整合面附近后生热液成因的萤石。广西合山煤中萤石的赋存状态(图 4.7)显示了后生热液成因的特征，它们可能是由石灰岩淋滤的 Ca 与含 F 的热液流体反应而来。

萤石和碳酸盐矿物的赋存状态表明方解石的形成早于萤石。钠长石蚀变孔隙中产出的萤石进一步证明钠长石的形成早于萤石。正如前面所述钠长石属于陆源碎屑成因，而萤石属于后生成因。

广西合山煤中石英、钠长石、黄铁矿颗粒的蚀变[图 4.4(b)、(c)；图 4.6(a)、(c)；图 4.8(c)、(d)]特征表明它们遭受热液流体的改造，而这些蚀变的空隙被其他热液矿物填充[图 4.6(b)]。矿物被热液流体改造的例子在其他含煤盆地中也有发现。云南砚山煤中热液成因的钠长石被更晚期的热液改造(Dai et al.，2008c)。广西扶绥煤中碎屑成因的石英、磷灰石、石膏、稀土元素载体矿物都遭受了后期热液流体的改造(Dai et al.，2013b)。

（二）地球化学证据

广西合山煤中大部分硫可能来自热液流体，热液流体带硫进入泥炭沼泽并且均匀地分布在有机质中。尽管海水对广西合山煤有重要影响，但并不是所有硫都来自于海水的供给。显生宙古海水中 SO_4^{2-} 的浓度为 5~27.6mmol/kg(Lowenstein et al.，2003；Strauss，2004)。但 Shao 等(2003)认为广西合山煤中的硫全部来自海水。

　　云南砚山的超高有机硫煤形成于碳酸盐岩台地，其高含量的有机硫（均值 9.51%）可能来源于热液流体（Dai et al., 2008c）。

　　尽管这些煤的有机硫含量很高，但其黄铁矿硫含量较低（表 4.1）。这主要受限于泥炭沼泽形成时有限的 Fe 供给，否则会有更多的黄铁矿形成（Chou，1990）。

　　除了热液成因的萤石外，合山煤中高含量的 V、Mo、U、Se 也是热液流体成因，而不是来源于陆源碎屑、海水影响（Shao et al.，2003）、煤层下部的古土壤（Zeng et al.，2005）。根据 Reimann 和 de Caritat（1998）的数据计算，海水中元素与淡水元素的比值相对较低，V 为 0.8、Mo 为 2.0、Se 为 0.2，表明它们是非海水成因，而 U 的比值则高得多（80）。由酸性岩组成的物源区（冯增昭等，1994）比基性岩更贫 V（Grigoriev，2009）。

　　煤中高含量的 V、Mo、U、Se 常是后生成因。美国肯塔基西部 No.9 煤上部 12.6cm 分层中 V 的含量可高达 1.06%，这是煤层附近页岩受热液流体循环淋滤重新沉淀的结果（Hower et al.，2000）。在美国和苏联煤中均发现了高度富集的 Mo（全煤基高达几千微克/克，在煤灰中可达 1%～2%），这与后生热液流体有关（Ilger et al.，1987；Kislyakov and Shchetochkin，2000；Seredin and Finkelman，2008）。

　　高含量的 U 和 U/Th 代表了煤层受热液流体的影响较强（Bostrom et al.，1973；Bostrom，1983；吴朝东等，1999；Dai et al.，2008c；Seredin and Finkelman，2008）。煤中高含量的 U 常伴随高含量的 Mo、Se、V（Seredin and Finkelman，2008）。多数煤型铀矿床很可能是入渗型后生流体作用的结果（Kislyakov and Shchetochkin，2000；Seredin and Finkelman，2008）。同生出渗型流体作用也可导致高含量的铀，但铀的含量和来源均较小。

　　广西合山薄煤层中高含量的铀可能是同生出渗型热液作用的结果；广西合山煤中铀含量低于其他后生入渗型热液作用富铀煤（Seredin and Finkelman，2008）。广西合山煤中铀的富集也伴随着高含量的 Se、V、Mo，这种富铀煤夹在典型的不渗透岩石中间。合山 3 上、3 下煤层中 V、Mo、U 的剖面分布趋势相同，它们很可能来源于泥炭沼泽堆积或成岩作用早期相同的热液流体。云南砚山煤中高含量的 Mo、V、U 也归因于热液流体（Dai et al.，2008c）。广西合山煤中 Hg 和 Se 的分布模式相同（图 4.13），表明这两种浅成热液元素来源于后生作用阶段相同的热液流体。

　　如图 4.13 所示，煤层剖面上 U、V、Mo 的变化趋势与煤灰分相反，矿物质组成中也缺少它们的载体矿物。这表明上述元素很可能以有机亲和态存在。

　　尽管在扫描电子显微镜下发现了轻稀土的载体矿物（图 4.9），煤中重稀土的富集不仅归因于海水（Elderfield and Greaves，1982），还与热液流体有关（Michard and Albarède，1986；Seredin and Dai，2012）。

　　多期次的热液流体作用不仅导致煤中矿物和元素的富集、矿物的蚀变或破坏，还可能导致煤和夹矸中一些元素重新分配。广西合山煤比夹矸富集 Nb、Y、HREE、Zr 等元素。另外，与上覆夹矸相比，Yb/La、Nb/Ta、Zr/Hf 在煤中更高；这是每对元素对中第一个元素从夹矸中淋滤后在煤层中重新分配富集所导致的（Seredin，2004；Dai et al.，2013b）。广西合山煤中元素的重新分配程度显然高于世界硬煤均值。例如，世界硬煤的

Yb/La 均值为 0.09(Ketris and Yudovich，2009)，而广西合山煤为 0.24～0.44。广西合山煤中高的 U/Th 不仅是由于夹矸中的铀淋滤后重新沉淀在下伏煤层中，而且还受富铀热液流体的影响。

关于煤分层和邻近夹矸中元素重新分配的例子在其他地区也有报道，如广西扶绥煤(Dai et al.，2013b)、中国内蒙古准格尔煤(Dai et al.，2012b)、一些美国煤(Crowley et al.，1989；Hower et al.，1999)。

从 Nb/Ta、Zr/Hf、U/Th 的剖面变化来看[图 4.16(a)、(b)]，煤层上部受到热液流体的影响更强。上述比值参数在上部煤分层和夹矸中的差异要大于下部分层。

热液活动也可能得到了其他与热液相关元素(如汞和镉)富集的支持。泥炭堆积阶段同生热液流体携汞进入，导致整个煤分层中汞的含量较高。

热液流体的活动不仅影响煤分层和夹矸，也影响煤层围岩(顶板、底板)。例如，顶底板中的方解石具有石英镶边[图 4.18(a)、(b)]或充填围岩石灰岩裂隙，表明其为热液流体成因。石灰岩中裂隙充填的闪锌矿显然是另外一期热液流体活动的证据[图 4.18(f)]。

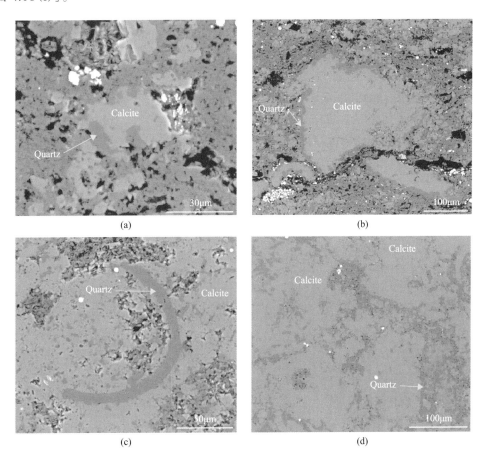

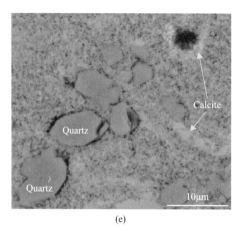 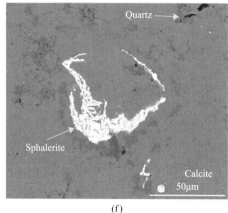

图 4.18　广西合山煤的围岩中矿物的 SEM 和背散射电子图像

(a)和(b)石英包覆方解石边缘,样品 3U-R;(c)石英充填石灰岩裂隙,样品 3U-R;(d)和(e)石英填满石灰岩裂隙,样品 3L-F;
(f)闪锌矿充填石灰岩裂隙,样品 3L-F;Quartz-石英;Calcite-方解石;Sphalerite-闪锌矿

四、初步评价 4 上煤层中 REY 的可回收性

4 上煤层煤灰中稀土元素的含量均值为 950μg/g(约 0.11% REY$_2$O$_3$),这个值高于 Seredin 和 Dai(2012)提出的从煤灰中经济利用稀土元素的边界品位(0.1% REY$_2$O$_3$)。稀土元素单个组成的模式要好于其他同等含量水平的燃煤产物(CCRs),期望指数为 1.08(Seredin and Dai,2012)

高的灰分产率(4U-C1,34.01%;4U-C2,45.46%)和重稀土的有机结合态表明常规的选煤方法是获得低灰分高稀土含量煤灰的有效途径。此外,广西合山煤的高硫含量为硫酸生产提供了机会(硫酸可作为从相关燃煤产物中浸出 REY 的试剂)。所有的因素均表明同广西扶绥煤一样,合山 4 上煤层可以作为稀土元素的潜在来源。

第五章 云南砚山煤型铀矿床

第一节 地 质 背 景

砚山煤田位于云南省东南部，煤田的含煤地层为上二叠统吴家坪组（P_2w）和长兴组（P_2ch）。长兴组上覆地层为不含煤的下三叠统洗马塘组。上二叠统吴家坪组与下伏下二叠统茅口组呈假整合接触（中国煤炭地质总局，1996；图 5.1）。

洗马塘组主要由薄层灰岩和浅红色石灰岩组成，层间为浅红色和灰色钙质泥岩，发育波浪层。长兴组沉积于开阔的台地和浅滩环境中，由薄层灰岩和钙质泥岩夹层组成。吴家坪组由灰岩、泥灰岩、碳质泥岩、钙质泥岩和少量硅质石灰岩、薄层硅质岩和泥质粉砂岩组成。吴家坪组和长兴组均为海相碳酸盐岩沉积。茅口组以浅灰色厚石灰岩为主，富含化石碎片，并含有珊瑚（中国煤炭地质总局，1996；图 5.1）。

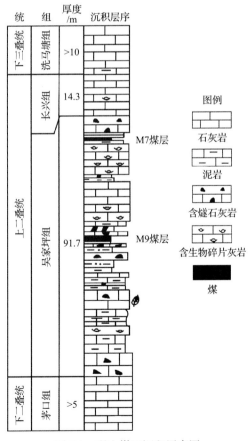

图 5.1 砚山煤田沉积层序图

砚山煤田有 M9 煤层和 M7 煤层两个可采煤层。M9 煤层位于吴家坪组中部,煤层中下部为钙质泥岩夹矸,夹矸厚度为 39cm,夹矸中含有丰富的化石。夹矸上部和下部的煤层厚度分别为 1.37m 和 0.54m。M9 煤层的顶板是富含生物碎屑的隐晶灰岩,煤层底板为钙质泥灰岩或泥岩,厚度为 0.26m。吴家坪组上部为厚 0.67m 的 M7 煤层,沉积于碳酸盐岩潮坪环境。M9 煤层和 M7 煤层的碎屑物质均来源于位于砚山煤田南部的越北古陆(中国煤炭地质总局,1996)。

第二节　煤的基本特征

表 5.1 列出了 M9 和 M7 煤层样品的工业分析、全硫、形态硫、元素分析和镜质组随机反射率的数据。根据 ASTM 分类,基于挥发分含量和镜质组反射率,M9 煤层的样品是半无烟煤,M7 煤层的样品是低挥发分烟煤。根据国家标准《煤炭质量分级　第 1 部分:灰分》(GB/T 15224.1—2018)和《煤炭质量分级　第 2 部分:硫分》(GB/T 15224.2—2021),灰分为 16.01%～29.00%、全硫含量＞3%的煤分别为中灰煤和高硫煤,因此 M9 煤层为中灰(27.51%)高硫(10.65%)煤,M7 煤层为中灰(28.11%)中硫(2.76%)煤。M9 煤层是一种超高有机硫(SHOS)煤(Chou,1997a,2004),其有机硫含量变化为 8.77%～10.30%,加权平均值为 9.51%。超高有机硫煤中黄铁矿硫含量较低。M9 煤层样品中黄铁矿硫加权平均含量为 0.78%。这种超高有机硫煤在世界上很少见。

表 5.1　砚山煤田 M9 和 M7 煤层煤样的煤化学特征与镜质组随机反射率　　(单位:%)

样品	M_{ad}	A_d	V_{daf}	$S_{t,d}$	$S_{s,d}$	$S_{p,d}$	$S_{o,d}$	C_{daf}	H_{daf}	N_{daf}	$O+S_{daf}$	R_r
YS9-1	1.22	28.35	11.24	11.25	0.33	0.91	10.01	78.22	3.02	0.69	18.07	1.80
YS9-2	1.19	27.44	11.85	10.56	0.28	0.82	9.46	77.49	2.89	0.67	18.95	1.82
YS9-3-1	1.17	27.30	10.92	10.50	0.41	0.80	9.29	78.28	3.03	0.7	17.98	1.79
YS9-3-2	1.26	27.89	10.90	10.44	0.32	0.56	9.56	78.15	2.98	0.69	18.18	1.84
YS9-3-3	1.36	30.94	12.29	10.12	0.53	0.82	8.77	76.83	2.86	0.65	19.66	1.80
YS9-3	1.26	28.71	11.37	10.35	0.42	0.73	9.21	77.75	2.96	0.68	18.61	1.81
YG9-4	1.54	21.96	13.25	11.30	0.20	0.80	10.30	nd	nd	nd	nd	nd
M9 煤层平均值	1.29	27.51	11.69	10.65	0.36	0.78	9.51	77.79	2.96	0.68	18.58	1.81
M7 煤层	1.63	28.11	15.13	2.76	0.81	0.19	1.76	90.72	4.61	0.82	3.85	1.78

注:M 表示水分;A 表示灰分;V 表示挥发分;S_t 表示全硫;S_s 表示硫酸盐硫;S_p 表示黄铁矿硫;S_o 表示有机硫;ad 表示空气干燥基;d 表示干燥基;daf 表示干燥无灰基;R_r 表示镜质组随机反射率;nd 表示未检测到;YS9-3 值是 YS9-3-1、YS9-3-2 和 YS9-3-3 的平均值。

半定量 SEM-EDX 结果表明,M9 煤层基质镜质体中有机硫含量为 10.5%(68 个测试点),与工业分析结果一致(表 5.1)。在贵州贵定、广西合山、四川安州武夷煤矿和克罗地亚的 Raša 等地也发现了超高有机硫煤。贵州贵定和广西合山的超高有机硫煤沉积于晚二叠世时期海相碳酸盐序列中。

M9 煤层样品中 C_{daf} 含量(77.79%)和 H_{daf} 含量(2.96%)远低于中国半无烟煤中 C_{daf} 含

量(88%~92.7%)和 H_{daf} 含量(4.0%~4.7%)(Chen，2001)。M9 煤层中 C_{daf} 含量低是煤中高含量的有机硫所致。M9 半无烟煤中 $O+S_{daf}$ 的含量高达 18.58%，而中国半无烟煤中其含量仅为 2%~5%(Chen，2001)。

第三节 煤的矿物学特征

煤中普遍存在的主要矿物有黏土矿物(主要为高岭石)、硫化物矿物(主要为黄铁矿)、石英、方解石(任德贻，1996；Ward，2002)。在煤中还发现了其他少量至微量的矿物(Goodarzi et al.，1985；Harvey and Ruch，1986；Hower et al.，1987；Ward，1989；Finkelman，1993；Vassilev et al.，1994；Querol et al.，1997；Rao and Walsh，1997；Li et al.，2001；Ward et al.，2001；Ward，2002；Hower and Robertson，2003；Sun et al.，2007；Dai and Chou，2007；Dai et al.，2008b)。在低温灰和高温灰中均发现了长石(Ward，2002)，但其在煤中很少见(Bouška et al.，2000)。

经光学显微镜观察和 SEM-EDX 检测表明，M9 煤层中的矿物主要是碱性长石(透长石和钠长石)、同质异晶体高温石英(β 石英)、白云母、伊利石、黄铁矿、少量斜长石、镁黄长石、金红石、锐钛矿和片钠铝石。相比之下，M7 煤层中的矿物主要包括高岭石、黄铁矿、石英和少量方解石。低温灰的 X 射线衍射结果证实了对矿物的鉴定(表 5.2)。

表 5.2 XRD 鉴定 YS9-3-1、YS9-3-2 和 YS9-3-3 低温灰样品中的矿物

样品	鉴定出的矿物
YS9-3-1	石英、黄铁矿、白云母、锐钛矿、伊利石、透长石
YS9-3-2	石英、黄铁矿、白云母、镁黄长石、金红石、伊利石、透长石
YS9-3-3	石英、黄铁矿、白云母、伊利石、透长石

一、黄铁矿

M9 和 M7 煤层中的黄铁矿以独立的自形晶体[图 5.2(a)]和基质镜质体中的莓球状[图 5.2(b)]产出，表明这两层煤中黄铁矿是同生成因(Kostova et al.，1996；Chou，1997a；Dai et al.，2002)，是由硫酸盐还原细菌还原 SO_4^{2-} 产生的 H_2S 与泥炭沼泽中的亚铁离子反应生成的。大多数 M9 煤层中黄铁矿颗粒尺寸不到 $20\mu m$(图 5.2)。

二、高温石英

M9 煤层中高温石英在剖面垂直于 c 轴切割时呈现出正六角形晶体[图 5.3(a)~(c)]，大部分颗粒的大小不到 $10\mu m$，很少超过 $20\mu m$。部分石英颗粒的边缘和棱柱面有轻微的腐蚀[图 5.2(b)，图 5.3(d)、(e)]，M9 煤层中石英的正六角形晶体表明它们来源于火山。除了高温石英外，还有少量自生成因的石英充填了 M9 煤层成煤植物的胞腔[图 5.3(f)]。相比之下，M7 煤层中的石英颗粒呈圆形，表明其为沉积成因。

三、透长石

M9 煤层中较高含量的透长石发育良好晶形[图 5.4(a)]，且粒径较小，粒径通常小于 10μm。许多透长石晶体被腐蚀，一些是残留的模糊的框架[图 5.4(b)]或不规则的边界的碎片[图 5.4(c)]；另一些严重腐蚀的透长石的内部有时被钠长石[图 5.4(c)]或片钠铝石[图 5.4(d)]替代。

图 5.2 M9 煤层中黄铁矿的赋存状态

(a)基质镜质体中细粒自形黄铁矿晶体；(b)莓球状黄铁矿以及高温石英；Pyrite-黄铁矿；Quartz-石英

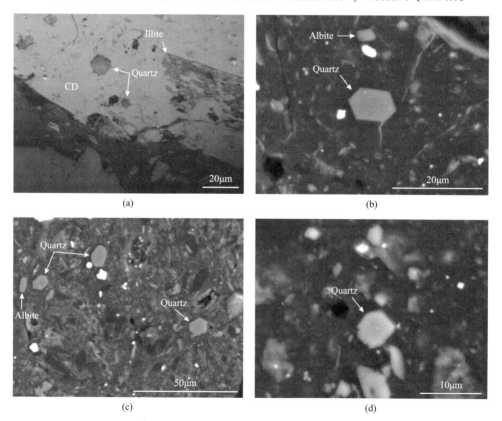

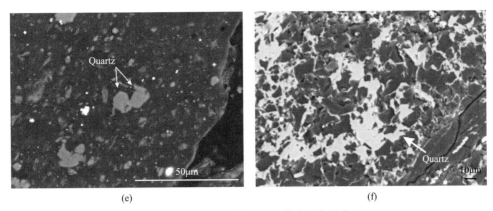

(e)   (f)

图 5.3 M9 煤层中石英的赋存状态

(a)基质镜质体中呈现六边形界面的高温石英(反射光);(b)基质镜质体中晶面发育的高温石英(扫描电镜背散射电
子图像);(c)基质镜质体中晶型发育的高温石英(扫描电镜背散射电子图像);(d)基质镜质体中没有棱面的被腐蚀的高温
石英;(e)基质镜质体中被腐蚀的高温石英;(f)充填丝质体胞腔的自形石英;Quartz-石英;Albite-钠长石;Illite-伊利石;
CD-基质镜质体

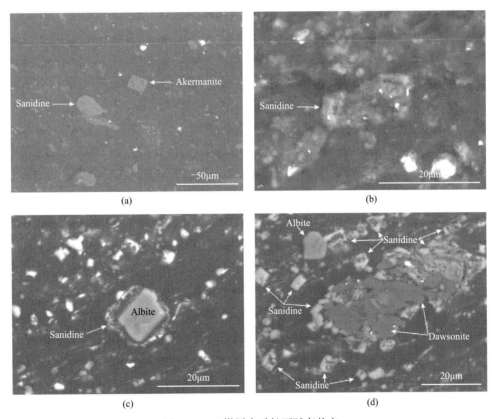

(a)   (b)

(c)   (d)

图 5.4 M9 煤层中透长石赋存状态

(a)基质镜质体中的透长石和镁黄长石(扫描电镜背散射电子图像);(b)具有模糊边缘的被侵蚀的透长石(扫描电镜背散射
电子图像);(c)充填在被严重侵蚀的透长石内部的发育良好的钠长石晶体;(d)片钠铝石和被侵蚀的透长石(扫描电镜背散
射电子图像);Sanidine-透长石;Dawsonite-片钠铝石;Albite-钠长石;Akermanite-镁黄长石

四、钠长石

尽管一些钠长石也被腐蚀，但是 M9 煤层中的钠长石比透长石保存得好。在煤中发现了钠长石双晶[图 5.5(a)、(b)]。一些钠长石填充在被腐蚀的透长石的内部[图 5.4(c)]。

五、伊利石

伊利石呈不规则、块状[图 5.3(a)]、条状、絮凝状(图 5.6)或浸染状分布于基质镜质体中。

六、云母

云母以条带状在基质镜质体中产出(图 5.7)。

此外，M9 煤层含有少量斜长石、镁黄长石[图 5.4(a)]、金红石、锐钛矿和基质镜质体中的高岭石。

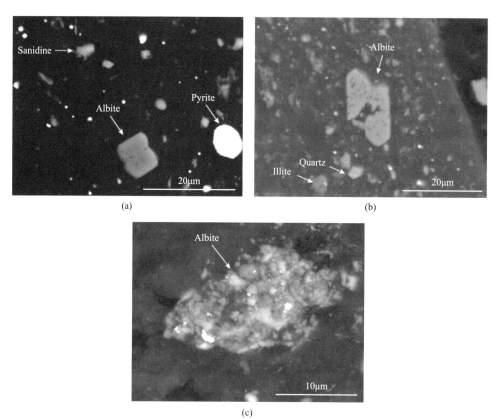

(a)　　　　　　　　　　　　　　　　　(b)

(c)

图 5.5　M9 煤层中的钠长石

(a)煤中钠长石双晶(扫描电镜背散射电子图像)；(b)被侵蚀的钠长石双晶(扫描电镜背散射电子图像)；(c)严重腐蚀的钠长石(扫描电镜背散射电子图像)；Pyrite-黄铁矿；Illite-伊利石；Albite-钠长石；Quartz-石英；Sanidine-透长石

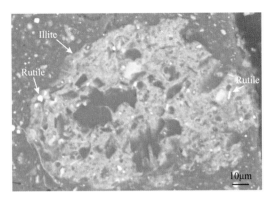

图 5.6　絮凝状结构的伊利石（扫描电镜背散射电子像）

Illite-伊利石；Rutile-金红石

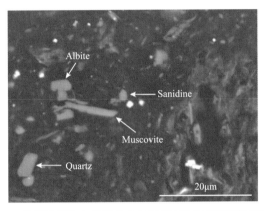

图 5.7　基质镜质体中的板状白云母（扫描电镜背散射电子像）

Albite-钠长石；Sanidine-透长石；Quartz-石英；Muscovite-白云母

然而在贵州贵定(雷加锦等，1994)和广西合山(Shao et al.，2003)的超高有机硫煤中未发现高温石英、透长石和钠长石。

第四节　煤的地球化学特征

表 5.3 列出了 M9 和 M7 煤层样品中常量元素氧化物和微量元素的含量。表 5.3 中还列出了中国煤和世界范围内烟煤和无烟煤的平均元素含量以供比较(Yudovich and Ketris，2005c；任德贻等，2006；Yudovich and Ketris，2006b；Dai et al.，2008a)。

表 5.3　砚山煤田样品中元素含量

元素	YS9-1	YS9-2	YS9-3-1	YS9-3-2	YS9-3-3	YS9-3	YG9-4	M9 煤层平均值	M7 煤层	中国煤	世界煤
Al_2O_3	8.12	7.85	7.62	8.06	8.37	8.02	3.66	6.91	7.21	6.11	nd
SiO_2	17.4	14.6	16.6	16.3	18.5	17.1	12.5	15.4	8.42	8.5	nd
CaO	0.56	0.45	0.36	0.51	0.45	0.44	1.93	0.85	0.92	1.4	nd
K_2O	1.84	1.75	1.39	1.74	2.01	1.71	1.13	1.61	0.38	0.21	nd
TiO_2	0.42	0.38	0.33	0.46	0.44	0.41	0.2	0.35	0.27	0.37	0.15

续表

元素	YS9-1	YS9-2	YS9-3-1	YS9-3-2	YS9-3-3	YS9-3	YG9-4	M9 煤层平均值	M7 煤层	中国煤	世界煤
Fe_2O_3	3.24	3.18	3.08	2.74	3.31	3.04	1.66	2.78	3.24	5.78	nd
MgO	0.58	0.49	0.47	0.48	0.54	0.50	0.62	0.55	0.38	0.25	nd
Na_2O	0.18	0.16	0.07	0.14	0.11	0.11	0.17	0.15	0.11	0.18	nd
P_2O_5	0.023	0.02	0.022	0.024	0.023	0.02	nd	0.02	0.032	0.094	0.062
Li	22.6	19.7	17.4	29.8	27	24.7	nd	22.3	133	31.8	14
Be	1.85	1.62	1.65	2.46	1.92	2.01	nd	1.83	1.57	2.13	2
B	284	248	225	195	231	217	323	268	158	53	44
F	856	789	927	772	933	877	nd	841	274	130	84
Cl	356	452	454	657	432	514	148	368	268	264	340
Sc	6.58	7.47	7.29	7.89	7.91	7.7	4.27	6.50	8.77	4.72	3.7
V	568	482	397	362	439	399	818	567	113	35.0	29
Cr	356	285	223	220	273	239	435	329	76.5	15.4	17
Mn	42.5	51.6	53.3	31.2	43.2	42.6	31	41.9	28.7	124	70
Co	4.25	4.36	4.21	3.7	4.56	4.16	5.04	4.45	6.28	7.07	6
Ni	77.4	62.3	66	60.3	67.1	64.5	91.3	73.9	12.6	13.7	16
Cu	30.5	25.6	27.8	26.9	29.1	27.9	nd	28	13.4	18.4	17
Zn	60.4	58.6	67.3	56.5	59.8	61.2	nd	60.1	26.2	42.1	29
Ga	6.55	10.2	13.1	15.7	14.7	14.5	4	8.81	12.1	6.64	6
Ge	0.46	0.25	0.29	0.3	0.39	0.33	nd	0.35	0.26	2.96	2.4
As	8.56	5.64	8.25	5.55	6.74	6.85	15.5	9.14	4.77	3.79	9
Se	25.6	14.6	4.29	3.8	4.09	4.06	56.7	25.2	1.56	2.47	1.4
Br	nd	nd	nd	nd	nd	nd	2.94	2.94	nd	12.8	6
Rb	24.6	21.8	25.1	31.4	31.8	29.4	17.8	23.4	9.9	9.24	18
Sr	114	85.5	58.5	112	88.5	86.3	60	86.5	99	140.	100
Y	66.7	54.8	54.5	66	57.6	59.4	nd	60.3	43.1	18.2	8.2
Zr	264	251	275	257	260	264	270	262	253	89.3	36
Nb	21.5	18.7	18.6	20.2	21.5	20.1	nd	20.1	17.4	9.47	4
Mo	223	185	161	167	176	168	241	204	56.9	3.19	2
Ag	0.42	0.39	0.43	0.45	0.45	0.44	0.3	0.39	0.32	0.21	0.1
Cd	2.26	1.85	2.25	1.99	2.1	2.11	nd	2.07	0.474	0.25	0.2
Sn	5.41	5.64	4.45	4.75	5.91	5.04	nd	5.36	2.95	2.11	1.4
Sb	0.85	0.91	1.15	0.7	0.89	0.91	2.28	1.24	0.9	0.84	1
Cs	8.41	6.24	6.61	9.03	9.37	8.34	1.89	6.22	0.82	1.13	1.1
Ba	84.2	70.2	68.8	101	82.1	84	65.6	76	89.1	159.	150
La	30.4	27.6	27	29.6	34.7	30.4	26.8	28.8	40.9	25.78	11
Ce	59.2	53.9	53.2	58.5	69.5	60.4	54.6	57	78.5	49.1	23
Pr	7.12	6.9	6.82	7.09	8.31	7.41	5.59	7.14	8.27	5.47	3.4
Nd	28.5	27.1	26.6	28	33	29.2	21	26.5	28.7	21.5	12
Sm	6.68	6.56	6.54	6.64	7.63	6.94	4.62	6.2	5.18	4.3	2.2

元素	YS9-1	YS9-2	YS9-3-1	YS9-3-2	YS9-3-3	YS9-3	YG9-4	M9 煤层平均值	M7 煤层	中国煤	世界煤
Eu	1.07	0.91	0.89	1.02	1.12	1.01	0.66	0.91	0.94	0.87	0.43
Gd	7.29	6.62	6.58	7.26	7.76	7.20	3.91	7.04	5.31	3.7	2.7
Tb	1.34	1.21	1.17	1.3	1.3	1.26	0.81	1.15	0.94	0.67	0.31
Dy	8.81	7.96	7.92	8.79	8.5	8.4	4.74	8.39	6.69	3.13	2.1
Ho	1.96	1.74	1.7	1.94	1.79	1.81	1.05	1.84	1.52	0.65	0.57
Er	5.99	5.35	5.05	5.94	5.38	5.46	2.83	4.52	4.61	1.86	1
Tm	0.89	0.8	0.76	0.88	0.78	0.81	0.42	0.83	0.71	0.27	0.31
Yb	5.6	4.98	4.96	5.57	5.03	5.19	2.22	4.5	4.43	2.12	1
Lu	0.88	0.75	0.72	0.84	0.7	0.75	0.37	0.69	0.65	0.3	0.2
Hf	4.25	4.12	4.51	4.51	4.27	4.43	1.9	3.68	4.4	3.82	1.2
Ta	1.12	0.95	0.93	1.08	1.25	1.09	0.46	0.90	1.29	0.66	0.3
W	3.24	2.85	3.12	4.13	3.64	3.63	1.51	2.81	3.45	1.04	0.99
Re	0.26	0.31	0.32	0.27	0.44	0.34	nd	0.3	<0.001	<0.001	nd
Au	0.051	0.042	0.054	0.06	0.064	0.06	0.003	0.04	0.082	0.028	0.0044
Hg	0.12	0.11	0.1	0.12	0.11	0.11	nd	0.11	0.17	0.19	0.1
Tl	2.28	1.75	2.33	1.94	1.88	2.05	nd	2.03	0.31	0.47	0.6
Pb	21.3	18.6	20.2	17.4	16.6	18.1	nd	19.3	21.7	15.4	9
Bi	0.43	0.38	0.38	0.46	0.46	0.43	nd	0.42	0.33	0.78	1.1
Th	11.4	8.5	12.5	12.6	10.8	12	5.1	9.2	10	5.8	3.1
U	167	145	111	133	123	122	178	153	20.5	2.4	1.9

注：中国煤数据引自 Dai 等（2008a）和任德贻等（2006）；世界煤中元素平均值数据引自 Yudovich 和 Ketris（2005c，2006b）；YS9-3 表示 YS9-3-1、YS9-3-2、YS9-3-3 的平均值；nd 表示未检测到；常量元素氧化物单位为%，微量元素单位为μg/g，Hg 的单位为 ng/g。

在常量元素中，M9 煤层中的 SiO_2 和 K_2O 含量明显高于中国普通煤，因为 M9 煤层中石英、碱性长石、伊利石和透长石的含量远高于后者。M9 煤层中其他常量元素的含量与中国普通煤相近。

与普通的中国煤和世界煤相比，M9 煤层中明显富集 B（268μg/g）、F（841μg/g）、V（567μg/g）、Cr（329μg/g）、Ni（73.9μg/g）、Mo（204μg/g）和 U（153μg/g）（表 5.3）。此外，M9 煤层中也富集元素 Se（25.2μg/g）、Zr（262μg/g）、Nb（20.1μg/g）、Cd（2.07μg/g）和 Tl（2.03μg/g）。M9 煤层中 V、Cr、Mo、U 的含量分别是中国普通煤的 16.2 倍、21.4 倍、63.9 倍、63.8 倍。Finkelman（1993）曾指出这四种微量元素在美国煤中的平均浓度分别是 22μg/g、15μg/g、3.3μg/g 和 2.1μg/g。

煤中元素 V、Cr、Ni、Mo 和 U 可能与黏土矿物和有机质有关（Finkelman，1994；Swaine，2000）。此外，煤中的 Ni 和 Mo 可能出现在黄铁矿中（Bouška et al.，2000）。一些含 Cr 和 U 的痕量矿物（如铬铁矿和铀石）在煤中被发现（Bouška，1981；Bouška et al.，2000）。

SEM-EDX 分析和逐级化学提取实验结果表明，M9 煤层中 V、Cr、Mo、U 和 Ni 元素不仅存在于硅酸盐矿物中，而且存在于有机质中（表 5.4，表 5.5）。这五种元素的非水溶性、离子交换性和碳酸盐岩结合性都很低（表 5.5）。通过光学显微镜、SEM-EDX 分析和 X 射线衍射分析，M9 煤层中未发现含 V、Cr、U、Ni 等矿物。

表 5.4　有机质和矿物中 V、Cr、Mo、U、Ni 的含量（扫描电镜半定量结果）

矿物/有机质	测试点数	V/(μg/g)	Cr/(μg/g)	Mo/(μg/g)	U/(μg/g)	Ni/(μg/g)
有机质	68	500	400	200	300	100
透长石	28	200	300	400	200	bdl
钠长石	19	400	200	800	100	100
伊利石	21	600	300	200	bdl	bdl
高岭石	8	300	800	bdl	bdl	bdl
石英	18	bdl	bdl	bdl	100	bdl

注：bdl 表示低于检测限。

表 5.5　煤中五种元素逐级化学提取结果　　　　　　　　（单位：μg/g）

状态	V	Cr	Mo	U	Ni
水溶态	2.8	bdl	1.2	bdl	2.1
离子交换态	5.7	bdl	2.5	1.2	1.6
碳酸盐岩结合态	3.7	5.7	5.0	bdl	3.5
有机质结合态	546	348	158	157	81
硅酸盐结合态	585	355	221	185	74
硫化物结合态	33	64	59	12	22

注：bdl 表示低于检测限。

Nicholls（1968）总结出硼与煤中的有机组分密切相关。Finkelman（1981，1994）认为硼主要与有机质有关，在伊利石和电气石中含量较少。硼在三个样品 YS9-3-1、YS9-3-2 和 YS9-3-3 的高温灰（815℃）中的含量分别是 58μg/g、42μg/g 和 64μg/g，低于原始煤样中的含量（225μg/g、195μg/g 和 231μg/g），表明大部分硼在煤灰化过程中丢失，因为硼是一种高度挥发性元素。M9 和 M7 煤层中的高硼含量（分别为 268μg/g 和 158μg/g）与在微咸环境中形成的煤中的硼含量相当。Goodarzi 和 Swaine（1994）提出，形成于淡水、半咸水和咸水环境中的煤中硼含量分别为 <50μg/g、50～110μg/g 和 >110μg/g。

煤中的氟不仅与矿物质有关，如云母、黏土、磷灰石、萤石和电气石（Godbeer and Swaine，1987；Finkelman，1994），而且还与有机质有关（Bouška et al.，2000）。Dai 等（2008a）通过研究指出，内蒙古哈尔乌素露天煤矿的煤中高含量的氟（286μg/g）同时存在于勃姆石和有机物中。YS9-3-1、YS9-3-2 和 YS9-3-3 的高温灰样品中氟含量分别为 756μg/g、854μg/g 和 826μg/g，表明氟存在于有机质和矿物质中。

第五节 小 结

一、煤中含有火山灰成分的矿物学证据

β石英通常存在于高岭石火山灰蚀变黏土岩夹矸(tonstein)中,这些tonstein源于煤层中同生酸性或中酸性火山灰的原位蚀变(Bohor and Triplehorn,1993;Ward,2002)。通过低温灰化从煤中分离出石英的自形晶体。如在不同的煤矿床中所述,晶体通常具有双末端双锥体形式(Baker,1946;Ward,1992;Sykes and Lindqvist,1993)。

我们发现,M9煤层中的大多数石英晶体都具有β石英形式[图5.3(a)~(e)]。β石英和透长石是典型的高温矿物。矿物的赋存模式和β石英-透长石-白云母的矿物组合表明这些矿物来源于泥炭堆积过程中的酸性火山灰。这些矿物的粒径通常小于10μm,并且均匀地分布在有机质中,这表明火山喷发距离泥炭沼泽很远,火山灰的数量太少而无法在煤层中形成tonstein层。这解释了为什么在M9或M7煤层中均未发现tonstein。砚山煤田位于Zhou等(1982)概述的tonstein地区之外;在概述的区域内,二叠纪晚期火山活动很激烈,tonstein广泛分布。

伊利石是煤中常见的黏土矿物,通常由碎屑物质、盆地流体和火山灰形成(Ward,2002)。在煤的早期成岩过程中,M9煤层的泥炭沼泽中输入的酸性火山玻璃被蚀变为高岭石。在成岩过程中,大多数高岭石在碱性条件下进一步转变为伊利石。伊利石的絮凝状结构(图5.6)与其来自火山灰的起源是一致的。周义平和任友谅(1983)、Burger等(1990)的研究指出,黏土矿物(高岭石和伊利石)的比例与变质程度之间存在密切的关系,即高岭石在黏土矿物中的比例在烟煤中占主导地位,伊利石在黏土矿物中的比例在无烟煤中占主导地位。

Zhou等(2000)和Dai等(2007)的研究指出,在中国西南地区晚二叠世早期,火山灰为碱性,而在晚二叠世中后期火山灰为酸性。M9煤层产生在二叠纪末吴家坪组的中部。砚山煤中火山灰成分的化学组成和矿物组成与中国西南地区晚二叠世中晚期的酸性tonstein相似。

二、M9煤层中钠长石和片钠铝石的来源

一般来说,长石(如钾长石、钠长石和钙长石)和白云母在普通煤中很少见,它们大多是陆源碎屑矿物(Kemezys and Taylor,1964;Ruppert et al.,1991;Bouška et al.,2000;Ward,2002)。但是,M9煤层中的长石是非碎屑成因的。图5.4(c)表明,透长石比钠长石形成得早。钠长石的赋存模式表明它不是来源于沉积物源区。这种煤中的钠长石可能是热液来源,并沉淀在被腐蚀的透长石内。M9煤层中的透长石和高温石英来源于火山灰,而钠长石则是从热液中沉积而来的,这表明它可能与海底喷流有关。

虽然Loughnan和Goldberg(1972)在澳大利亚悉尼盆地的Singleton煤系中的煤心中发现了片钠铝石,但很少有人报道过煤中的片钠铝石(Kural,1994;Ward,2002;唐修义和黄文辉,2004)。片钠铝石通常在热液环境中形成(Stevenson and Stevenson,1965,

1978；Coveney and Kelly，1971)。图 5.4(d) 显示，片钠铝石替代了透长石，表明早期形成的透长石与富钠、铝和碳酸根离子的碱性水热流体发生了反应(高玉巧和刘立，2007)。M9 煤层中片钠铝石的出现证明了泥炭沼泽中有海底喷流的输入，排除了可能的碎屑成因，原因是片钠铝石的出现表明没有水从沉积物源区运出的迹象。

三、煤中富集的微量元素

尽管 M9 煤层中的 Fe_2O_3 含量(2.78%)低于中国煤(5.78%)，但由于其黄铁矿硫含量较低(0.78%)，故 Fe_2O_3 的含量被认为有些高。普通煤中的铁源自碎屑物质(任德贻等，2006)。但是，对于砚山煤来说，受火山衍生流体的影响，除了海水和沉积物源区外，煤中的铁还可能部分来自于海底喷流。

M9 煤层中元素 V、Mo 和 U 的富集与在海相碳酸盐岩层序中出现的其他晚二叠世煤相似，如贵州贵定煤和紫云煤以及广西合山煤(表 5.6)。此外，这些煤中微量元素富集的模式与早期寒武纪黑色页岩(包括石煤)中的元素富集模式相似。有几个因素会影响元素富集：它们全都在海洋环境中的低氧条件下沉积，大部分元素可能来自海水；生物活动可能在微量元素富集过程中发挥了重要作用；与海底喷流有关的热液可能是这些富集元素的另一个来源。

表 5.6　中国贵州贵定煤、紫云煤，广西合山煤和云南砚山煤中 V、Cr、Mo、U 和 Ni 的含量　(单位: μg/g)

元素	V	Cr	Mo	U	Ni
贵州贵定煤	264	59	141	106	50.3
贵州紫云煤	1290	943	153	200	85
广西合山煤	326	192	124	72	39
云南砚山煤	567	329	204	153	74

四、输入到泥炭沼泽中的海底喷流

虽然西南地区许多晚二叠世煤田以康滇古陆为主要沉积源区(中国煤炭地质总局，1996)，但砚山煤田并非如此。相反，该盆地南部的越北古陆是砚山煤田的沉积源区。该地区以酸性流纹岩为主(李东旭和许顺山，2000；Chen et al.，2003)，其中 V、Ni、Mo 和 Cr 的含量低于超基性和基性岩石(Vinogradov，1962)。尽管酸性岩石比超基性和基性岩石中的铀含量要高，但酸性岩石中的铀含量仍然很低，仅为 3.5μg/g(Vinogradov，1962)。因此，酸性岩石不能成为 M9 煤层中 U(153μg/g)的重要来源。此外，越北古陆也是 U 和 Ni 含量较低的 M7 煤层的沉积物源区。这表明 M9 煤层中高含量的 V、Ni、Mo、Cr 和 U 并非来自沉积物源区。然而，火山灰成分的数量太少而无法大量贡献这些元素。

砚山煤田 M9 煤层中 V、Cr、Ni、Mo 和 U 的富集归因于海底喷流。海底喷流中含有 F、S、V、Cr、Ni 和 Mo。U 可能来自基性和超基性岩浆或在缺氧条件下的海水。充满海水的海底喷流使这些元素穿过深层断层，然后侵入局限碳酸盐岩平台上发育的泥炭沼泽。Bao 和 Zhang(1998)提出，海底喷流可能会提供大量的 U。

Lewan 和 Maynard(1982)指出，在缺氧环境中形成的有机物的 V/(V+Ni)大于 0.5，而在氧化环境中形成的有机物的 V/(V+Ni)小于 0.4。M9 煤层中有机质的 V/(V+Ni)为 0.89，证明成煤环境为缺氧环境。M9 煤层中的 U/Th 高达 8.9～34.9。由 U-Th 关系(图 5.8)可知，所有 M9 煤样的 U/Th 均在 1～100 内。高 U/Th 值表明煤受热液影响较大(Bostrom et al.，1973；Bostrom，1983；吴朝东等，1999)。

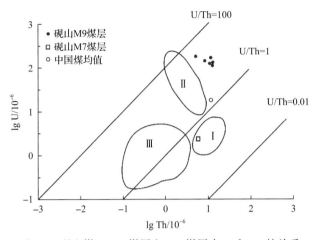

图 5.8　砚山煤田 M9 煤层和 M7 煤层中 U 和 Th 的关系

Ⅰ-与正常海洋沉积物相比较；Ⅱ-与太平洋隆起沉积物相比较；Ⅲ-与受古热液作用影响的沉积物相比较

Wignall(1994)认为自生铀是沉积环境的一个指标。自生铀(U_a)的计算公式为 $U_a=U_{Total}-Th/3$。M9 煤层的 U_a 值为 107～176μg/g，M7 煤层的 U_a 值是 17μg/g。结果表明，M9 煤层赋存于铀富集的富铀环境中。M7 煤层赋存于缺氧环境中，氧含量略高于 M9 煤层。此外，在 Cronan 的 Zn-Ni-Co 三元图(图 5.9)中，M9 煤层中的 Zn、Ni、Co 组成均位于热液沉积区(图 5.9；叶杰和范德廉，1994)。

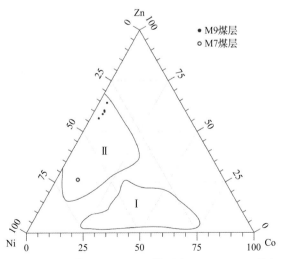

图 5.9　砚山煤田 M9 和 M7 煤层中 Zn-Ni-Co 三元图

Ⅰ-与深海锰结核相比较；Ⅱ-与海底热液的沉积物相比较

　　碳酸盐岩层序中保存的 M9 煤层中的大部分硫可能受海底喷流的影响进入泥炭沼泽，然后均匀分布在有机质中。并非所有的硫都像雷加锦等(1994)和 Shao 等(2003)所建议的那样来自海水。高含量的硫在正常硫酸盐还原的可能范围之内(Rickard，1973)，砚山 M9 煤层的地质环境靠近大海。煤中可能有相当数量的有机硫来自海水。但 M9 煤层是在局限碳酸盐岩平台上形成的，如果不补充新鲜海水，硫的形成将受到限制。此外，古海水中 SO_4^{2-} 的浓度在一定范围内。显生宙海水中 SO_4^{2-} 含量在 5～27.6mmol/kg (Lowenstein et al.，2003；Strauss，2004)。除了海水外，海底喷流也可能导致煤中硫含量增加。

　　煤中某些元素的富集表明其可能受到海底火山喷发的影响。但砚山煤由于泥炭沼泽缺氧和富有机质条件，其微量元素形态与正常海底热液沉积不相似。这表现为 B、F、V、Cr、Ni、Mo 和 U 的富集。

　　M9 煤层中元素和矿物的富集和组合表明，海底热液是基性火山作用的产物，可能是玄武岩作用。但是，这不能与煤中来自酸性火山活动的火山灰成分混淆。区域地质环境如发育良好的深断裂，是玄武岩火山作用伴生热液的有利通道(中国煤炭地质总局，1996)。

五、沉积物源区的性质

　　沉积源区是煤中亲石元素的重要来源。M9 煤层(129～185μg/g，平均值 158μg/g)和 M7 煤层(187μg/g)的 REE 总含量高于中国普通煤(120μg/g)，明显高于世界煤平均值(60.2μg/g)(表 5.3，表 5.7)。两种煤中稀土元素含量高，反映出灰分相对较高，但有时稀土元素与某些煤中的有机质存在一定的联系(Dai et al.，2008a)。M9 和 M7 煤层经球粒陨石标准化后稀土元素分布(表 5.7，图 5.10)与酸性火山岩相似，Eu 异常明显，稀土元素含量较高(邵辉等，2007)。M7 和 M9 煤层中的 REE 分布模式基本上反映了沉积物源区(越北古陆)的性质，其中越北古陆是两种煤中矿物质的主要来源。此外，M9 煤层的 δEu 低于 M7 煤层以及中国煤和世界煤(表 5.7)，表明除了从沉积物源区提供碎屑物质外，还有更多的火山岩物质进入 M9 煤层的泥炭沼泽。与 M7 煤层相比，输入 M9 煤层的海底喷流可能导致较低的 LREE/HREE 和 $(La/Yb)_N$。

表 5.7　砚山煤田稀土元素参数

样品	LREE/(μg/g)	HREE/(μg/g)	REE/(μg/g)	LREE/HREE	δCe	δEu	$(La/Yb)_N$
YS9-1	133	33	166	4.03	0.82	0.52	3.22
YS9-2	123	29	152	4.24	0.80	0.46	3.29
YS9-3-1	121	29	150	4.17	0.80	0.45	3.23
YS9-3-2	131	33	164	3.97	0.82	0.49	3.16
YS9-3-3	154	31	185	4.97	0.83	0.49	4.10
YG9-4	113	16	129	7.06	0.89	0.51	7.17
M7	162	25	187	6.48	0.85	0.60	8.17
中国煤	107	13	120	8.23	0.83	0.71	15.6
世界煤	52	8.2	60.2	6.34	0.78	0.60	23.5

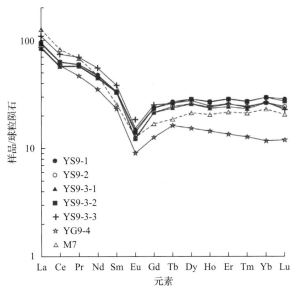

图 5.10　砚山煤田 M9 和 M7 煤层中稀土元素配分模式图

在 Nb/Y 与 Zr/TiO$_2$ 的关系图中(图 5.11),M9 和 M7 煤层中的矿物质都在流纹岩区域,这表明这两种煤中的 Nb、Y、Zr 和 TiO$_2$ 主要来源于越北古陆。

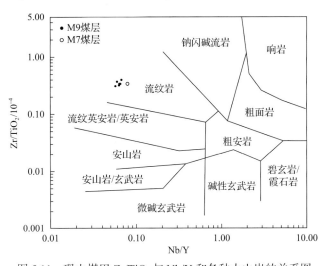

图 5.11　砚山煤田 Zr/TiO$_2$ 与 Nb/Y 和各种火山岩的关系图

六、细菌和藻类对硫和金属富集的作用

贵州贵定煤被富含藻类的石灰岩覆盖,含有较高的有机硫(8%~10%)。煤中的化学成分主要是富氢的镜质体。虽然镜质组反射率高达 1.81%,但在荧光显微镜下可以观察到暗橙色镜质体和浅绿色荧光结构藻类体。此外,在光学显微镜下还发现了大量的吡啶化硫细菌和硫酸盐还原细菌。在煤层的顶部和底部发现了钙质藻类和钙质球体的碎片(图 5.12)。在透射电子显微镜下对 M9 煤层中的一些超微类脂体(图 5.13)进行了 X 射

线衍射检测。贵州贵定煤和砚山煤的岩石学研究表明，细菌和藻类对硫和金属的富集可能起重要作用。然而，在海相碳酸盐岩序列中保存的煤中，细菌和藻类不能提供如此高的有机硫和金属。砚山 M9 煤层中 $\delta13C$(PDB)值的范围(−23.7‰～22.8‰)和低氮含量(0.67%～0.69%)表明其是腐植煤，主要的成煤物质是高等植物而不是细菌和藻类。细菌和藻类在有机硫和金属富集过程中可能发挥的作用是将硫酸盐转化为 H_2S，改变 pH 和 Eh，使其向有利于元素沉积的环境转变。

图 5.12　贵州贵定煤中的钙质球体

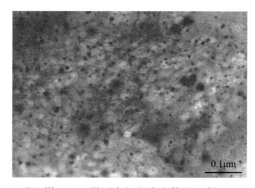

图 5.13　砚山煤田 M9 煤层中超微类脂体的透射电子显微图像

第六章　广西扶绥煤型铀矿床

第一节　地　质　背　景

扶绥煤田位于中国南方广西壮族自治区扶绥县。目前开采的矿井有东罗矿、五连矿、1号、2号、3号、4号、5号、6号、7号矿(图6.1)。

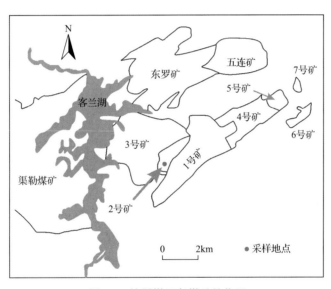

图6.1　扶绥煤田各煤矿的位置

扶绥煤田的地层(图6.2)包括下二叠统茅口组、上二叠统合山组和长兴组、下三叠统罗楼组及第四纪沉积。茅口组主要由石灰岩组成。合山组不整合于茅口组之上。合山组是本区的主要含煤层段,岩性包括石灰岩、泥岩、黏土质灰岩、煤、砾岩(图6.2)。长兴组由石灰岩、燧石结核、薄煤层组成。罗楼组主要由石灰岩组成。

扶绥煤田的主采煤层是合山组的1号煤层(图6.2),煤层厚度为0~5.2m,平均厚度为1.8m。1号煤层顶板(1-R)含少量碳酸盐矿物,并且具有中等程度硫化物矿化作用;铝土层的底板(1-F)则含有大量的硫化物矿物。

尽管扶绥煤田距合山煤田较近,但这两个煤田的含煤地层形成于不同的沉积环境。扶绥煤田中茅口组、合山组和长兴组均形成于开放碳酸盐岩台地的低水动力条件的潟湖环境(图6.3)(冯增昭等,1994)。合山煤田的含煤地层序列与贵州贵定煤田和云南砚山煤田的情况类似,它们均形成于局限碳酸盐岩台地的潮汐环境。这些局限碳酸盐岩台地煤因受海水(雷加锦等,1994;Shao et al.,2003;Zeng et al.,2005)或热液(Dai et al.,2008c)的影响往往形成超高有机硫煤。

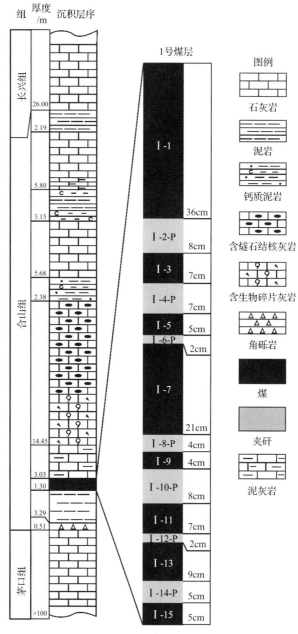

图 6.2　扶绥煤田沉积序列

　　扶绥含煤盆地的沉积物源区是云开古陆(冯增昭等，1994)而不是康滇古陆。后者是中国西南地区大多数晚二叠世含煤盆地的物源区。云开古陆与康滇古陆均形成于晚二叠世早期。云开古陆主要由石炭—二叠纪的酸性岩组成(冯增昭等，1994)。云开古陆是扶绥煤田物源区的证据有以下几个方面(冯增昭等，1994)：①云开古陆的地层缺失龙潭组，只有晚二叠世以前的地层出露；②云开古陆周围龙潭组沉积厚度沿指向古陆的方向锐减；③朝物源方向沉积物粒度增加。

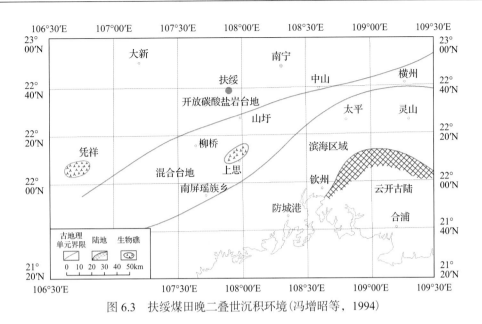

图 6.3　扶绥煤田晚二叠世沉积环境(冯增昭等，1994)

第二节　煤的基本特征

按照 ASTM 分类标准(ASTM，2005)，扶绥煤属于低挥发分烟煤，两个刻槽样品的镜质组反射率分别为 1.56%(C-1)、1.41%(C-2)；挥发分均值为 23.33%(干燥无灰基)。按照《煤炭质量分级　第 1 部分：灰分》(GB/T 15224.1—2018)、《煤炭质量分级　第 2 部分：硫分》(GB/T 15224.2—2021)标准，扶绥煤属于高灰高硫煤(灰分大于 29%的煤为高灰煤；全硫含量大于 3%的煤为高硫煤)。煤中的硫主要是有机硫和黄铁矿硫(表 6.1)。

表 6.1　扶绥煤田 1 号煤分层厚度、工业分析和元素分析、形态硫、总热值

样品类型	样品编号	厚度/cm	M_{ad}/%	A_d/%	V_{daf}/%	C_{daf}/%	H_{daf}/%	N_{daf}/%	$S_{t,d}$/%	$S_{s,d}$/%	$S_{p,d}$/%	$S_{o,d}$/%	$Q_{gr,ad}$/(MJ/kg)
分层样品	1-1	36	1.62	38.83	23.30	79.3	4.25	1.04	4.27	bdl	1.65	2.62	18.80
	1-3	7	2.16	34.79	21.80	81.16	4.36	1.08	3.51	bdl	1.04	2.47	20.71
	1-5	5	2.53	40.15	25.23	75.33	4.19	0.96	7.23	0.23	2.93	4.07	17.52
	1-7	21	1.46	24.94	21.88	81.85	4.08	1.04	5.56	0.34	2.3	2.92	24.55
	1-9	4	1.13	33.63	23.75	77.72	4.27	0.96	8.43	0.52	3.39	4.52	20.91
	1-11	7	1.19	35.33	23.93	77.93	4.12	0.94	6.70	0.29	2.79	3.62	20.36
	1-13	9	1.05	31.29	28.43	79.06	3.94	0.99	8.92	0.19	3.98	4.75	22.07
	1-15	5	0.73	24.53	25.54	82.46	4.01	0.96	9.04	0.72	3.91	4.41	25.27
	B-coal	94	1.52	33.53	23.65	79.77	4.17	1.02	5.72	0.19	2.32	3.21	21.02
刻槽样品	C-1	180	2.30	27.89	23.72	82.99	5.85	1.28	5.41	0.72	2.19	2.50	22.78
	C-2	130	1.13	31.41	22.57	82.48	5.68	1.18	6.49	0.09	3.28	3.12	22.32
FC		404	1.74	30.34	23.33	82.07	5.40	1.19	5.83	0.39	2.57	2.87	22.22

注：M 表示水分；A 表示灰分产率；V 表示挥发分；C 表示碳；H 表示氢；N 表示氮；S_t 表示全硫；S_s 表示硫酸盐硫；S_p 表示黄铁矿硫；S_o 表示有机硫；ad 表示空气干燥基；d 表示干燥基；daf 表示干燥无灰基；$Q_{gr,ad}$ 表示总热值，空气干燥基；B-coal 表示煤分层样品的厚度加权平均值；FC 表示 C-1、C-2 和 B-coal 的厚度加权平均值；bdl 表示低于检出限。

与世界其他地区的超高有机硫煤相比，如斯洛文尼亚 Raša 煤（$S_{o,d}=4\%\sim11\%$）（Damsté et al.，1999）、澳大利亚 Gippsland 煤（Smith and Batts，1974）和 Tangorin 煤（Ward et al.，2007）、中国西南某些煤（雷加锦等，1994；Shao et al.，2003；Dai et al.，2008c），扶绥煤中有机硫含量较低。

第三节　煤岩学特征

扶绥煤的惰质组主要包括碎屑惰质体、半丝质体、粗粒体以及少量的丝质体和微粒体，镜质组主要包括基质镜质体、均质镜质体以及少量结构镜质体、团块镜质体和碎屑镜质体（表 6.2）。

表 6.2　扶绥煤样品的显微组分组成无矿物基　　　　　　　（单位：%）

样品	CD	CT	T	CG	VD	TV	F	SF	ID	Mac	Mic	TI
1-1	49.4	9.4	5.2	0.5	6.5	71.0	1.2	1.5	20.6	4.2	1.5	29.0
1-3	52.9	9.9	5.8	0.7	5.3	74.6	2.9	4.3	12.5	2.6	3.1	25.4
1-5	56.2	11.2	1.3	0.4	2.6	71.7	7.3	3.5	12.3	3.5	1.7	28.3
1-7	60.5	9.8	7.0	1.0	1.3	79.6	1.5	2.0	9.8	2.5	4.5	20.3
1-9	54.0	17.0	3.3	0.2	6.1	80.6	1.2	1.9	12.5	3.3	0.5	19.4
1-11	55.4	13.0	4.1	0.7	3.4	76.6	1.4	2.4	15.2	3.6	0.7	23.3
1-13	52.4	8.9	6.5	1.0	4.6	73.4	1.4	3.1	15.9	3.9	2.2	26.5
1-15	58.0	17.3	2.7	0.2	2.7	80.9	0.7	0.7	13.0	2.7	1.8	18.9
B-coal	53.9	10.6	5.3	0.7	4.4	74.8	1.7	2.1	15.5	3.5	2.3	25.1
C1	63.8	17.9	0.0	0.0	2.1	83.8	0.4	6.3	5.4	4.2	0.0	16.3
C2	61.7	12.8	0.0	0.0	2.6	77.1	0.0	9.7	10.2	3.1	0.0	23.0
FC	60.8	14.6	1.2	0.2	2.8	79.6	0.6	6.4	9.3	3.7	0.5	20.5

注：CD 表示基质镜质体；CT 表示均质镜质体；T 表示结构镜质体；CG 表示团块镜质体；VD 表示碎屑镜质体；TV 表示镜质组总量；F 表示丝质体；SF 表示半丝质体；ID 表示碎屑惰质体；Mac 表示粗粒体；Mic 表示微粒体；TI 表示惰质组总量；B-coal 表示煤分层样品的加权平均值；FC 表示 C1、C2 和 B-coal 的加权平均值；C 表示刻槽样品。

如图 6.4（a）所示，均质镜质体裂隙发育，有时均质镜质体也在黏土矿物中产出［图 6.4 (b)］。基质镜质体则作为基质包裹黏土矿物、黄铁矿、石英和碎屑镜质体［图 6.4（a）、(c)、(d)］。

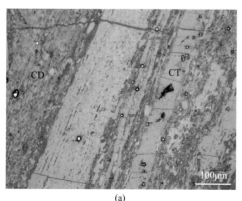
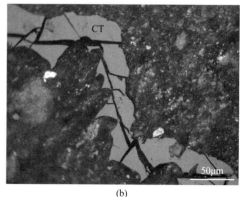

（a）　　　　　　　　　　　　　　　　　　　　　（b）

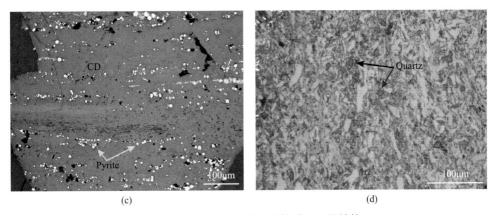

(c) (d)

图 6.4 扶绥煤田 C1 样品中镜质组显微结构

(a)均质镜质体和基质镜质体，反射光；(b)均质镜质体，反射光，油浸；(c)基质镜质体中的黄铁矿和黏土矿物，反射光；(d)基质镜质体中的碎屑惰质体和石英，反射光；CD-基质镜质体；CT-均质镜质体；Quartz-石英；Pyrite-黄铁矿

　　丝质体和半丝质体呈现出成煤植物受氧化作用的特征(图 6.5)。扶绥煤的半丝质体和丝质体胞腔没有完好地保存，常呈降解形式。一些黏土矿物和凝胶体充填半丝质体胞腔[图 6.5(a)、(b)]。由于低挥发分烟煤中壳质组不易识别，本研究中未检测到壳质组。

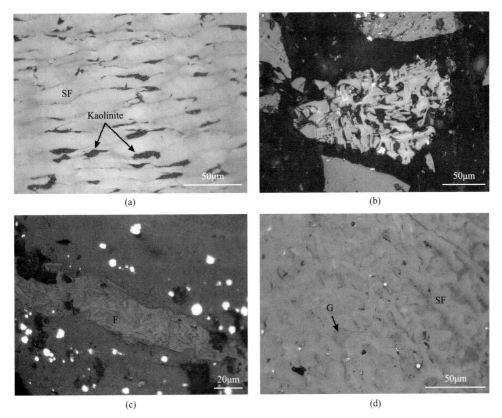

(a) (b)

(c) (d)

图 6.5 扶绥煤田 C1 样品中的惰质组显微组分

(a)填充胞腔的黏土矿物和半丝质体；(b)变形的丝质体，细胞内充满黄铁矿；(c)破碎丝质体的弧形结构和黄铁矿；(d)半丝质体与细胞填充的凝胶体；反射光，油浸；SF-半丝质体；F-丝质体；G-凝胶体；Kaolinite-高岭石

第四节　煤的矿物学特征

一、矿物组成和化学组成对比

　　表 6.3 为通过低温灰、夹矸和围岩的 XRD 分析推算出的煤灰的化学组成。将这些换算的常量元素氧化物的含量与归一化的常量元素氧化物的含量进行对比，如图 6.6 所示，每条曲线上有一对角线用来对比 XRF 分析值和由 XRD 数据推算出的值。图 6.6 中 SiO_2、Al_2O_3、Fe_2O_3 的分布接近对角线，这表明依据 XRD 数据推算的结果与 XRF 分析的结果匹配，并且矿物在剖面的变化趋势与常量元素组成一致。

表 6.3　通过低温灰、夹矸和围岩的 XRD 分析推算出的煤灰的化学组成　　（单位：%）

样品	SiO_2	Al_2O_3	Fe_2O_3	MgO	CaO	Na_2O	K_2O
1-R	50.48	32.34	14.28	0.10	2.20	0.08	0.51
1-1	49.70	37.75	11.10	0.00	0.23	0.00	1.22
1-2-P	51.86	42.84	4.68	0.00	0.46	0.00	0.16
1-3	50.40	39.43	8.32	0.00	0.55	0.00	1.30
1-4-P	52.42	44.03	3.19	0.00	0.31	0.00	0.06
1-5	41.46	34.57	23.48	0.00	0.39	0.00	0.10
1-6-P	52.87	44.32	2.81	0.00	0.00	0.00	0.00
1-7	39.83	33.39	26.19	0.00	0.50	0.00	0.10
1-8-P	50.95	42.58	6.38	0.00	0.00	0.00	0.09
1-9	39.14	32.59	27.77	0.00	0.45	0.00	0.05
1-10-P	52.40	43.92	3.68	0.00	0.00	0.00	0.00
1-11	42.24	35.24	22.13	0.00	0.39	0.00	0.00
1-12-P	49.27	41.35	9.28	0.00	0.00	0.00	0.10
1-13	39.36	32.68	27.57	0.00	0.40	0.00	0.00
1-14-P	51.29	45.66	3.05	0.00	0.00	0.00	0.00
1-15	34.09	29.40	35.36	0.00	0.40	0.00	0.75
1-F	27.00	29.82	43.17	0.00	0.00	0.00	0.00
C1	43.84	36.94	17.48	0.00	0.57	0.00	1.17
C2	44.71	36.96	16.79	0.00	0.29	0.00	1.25

　　注：R 表示煤层顶板；P 表示夹矸；F 表示煤层底板；C 表示刻槽样品；由于四舍五入，各矿物之和可能存在一定的误差。

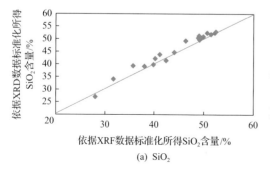

(a) SiO_2

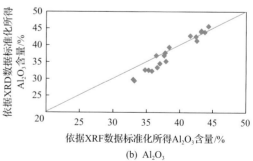

(b) Al_2O_3

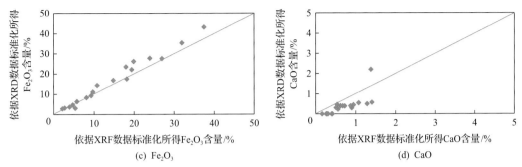

图 6.6　由 XRF 分析得到的归一化氧化物含量与由 XRD 数据推算出的样品
灰样氧化物含量的比较

每个图的对角线表示含量相等

图 6.6 中 CaO 的点靠近对角线，XRF 测试结果高于由 XRD 数据推算的元素含量，这可能是因为某些含 Ca 矿物如石膏或方解石低于 XRD 或 Siroquant 的检测限，因此没有参与计算。

二、矿物的分布和赋存状态

(一)黏土矿物

高岭石是扶绥煤和夹矸中最主要的黏土矿物(表 6.4)。依据形态可以将其划分为两种类型(图 6.7)：Ⅰ型高岭石以粗粒状分布，Ⅱ型高岭石以细粒充填裂隙或丝质体胞腔赋存，或分布在蚀变矿物(如石英、磷灰石、Ti 的氧化物矿物)的边缘。Ⅰ型高岭石可能是陆源碎屑成因的产物，而Ⅱ型高岭石则可能是次生热液成因的产物。在煤层和顶底板接触部分的分层中可见到伊利石和伊/蒙混层矿物，它们在上部分层含量较高。

扶绥煤层夹矸中最主要的矿物是高岭石，这与中国西南地区晚二叠世煤中火山灰蚀变黏土岩夹矸类似(Burger et al.，2002；Dai et al.，2011；Spears，2012)。但扶绥煤层夹矸中并未发现 β 石英或透长石等高温特征矿物，仅有少量陆源碎屑锆石在夹矸中产出。因此，扶绥煤中夹矸仅是普通的陆源碎屑物质沉积而不是火山成因的蚀变火山灰。

(二)石英

除顶板外，煤分层、夹矸和底板中石英的含量较低(表 6.4)。煤分层中石英、高岭石、黄铁矿可以同脉共存[图 6.7(c)]或与黄铁矿同脉[图 6.8(a)]。石英也可存在于基质镜质体中[图 6.4(d)]。夹矸中的石英以网状[图 6.8(b)]或颗粒[图 6.8(c)、(d)]存在于基质镜质体中。

煤分层中基质镜质体或夹矸中高岭石中的石英的分布表明它们是同生碎屑成因。网状[图 6.8(b)]或细脉状[图 6.7(c)]的石英可能是热液沉淀的结果。一些石英被酸性热液流体溶蚀，Ⅱ型热液成因的高岭石沉淀在石英周围或者石英的蚀变空隙内[图 6.8(c)、(d)]。

表 6.4　用 XRD 和 Siroquant 测定的煤样的低温灰灰分产率和煤分层、夹矸、顶板、底板和刻槽样中的矿物组成　　　（单位：%）

样品	低温灰灰分产率	石英	高岭石	伊利石	I/S	黄铁矿	白铁矿	黄钾铁矾	石膏	结晶的FeSO₄(OH)	方解石	勃姆石	硬水铝石	烧石膏	毛矾石
1-R		8.5	60.2		9.3	17.5	0.2		3.0		1.4				
1-1	51.5	3.6	70.9	10.8		4.8	8.9	0.5						0.5	
1-2-P		1.2	91.2			3.6	1.3	1.4	1.2						
1-3	31.8	2.5	74.2	11.2		4.8	5.1	0.9						1.2	
1-4-P		0.5	94.5			2.0	1.7	0.5						0.8	
1-5	51.4	0.6	68.5			12.9	8.4	0.8		8.0				0.8	
1-6-P		0.6	95.8			2.0	1.6								
1-7	32.3	0.4	65.5			11.0	13.1	0.8		8.1				1.0	
1-8-P		0.7	91.0			3.9	3.6	0.8							
1-9	47.7	0.6	64.2			6.4	21.3	0.4		6.2				0.9	
1-10-P		0.6	94.8			3.3	1.4								
1-11	46.4	0.6	70.6			9.8	12.2			6.0				0.8	
1-12-P		0.5	87.6			6.4	4.6	0.9							
1-13	43.3	0.7	64.6			13.2	14.8			6.0				0.8	
1-14-P		0.3	93.3			2.3	1.6						2.4		
1-15	33.9	0.4	49.0	6.4		26.7	11.5			4.0		1.3		0.8	
1-F		0.2	44.0			46.4	3.1					5.2	1.2		
C1	32.7	0.9	64.5	8.9		7.4	8.4	1.4		6.1		0.5	0.8	1.2	
C2	37.6	1.3	63.2	8.9		7.0	11.0	1.9		0.6				0.6	5.5

注：I/S 表示伊蒙混层；R 表示夹层；P 表示夹矸；F 表示煤层底板；C 表示刻槽样品；由于四舍五入，各矿物之和可能存在一定的误差。

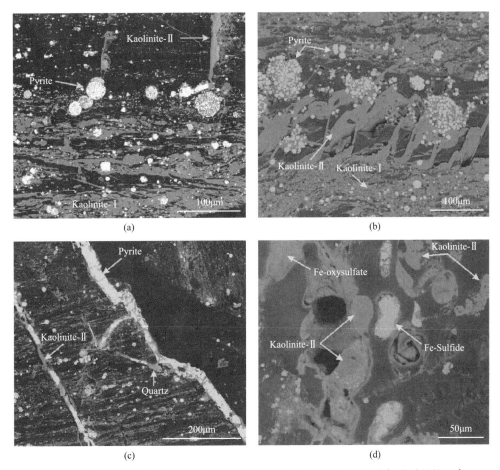

图 6.7 扶绥煤(1-15 样品)中高岭石与石英、铁-硫化物和含水(Si)含氧硫酸盐的组合

(a)高岭石沿层理分布,以缝隙填充物的形式出现;(b)结构和裂隙填充的高岭石;(c)结构填充的高岭石、黄铁矿和石英;(d)细胞填充的高岭石、铁-硫化物和含水(Si)硫酸铁;SEM 背散射图像;Quartz-石英;Pyrite-黄铁矿;Kaolinite-Ⅱ-Ⅱ型高岭石;Kaolinite-Ⅰ-Ⅰ型高岭石;Fe-oxysulfate-含水(Si)含氧硫酸盐;Fe-Sulfide-铁-硫化物

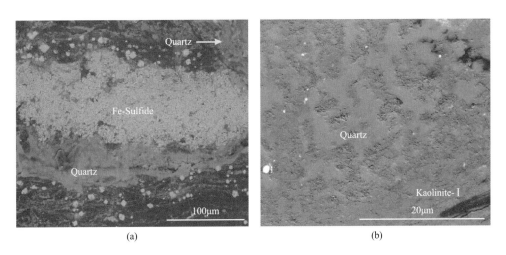

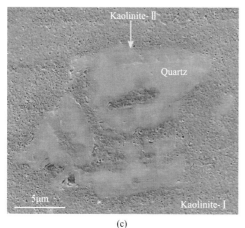
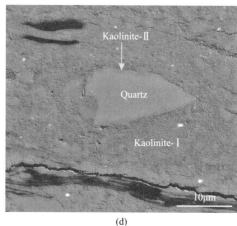

图 6.8　煤分层样和夹矸样品中的石英

(a)1-5 煤层脉状充填的石英；(b)网状石英；(c)和(d)在 1-2-P 样品中，侵蚀边缘的石英颗粒被细粒高岭石所取代；SEM 背散射图像；Quartz-石英；　Kaolinite-Ⅱ-Ⅱ 型高岭石；Kaolinite-Ⅰ-Ⅰ 型高岭石；　Fe-Sulfide-铁-硫化物

(三)Al 的氢氧化物矿物

在扶绥底部煤分层和夹矸中观察到勃姆石和一水硬铝石。因为底板是铝土质，所以其富含 Al 的氢氧化物矿物。上部分层中 Al 的氢氧化物矿物偶尔可见，但含量低于 XRD 或 Siroquant 的检测限。煤分层和夹矸中 Al 的氢氧化物矿物多以自形的针状或细长的晶体分布于高岭石基质中(图 6.9)。扶绥煤中 Al 的氢氧化物矿物的赋存状态表明它们可能来源于成岩阶段晚期富 Al 热液的沉淀，沉淀后剩余的空间被 Ⅱ 型高岭石占据。但 Al 的氢氧化物矿物与后生石英[图 6.7(c)]非同期形成，否则溶液中 Si 会与 Al 结合形成高岭石。

扶绥煤中 Al 的氢氧化物矿物的赋存状态不同于准格尔煤(Dai et al.，2008a)、澳大利亚 Bowen 盆地煤和 Tuhr 盆地煤(Dawson et al.，2012)。准格尔煤中的勃姆石以团块状出现在基质镜质体中或充填丝质体胞腔(Dai et al.，2008a)，或是呈单个的自形晶体(Dai et al.，2012b)，它们来源于盆地物源区铝土矿风化产物的沉淀(Dai et al.，2008a)。

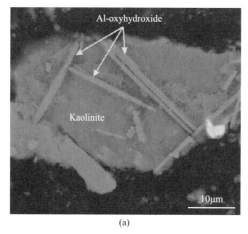
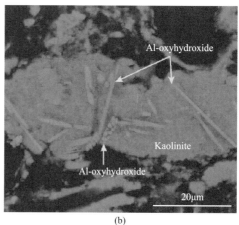

第六章　广西扶绥煤型铀矿床　　　　　　　　　　　　　　　　·133·

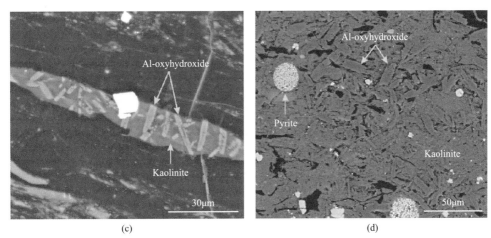

图 6.9　煤样 1-15 及 1-10-P 样品中的铝的氢氧化物的 SEM 背散射图像

(a)～(c) 1-15 煤样；(d) 1-10-P 煤样；Pyrite-黄铁矿；Kaolinite-高岭石；Al-Oxyhydroxide-Al 的氢氧化物

（四）Fe 的硫化物矿物

本章中黄铁矿和白铁矿均为常见矿物（表 6.4）。以煤为基准来看，这些 Fe 的硫化物矿物在煤层剖面呈现不同的变化趋势（图 6.10）。下部煤层中黄铁矿含量高于上部煤层。黄铁矿的最大值出现在煤层围岩中。煤层中白铁矿含量高于围岩和夹矸。扶绥煤中白铁矿的剖面变化要小于黄铁矿，亦未见下部分层的明显富集。从扶绥煤富集的微量元素来看，仅 Se 与白铁矿的分布有关（图 6.10）。

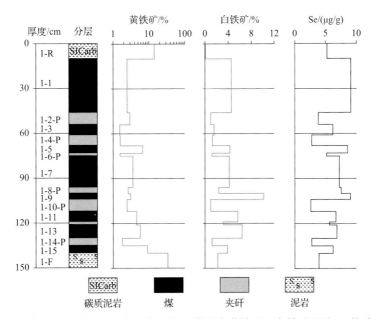

图 6.10　以各全煤或岩石样品的百分比表示的 B 煤层中黄铁矿、白铁矿以及 Se 的垂直剖面变化

扶绥煤中的黄铁矿主要呈以下几种形态产出：莓球状、胞腔填充物、裂隙填充物、块状、自形晶粒状［图 6.7，图 6.8(a)］。莓球状黄铁矿主要以自形黄铁矿晶粒集合成球状

为特征，晶体粒度常小于 1μm（图 6.11）。浸染状分布的黄铁矿粒度小于 10μm，分布于基质镜质体或高岭石中，有时被热液成因的高岭石包裹。

$3\mu m$

图 6.11　煤岩样品 1-15 莓球状黄铁矿中存在的自形黄铁矿晶体的 SEM 背散射图像

扶绥煤中莓球状黄铁矿的自形晶体不同于保加利亚 Pernik 盆地亚烟煤，后者生物成因的莓球状黄铁矿的自形晶体在聚合成球时是相互分离的（Kostava et al.，1996），而不是近似等间距地紧密排列（图 6.11）。扶绥煤中莓球状黄铁矿可能是成岩作用成因，它们由 FeS 与多硫化物在早期成岩阶段反应生成（Luther，1991）。裂隙填充的黄铁矿［图 6.7（c）］则是压实作用期后运移流体沉淀的结果。

实验表明白铁矿是低 pH（<5）条件下铁的二硫化物的主要物相。本章研究的煤层比夹矸中富集白铁矿（图 6.10），为白铁矿形成于低 pH 的环境提供了佐证。但这也不能排除白铁矿形成于含 Se 热液流体的可能。

（五）硫酸盐矿物

XRD 和 SEM-EDX 在顶板和夹矸中检测到的天然硫化物矿物包括黄钾铁矾、结晶的 $FeSO_4(OH)$、石膏、天青石（表 6.4，图 6.12）。

在某些煤的低温灰或夹矸中检测到黄钾铁矾，它在上段煤中富集，可能是 Fe 的硫化物的氧化产物（Rao and Gluskoter，1973）。

石膏在顶板、夹矸 1-2-P（XRD）中均有检测到。煤中的石膏可能是由于裂隙水蒸发形成的或是由低煤阶煤的暴露面产生的（Kemezys and Taylor，1964；Ward，1991；Koukouzas et al.，2010）。扶绥煤中的石膏可能是方解石与黄铁矿氧化产生的硫酸反应的结果（Rao and Gluskoter，1973；Pearson and Kwong，1979）。

煤层裂隙附近的黄铁矿更易接触氧气而氧化，而且裂隙也为含 Ca 的流体提供通道。因此，黄钾铁矾和石膏更易出现在煤层的有机质裂隙或夹矸的高岭石基质中［图 6.12（e）、（f）］。

扶绥煤的基质镜质体中能检测到 Fe 的硫酸盐矿物，如 $FeSO_4(OH)$ 和含水铁（Si 或 Si 和 Al）含氧硫酸盐矿物［图 6.12（a）、（c）］。它们的赋存状态表明其可能属于后生热液成因。

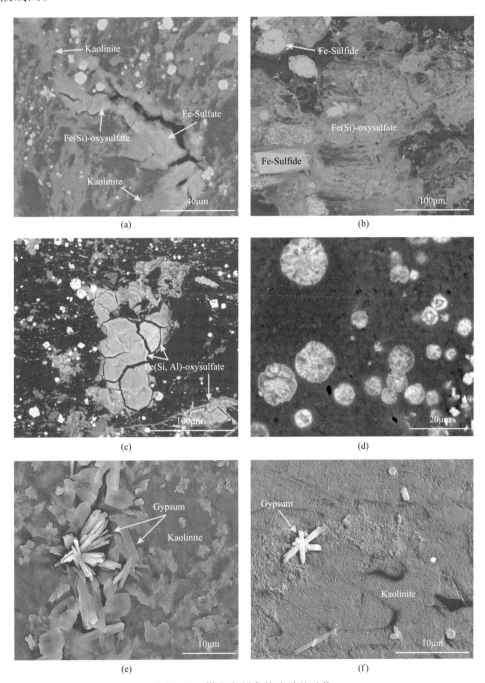

图 6.12　煤和夹矸中的硫酸盐矿物

(a)～(c)样品 1-15 中的含水铁(Si)或 Si 和 Al 含氧硫酸盐、铁-硫化物和高岭石；(d)样品 1-6-P 高岭石基质中的天青石；
(e)夹矸样品 1-6-P 裂缝附近的石膏；(f)样品 1-2-P 高岭石基体中的石膏；SEM 背散射图像；Gypsum-石膏；Kaolinite-高岭
石；Fe(Si)-oxysulfate-含水铁(Si)含氧硫酸盐；Fe-Sulfide-铁硫化物；Fe(Si，Al)-oxysulfate-含水铁(Si,Al)的含氧硫酸盐

　　利用 SEM-EDS 在夹矸 1-6-P 中检测到天青石，主要呈小结核或放射球状产出。

SEM-EDS 的测试结果表明天青石中还包含微量的 Fe、Ba、Ca、Pb。天青石在煤中的报道较少(Ward,1989;Adolphi et al.,1990;Zhuang et al.,2000)。扶绥煤层和夹矸中的天青石可能是来源于附近石灰岩被热液流体淋滤的 Sr 与黄铁矿氧化生成的硫酸反应的结果。Kesler 和 Jones(1981)报道过类似的天青石形成机理。热液成因的天青石的矿化温度不高。根据其他研究,天青石中的流体包裹体的估计温度为 86~98℃(Kyle,1981)。

烧石膏(CaSO$_4$·1/2H$_2$O)和毛矾石[Al$_2$(SO$_4$)$_3$·17H$_2$O]在煤的低温灰和 1-4-P 夹矸中产出。它们可能属于低温灰化过程中的人造矿物,由有机质释放的硫和有机质中的无机组分 Ca 和 Al 反应形成(Ward et al.,2001;López and Ward,2008;Zhao et al.,2012)。

(六)Ti 的氧化物矿物

由于 Ti 的氧化物矿物含量较低,仅借助 SEM-EDS 在 1-4-P、1-10-P 和 1-14-P 三个夹矸中检测到 Ti 的氧化物矿物,呈胶状或网状结构[图 6.13(a)、(b)]。一些颗粒发生蚀变,被Ⅱ型热液成因高岭石包裹[图 6.13(b)],一些 Ti 的氧化物矿物表现出自生成因,但其中一些显示出岩浆成因的痕迹[图 6.13(c)]。内蒙古准格尔煤中也可见到胶状 Ti 的氧化物矿物(Dai et al.,2012b),这些矿物在泥炭沼泽外形成后被水或风搬运而来。

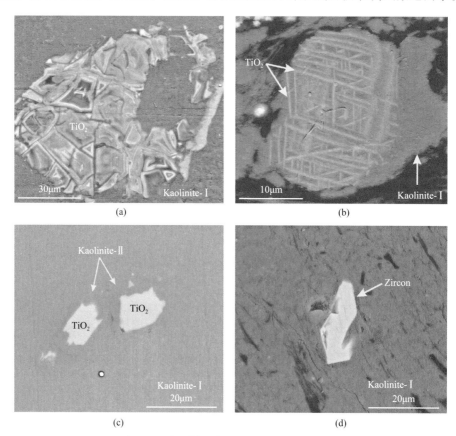

图 6.13　夹矸样品中含钛的氧化矿物和锆石

(a)样品 1-4-P 中的羟基假金红石(?);(b)样品 1-10-P 中高岭石化长石中的金红石(弧状);(c)样品 1-14-P 中被腐蚀的钛氧化物矿物;(d)样品 1-2-P 中的锆石;SEM 背散射图像;? 表示不确定;Kaolinite-Ⅱ-Ⅱ型高岭石;Kaolinite-Ⅰ-Ⅰ型高岭石;Zircon-锆石

（七）锆石

图 6.13（d）所示的锆石表明它是陆源碎屑输入的。锆石通常出现在煤层的火山灰蚀变黏土岩夹矸中（Ward，2002；Spears，2012），或者由物源区的碎屑物质输入（Dai et al.，2008a）。

（八）稀土元素磷酸盐矿物

扶绥煤分层样品中未检测到含稀土的矿物。夹矸中的含稀土矿物包括磷铝钙石、磷镧铈矿、含硅的水磷镧石。由于它们的含量低于 XRD 和 Siroquant 检测限，仅能在 SEM-EDX 下检测到（图 6.14），且这些矿物只富集在轻稀土中。

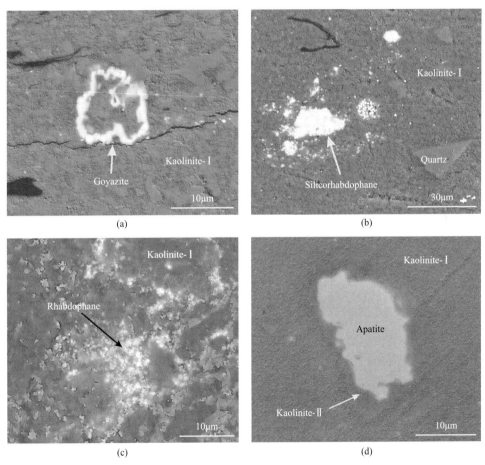

图 6.14　夹矸样品中含稀土元素矿物

(a)样品 1-2-P 高岭石基质中的磷铝钙石；(b)样品 1-2-P 中含硅的水磷镧石和石英；(c)样品 1-6-P 中的磷镧铈矿；(d)样品 1-14-P 中包覆Ⅱ型高岭石的磷灰石；SEM 背散射图像；Quartz-石英；Goyazite-磷铝钙石；Silicorhabdophane-含硅的水磷镧石；Apatite-磷灰石；Rhabdophane-磷镧铈矿；Kaolinite-Ⅱ-Ⅱ型高岭石；Kaolinite-Ⅰ-Ⅰ型高岭石

夹矸 1-2-P 中的磷铝钙石呈环状分布在高岭石基质中[图 6.14（a）]，它可能是由有机质释放的 P 与富 Al 的流体和邻近石灰岩淋滤产生的 Sr 反应而成。

SEM-EDS 下磷稀土矿和含硅的水磷镧石赋存在夹矸的高岭石基质中[图 6.14(b)、(c)]。它们的颗粒大小为 1～25μm，未顺层分布，这表明其为自生成因。

少量的磷灰石出现在夹矸 1-14-P 中。磷灰石发生了蚀变，并且被热液成因的 II 型高岭石包裹[图 6.14(d)]。与石英和 Ti 的氧化物矿物类似，磷灰石也遭受了热液流体的改造。

第五节　煤的地球化学特征

一、常量元素氧化物

与中国煤均值(Dai et al., 2012a)相比，扶绥煤中的 Al_2O_3 和 SiO_2 含量较高，Na_2O、CaO、MnO、P_2O_5 的含量低于或接近中国煤均值。扶绥煤中的 SiO_2/Al_2O_3(1.16)也低于中国煤均值(1.42)和高岭石的理论值 1.18。

扶绥 C1、C2 和 B 煤层剖面上常量元素(除 MnO)含量具有可比性。B 煤层中 MnO 的含量是 C1、C2 煤层的 3～5 倍。基于含量在剖面的变化，常量元素氧化物可以划分成三组(图 6.15，图 6.16)：

第 1 组包括 SiO_2、Al_2O_3、P_2O_5、TiO_2。它们的变化规律与灰分产率类似，呈锯齿状贯穿剖面(图 6.15)。第 1 组的元素氧化物在夹矸、煤层顶底板中含量较高，煤中含量较低。

第 2 组包括 CaO、MgO、Na_2O、K_2O、MnO。它们的含量从顶到底降低，最大值出现在煤层顶板(图 6.16)。除 MnO 外，与煤层相比，第 2 组夹矸中常量元素相对浓度低于第 1 组。

第 3 组(图 6.16)仅包括 Fe_2O_3。Fe_2O_3 与第 2 组的元素分布趋势相反。

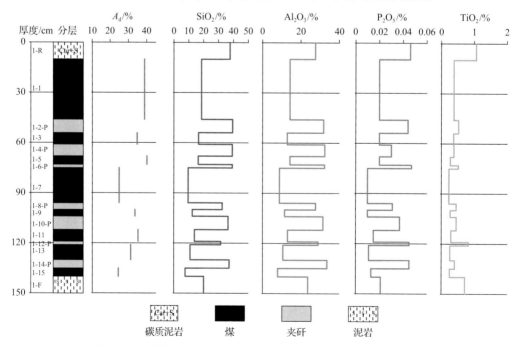

图 6.15　灰分产率、SiO_2、Al_2O_3、P_2O_5、TiO_2 通过煤层剖面的变化

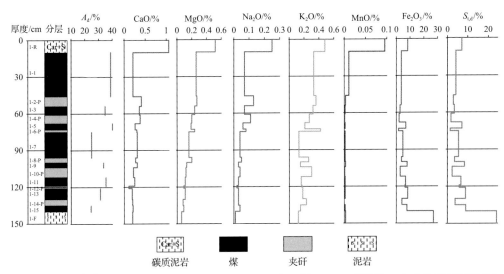

图 6.16　灰分产率、CaO、MgO、Na₂O、K₂O、MnO（Ⅱ型）、Fe₂O₃（Ⅲ型）、全硫的煤层剖面变化

基于常量元素含量在煤层剖面上的变化规律，将扶绥煤层分为上下两段：上段包括 1-1、1-3、1-5 分层，厚度为 48cm，平均灰分产率为 37.9%；下段包括 1-7、1-9、1-11、1-13、1-15 分层，厚度为 46cm，平均灰分产率为 29.9%。除 Fe₂O₃ 外，其余的常量元素氧化物在煤层上段比下段富集。

二、微量元素

与世界硬煤均值（Ketris and Yudovich，2009）相比，扶绥煤中微量元素的富集情况如下：①富集系数 CC>5，亲石元素如 Zr 和 Hf、Y 和 Yb、Li、Cs；②富集系数 CC=2.3～4.5，亲石元素如 Nb 和 Ta、U 和 Th、Ga、La、Sn、Sc、W、Mo，非亲石元素如 Se、Cd、Hg、Pb、In、F；③富集系数 CC<0.5，如 Rb、Bi、P、Ba、Cl、Mn、Sb；④富集系数为 0.5<CC<2，如亲铁元素和其他元素（图 6.17）。

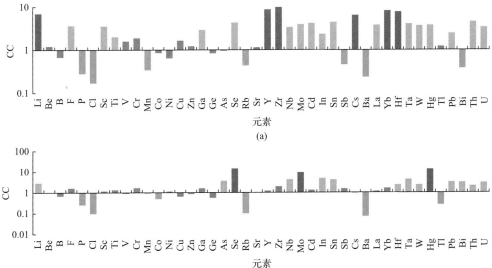

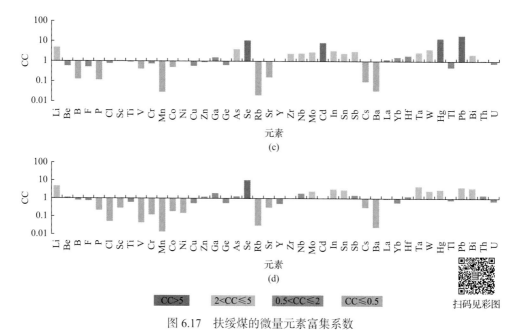

图 6.17　扶绥煤的微量元素富集系数

(a)煤/世界硬煤；(b)1 煤层顶板/世界黏土；(c)1 煤层底板/世界黏土；(d)B 煤层夹矸/世界黏土；经世界硬煤(Ketris and Yudovich，2009)微量元素均值和世界黏土(Grigoriev，2009)微量元素均值标准化

　　扶绥煤的地球化学异常也可以从特定微量元素的比值来反映。与世界硬煤均值相比，扶绥煤具有高的 Zr/Hf、Li/Rb 值，低的 Nb/Ta、Ba/Sr 和 Rb/Cs 值(表 6.5)。

表 6.5　扶绥煤夹矸和围岩岩中所选微量元素与世界硬煤和世界黏土平均值的比较值

样品	Li/Rb	Zr/Hf	Nb/Ta	Rb/Cs	Ba/Sr
世界硬煤 [a]	0.78	30.00	13.33	16.36	1.50
FC min	8.98	36.30	3.98	0.81	0.12
FC max	350	62.95	16.73	2.03	0.45
FC WA	13.24	39.73	12.15	1.12	0.32
C1	14.14	36.30	12.87	1.07	0.25
C2	9.96	36.80	12.42	1.28	0.45
B 煤层	16.07	50.33	10.39	1.01	0.27
B 煤层(上段)	9.71	58.18	13.12	0.83	0.30
B 煤层(下段)	22.70	42.14	7.55	1.20	0.23
世界黏土	0.41	38.0	7.86	10.2	1.92
B-夹矸	98.59	27.95	3.51	1.00	0.16
1-R(顶板)	11.98	31.08	7.79	1.08	0.13
1-F(底板)	102	48.99	7.08	2.09	0.39

注：WA 表示加权平均值；min 表示最小值；max 表示最大值；FC 表示扶绥煤；C 表示刻槽样品。

a 数据引自 Ketris 和 Yudovich(2009)。

　　3 个煤层段(C1、C2、B 煤)煤中微量元素的含量基本相同，只有 B 煤层中的 Sn 是 C1、C2 中的 3～4 倍，Sc 含量 C1、C2 是 B 煤层的 2～3 倍。

与世界黏土和页岩均值(Grigoriev,2009)相比,扶绥煤顶板、底板、夹矸均显示出地球化学异常[图 6.17(b)～(d)]。顶板富集元素 Se(CC=14.5)、Mo(CC=0.44)、Hg(CC=13.3);底板富集元素 Se(CC=11.0)、Pb(CC=19.1)、Hg(CC=13.7)、Cd(CC=8.4)和 Li(CC=4.9);夹矸富集元素 Se(CC=10.5)、Li(CC=4.85)、Bi(CC=2.17)。扶绥煤的顶板、底板、夹矸中亏损元素 P、Mn、Ba、Rb,Li/Rb 值高,Ba/Sr 和 Rb/Cs 值低(表 6.5)。

与夹矸相比,B 煤层煤分层中不仅富集有机亲和性高的元素如 Ge、U、Hg、Cl,而且富集亲矿物元素如 Zr、Sn、Cr。V 在 B 煤层中的含量是其在夹矸中含量的 5.4 倍。相比于煤分层,夹矸中富集元素 Li、Ga、Zn、Ta、Pb、Th、La 以及一些亲矿物元素(表 6.6)。

正是由于上述元素分布的异同,煤和夹矸中的 Nb/Ta、Zr/Hf、U/Th、Yb/La 等值也表现出了差异。

根据微量元素在煤层剖面的分布特征可以将其分为三类(图 6.18～图 6.20)。

(1)Ⅰ类呈锯齿状分布,可以进一步划分为两个亚类,Ⅰa 和 Ⅰb:①Ⅰa 亚类包括元素 Li、Ga、Th、Nb、Ta,在夹矸中含量高于其临近的煤层。这个亚类类似于常量元素氧化物第 1 组(SiO_2、Al_2O_3、P_2O_5;图 6.15)。②Ⅰb 亚类元素的分布特征与 1a 亚类相反。元素 Zr、U 等在煤分层中的含量高于夹矸。

尽管Ⅰ类的元素呈锯齿状在煤层剖面上分布,但在煤层上下段微量元素含量差别明显。Li 和 U 在下段富集而 Ga 和 Zr 在上段富集。

(2)Ⅱ类微量元素的分布趋势与常量元素氧化物第 2 组(CaO、MgO、Na_2O、K_2O)相似,从顶到底元素含量降低,最大值出现在顶板。

Ⅱ类微量元素也可划分为Ⅱa 和Ⅱb 亚类(图 6.19)。Ⅱa 亚类中元素在夹矸中比在煤中富集,如 F;Ⅱb 亚类中的元素在煤分层中高于夹矸,如 Mo。

与 F 相比,Cs 元素分布与 Mo 更类似,在 7 层夹矸中仅在 2 层(I-6-P 和 I-8-P)中其含量高于相邻煤层中的含量。

(3)Ⅲ类元素包括 Pb、Cd、Cl。它们的分布趋势与 Fe_2O_3 和 S 相似。Pb 更多地富集在夹矸中而 Cl 在煤分层的含量较高。Cd 的分布特征介于 Pb 和 Cl 之间,在一些夹矸和煤分层中均有富集。

扶绥煤中其他微量元素分布类型不属于以上三类,与常量元素氧化物的分布特征也不相似,如 Hg。Hg 的分布类似 "C" 形,顶底板附近高,中间分层低(图 6.21)。煤分层比夹矸富集 Hg 使其分布特征更为复杂。Sn 的分布在扶绥煤剖面上无规律可循(图 6.21)。它的分布具有两个特征:①上段煤中含量较高;②煤和夹矸中含量高于顶底板。

三、稀土元素和钇

本章运用稀土元素三分法:轻稀土(LERY:La、Ce、Pr、Nd 和 Sm)、中稀土(MREY:Eu、Gd、Tb、Dy 和 Y)、重稀土(HREY:Ho、Er、Tm、Yb 和 Lu)(Seredin and Dai,2012)。基于此,通过上地壳稀土均值的标准化后可以划分三种稀土的富集类型:轻稀土富集型 L 型($La_N/Lu_N>1$),中稀土富集型 M 型($La_N/Sm_N<1$,$Gd_N/Lu_N>1$),重稀土富集型 H 型($La_N/Lu_N<1$)(Seredin and Dai,2012)。

表 6.6　扶绥煤夹矸和围岩中的微量元素含量

样品	1-R	1-1	1-2-P	1-3	1-4-P	1-5	1-6-P	1-7	1-8-P	1-9	1-10-P	1-11	1-12-P	1-13	1-14-P	1-15	1-F	B夹矸	B煤	B煤(上)	B煤(下)	C1	C2	FC	World	CC
Li	157	67.9	162	69	192	69.5	268	87.0	259	134	274	104	405	118	444	105	266	262	84.6	68.2	102	111	89.5	97.9	14	7.00
Be	2.94	2.69	3.66	4.08	4.04	3.53	4.47	2.90	3.32	2.84	3.10	2.90	2.17	3.02	2.95	4.17	1.72	3.44	3.02	2.98	3.06	2.38	2.07	2.43	2	1.22
B	74.4	49.5	132	53.4	91.3	46.8	94.8	26.3	75.8	24.9	66.2	21.9	41.7	15.9	52.1	13.9	13.9	85.0	36.3	49.8	22.1	23.1	39.2	31.3	47	0.67
F	999	385	593	367	526	276	613	236	446	116	179	538	392	308	475	230	314	445	329	371	285	214	404	302	82	3.68
P	201	87.3	192	87.3	131	87.3	205	43.7	135	43.7	162	65.5	196	48.0	196	56.8	91.7	170	69.9	87.3	48.0	78.6	61.1	69.9	250	0.28
Cl	82.0	87.0	75.0	90.0	31.0	126	25.0	78.0	30.0	118	29.0	69.0	40.0	121	55.0	76.0	648	44.0	90.0	92.0	88.0	50.0	35.0	54.0	340	0.16
Sc	17.7	3.75	4.78	6.04	3.49	5.23	2.05	7.30	6.47	9.28	3.49	6.28	9.45	7.24	2.74	13.6	15.9	4.25	6.08	4.24	8.00	18.0	11.9	13.3	3.7	3.59
V	108	31.2	3.69	28.0	bdl	19.9	6.80	24.6	8.62	23.0	7.38	28.2	20.7	30.1	2.26	38.3	49.1	5.26	28.6	29.6	27.6	51.4	46.5	44.5	28	1.59
Cr	187	30.0	5.39	28.6	8.77	23.4	12.9	44.7	18.0	22.7	18.2	43.8	42.3	53.8	10.1	55.3	81.7	13.4	37.2	29.1	45.6	29.4	33.3	32.5	17	1.91
Mn	736	85.2	23.2	15.5	7.75	15.5	bdl	15.5	15.5	23.2	7.70	15.5	15.5	15.5	bdl	15.5	23.2	11.0	42.5	67.8	16.2	15.5	23.2	24.0	71	0.34
Co	9.32	9.64	2.61	4.42	2.27	4.13	2.43	4.96	5.12	6.51	3.57	5.21	9.64	3.25	3.43	3.43	9.49	3.53	6.51	8.30	4.63	4.40	4.97	5.07	6	0.85
Ni	55.9	13.5	2.10	11.0	7.49	11.2	8.22	16.3	10.1	11.7	6.71	17.9	25.3	15.4	6.79	19.5	47.9	7.34	14.6	12.9	16.3	8.98	10.6	10.8	17	0.64
Cu	23.0	17.0	13.8	22.6	18.1	18.0	10.8	20.9	14.2	22.6	27.6	295	25.1	20.2	18.2	21.4	20.7	18.8	39.8	17.9	62.7	26.2	18.1	26.8	16	1.68
Zn	75.4	15.1	96.8	37.0	275	38.8	186	53.9	65.5	38.9	40.6	29.2	49.5	10.8	43.7	18.0	79.0	110	28.5	20.8	36.5	33.3	39.7	34.2	28	1.22
Ga	25.8	13.7	34.7	18.6	35.1	24.4	46.9	13.0	34.5	13.7	25.4	15.3	22.8	13.2	25.2	24.0	25.0	31.4	15.1	15.5	14.7	19.3	17.2	17.7	6	2.95
Ge	1.11	3.07	0.85	2.02	1.10	2.79	1.16	1.40	0.96	0.94	1.16	1.31	0.88	1.20	1.46	4.12	1.27	1.08	2.26	2.89	1.60	1.86	1.98	1.99	2.4	0.83
As	34.9	7.21	15.6	5.45	5.87	10.1	2.93	5.36	6.36	6.99	11.0	8.05	11.9	6.47	26.2	10.9	37.3	12.2	6.99	7.25	6.73	11.3	6.03	8.59	9	0.95
Se	5.23	9.11	3.84	6.19	2.74	8.59	5.18	7.25	7.54	9.06	2.6	6.69	5.63	6.85	2.76	6.24	3.96	3.79	7.90	8.63	7.13	5.97	7.6	6.95	1.6	4.34
Rb	13.1	7.56	5.99	7.61	3.07	4.39	6.05	3.97	6.58	3.87	3.31	4.56	3.39	4.90	1.27	7.60	2.61	4.10	5.96	7.24	4.63	7.85	8.99	7.78	18	0.43
Sr	240	74.7	91.4	113	106	92.5	104	95.7	104	57.8	19.5	65.6	95.4	49.1	44.3	57.1	38.0	74.0	78.4	82.1	74.5	143	100	114	100	1.14
Y	37.8	28.3	10.5	59.6	8.85	40.0	32.1	55.1	37.1	58.5	11.2	42.2	30.2	82.3	10.5	115	31.9	15.6	49.4	34.1	65.3	82.6	77.1	73.1	8.4	8.70
Zr	373	316	190	508	219	610	226	227	224	254	162	265	189	209	96.7	447	460	182	316	375	256	363	368	354	36	9.83
Nb	47.7	12.5	20.2	20.2	15.9	34.1	55.2	14.8	28.9	12.0	19.8	15.6	29.9	11.7	9.10	22.0	27.6	21.2	15.4	15.9	14.8	11.6	14.9	13.5	4	3.38
Mo	15.1	7.37	3.51	5.84	3.78	6.68	2.67	9.64	4.00	7.06	3.23	7.62	6.09	7.42	6.31	7.12	4.61	4.04	7.72	7.08	8.40	9.17	7.43	8.27	2.1	3.94
Cd	1.20	0.74	0.69	0.71	0.73	1.00	1.35	1.04	0.93	0.75	0.96	1.15	2.67	0.99	0.56	2.25	7.64	0.91	0.95	0.76	1.15	0.93	0.63	0.84	0.2	4.20
In	0.31	0.12	0.29	0.14	0.31	0.14	0.48	0.12	0.25	0.08	bdl	0.07	0.29	0.07	0.11	0.13	0.21	0.21	0.11	0.12	0.10	0.09	0.08	0.09	0.04	2.25
Sn	14.7	16.6	13.2	17.0	16.9	17.8	27.0	15.1	15.7	9.06	bdl	5.38	16.7	6.71	bdl	14.1	8.66	10.4	14.1	16.8	11.4	3.28	4.43	6.17	1.4	4.41

续表

样品	1-R	1-1	1-2-P	1-3	1-4-P	1-5	1-6-P	1-7	1-8-P	1-9	1-10-P	1-11	1-12-P	1-13	1-14-P	1-15	1-F	B夹矸	B煤	B煤(上)	B煤(下)	C1	C2	FC	World	CC
Sb	2.01	1.55	2.27	0.83	1.53	1.00	0.63	0.44	0.68	0.86	1.65	0.91	1.38	0.58	4.44	0.82	4.06	1.97	1.01	1.39	0.62	0.48	bdl	0.45	1	0.45
Cs	12.1	9.35	5.15	9.40	4.18	4.50	7.64	3.35	5.95	4.56	3.00	3.85	2.39	5.21	1.57	3.75	1.25	4.06	6.45	8.85	3.94	7.33	7.01	7.02	1.1	6.38
Ba	32.3	23.9	9.95	28.2	15.8	17.4	19.7	18.1	20.4	16.4	4.34	13.7	14.1	14.9	5.20	16.6	15.0	11.1	20.3	23.9	16.5	35.5	45.2	35.1	150	0.23
La	56.5	18.5	28.7	38.9	28.0	38.1	110	36.7	82.7	43.7	32.8	37.2	106	53.7	26.9	62.9	58.8	44.0	33.3	23.5	43.5	43.5	44.0	41.3	11	3.75
Ce	137	45.1	75.1	87.1	75.7	80.0	205	72.9	170	87.0	63.0	67.3	162	93.6	23.0	102	147	87.8	67.4	54.9	80.5	82.0	86.2	80.0	23	3.48
Pr	11.8	4.48	5.95	9.90	5.33	8.11	22.7	8.46	17.5	10.1	6.50	7.69	15.5	12.0	4.87	14.2	13.7	8.55	7.68	5.65	9.80	11.2	9.98	9.99	3.4	2.94
Nd	43.9	18.4	22.6	41.1	19.2	31.7	82.3	35.5	65.6	42.0	23.3	31.1	49.4	49.1	17.6	59.3	52.8	31.0	31.7	23.1	40.7	45.2	43.6	41.5	12	3.46
Sm	8.44	3.98	4.24	10.0	3.45	6.77	14.7	7.79	12.4	9.31	4.14	6.70	6.95	10.4	2.87	13.6	10.4	5.51	6.99	5.15	8.90	10.7	9.19	9.35	2.2	4.25
Eu	1.14	0.68	0.63	1.52	0.40	0.80	1.28	1.03	1.29	1.30	0.51	0.91	0.83	1.41	0.36	2.11	1.41	0.64	1.02	0.82	1.23	1.73	1.33	1.44	0.43	3.35
Gd	8.88	4.42	4.19	11.3	3.57	7.84	13.6	9.07	11.9	10.5	3.94	7.47	7.77	12.0	2.82	16.2	10.3	5.41	7.99	5.79	10.3	11.7	10.2	10.35	2.7	3.83
Tb	1.31	0.71	0.53	1.94	0.43	1.29	1.66	1.45	1.56	1.68	0.50	1.17	0.89	1.88	0.35	2.65	1.36	0.67	1.29	0.95	1.64	2.25	1.92	1.92	0.31	6.19
Dy	7.87	4.63	2.60	12.6	2.09	8.20	7.67	8.91	7.85	10.6	2.47	7.23	4.82	11.6	1.79	17.0	7.58	3.35	8.13	6.16	10.2	13.6	12.5	12.0	2.1	5.70
Ho	1.56	1.01	0.45	2.56	0.37	1.72	1.26	1.86	1.42	2.20	0.45	1.50	0.98	2.44	0.34	3.63	1.46	0.60	1.72	1.31	2.14	2.85	2.54	2.49	0.57	4.37
Er	4.49	3.20	1.28	7.86	1.05	5.17	3.19	5.64	3.94	6.59	1.27	4.58	2.87	7.29	0.88	10.8	4.18	1.67	5.24	4.08	6.45	9.15	7.91	7.84	1	7.84
Tm	0.64	0.46	0.18	1.13	0.14	0.77	0.40	0.81	0.53	0.96	0.17	0.66	0.40	1.03	0.11	1.53	0.60	0.22	0.75	0.59	0.92	1.42	1.30	1.23	0.3	4.09
Yb	4.11	3.04	1.16	7.37	0.99	5.11	2.35	5.09	3.30	6.38	1.17	4.40	2.58	6.56	0.65	9.75	4.01	1.44	4.87	3.89	5.89	9.81	8.15	8.13	1	8.13
Lu	0.62	0.47	0.17	1.12	0.15	0.77	0.34	0.77	0.49	0.99	0.17	0.68	0.38	0.99	0.10	1.48	0.61	0.21	0.74	0.60	0.90	1.46	1.33	1.25	0.2	6.25
Hf	12.0	5.02	7.45	11.0	8.07	15.0	8.09	5.65	7.23	5.91	5.80	6.41	5.78	4.97	3.37	8.77	9.39	6.56	6.47	6.93	5.99	10.0	10.0	9.18	1.2	7.65
Ta	6.12	1.03	10.1	1.21	7.91	2.24	11.6	3.71	6.43	1.42	3.70	1.80	4.91	0.89	3.31	2.16	3.90	6.70	1.83	1.18	2.50	0.90	1.20	1.21	0.3	4.03
W	6.18	3.11	3.27	4.11	5.68	7.07	10.8	5.08	7.97	2.48	12.0	17.9	6.38	2.91	4.55	4.23	10.4	6.97	4.95	3.67	6.29	3.24	3.14	3.61	0.99	3.65
Hg	901	490	226	191	107	654	121	379	217	602	187	612	664	776	210	892	931	209	514	463	567	311	363	375	100	3.75
Tl	0.33	0.41	1.06	0.39	0.78	1.32	0.33	0.59	0.46	0.86	0.97	0.84	0.87	0.92	2.26	1.30	0.64	1.03	0.64	0.50	0.79	0.66	0.80	0.70	0.58	1.21
Pb	45.6	25.2	56.5	24.2	69.0	40.3	78.9	17.5	62.0	17.4	39.2	25.8	44.2	17.3	83.3	14.0	268	60.0	22.6	26.6	18.3	21.4	22.0	21.9	9	2.43
Bi	1.20	0.46	1.14	0.40	1.24	0.53	3.53	0.31	1.79	0.25	1.20	0.49	1.11	0.21	1.54	0.33	0.82	1.43	0.39	0.46	0.31	0.40	0.42	0.41	1.1	0.37
Th	29.7	7.33	21.6	13.8	17.0	25.1	39.6	9.52	34.5	10.1	22.9	13.3	12.8	13.5	8.48	21.3	15.1	21.1	11.1	10.1	12.2	13.4	18.4	14.5	3.2	4.53
U	13.1	5.03	3.01	9.94	2.42	8.65	4.16	5.07	3.89	6.11	3.63	7.40	3.12	8.40	1.57	9.85	3.29	3.00	6.40	6.12	6.69	5.83	7.13	6.38	1.9	3.36

注：B 夹矸表示夹矸样品加权平均值；B 煤表示所有煤分层样品的加权平均值；B 煤（上）表示某煤分层样品的加权平均值；B 煤（下）表示其他煤分层样品的加权平均值；FC 表示 C-1、C-2 和 B 煤的加权平均值；World 表示世界硬煤，数据引自 Ketris 和 Yudovich（2009）；bdl 表示低于检测限；1-1、1-3、1-5 表示 1-1、1-3、1-5 煤分层样品；CC 表示富集系数；除 Hg 的单位为 ng/g 外，其余元素的单位均为 μg/g。

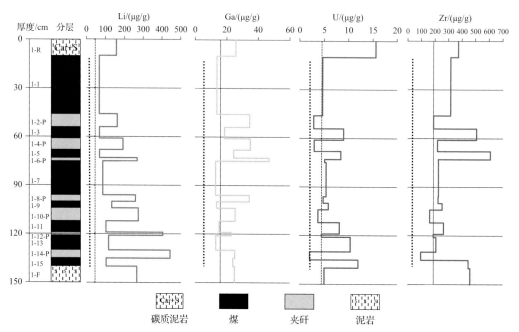

图 6.18　B 煤层剖面上 Li、Ga、U、Zr 的垂直分布

粗体虚线-世界硬煤中元素的平均浓度(Ketris and Yudovich，2009)；细体虚线-世界黏土中元素的平均浓度(Grigoriev，2009)

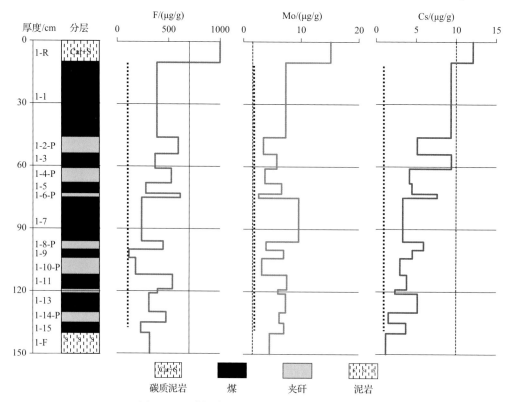

图 6.19　B 煤层剖面上 F、Mo、Cs 的垂直分布

粗体虚线-世界硬煤中元素的平均浓度(Ketris and Yudovich，2009)；细体虚线-世界黏土中元素的平均浓度(Grigoriev，2009)

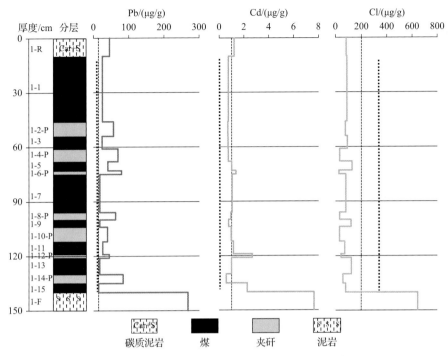

图 6.20　B 煤层剖面上 Pb、Cd、Cl 的垂直分布

粗体虚线-世界硬煤中元素的平均浓度（Ketris and Yudovich，2009）；细体虚线-世界黏土中元素的平均浓度（Grigoriev，2009）

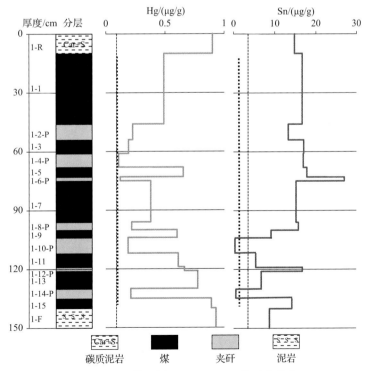

图 6.21　B 煤层剖面上 Hg 和 Sn 的垂直分布

粗体虚线-世界硬煤中元素的平均浓度（Ketris and Yudovich，2009）；细体虚线-世界黏土中元素的平均浓度（Grigoriev，2009）

扶绥 B、C1、C2 煤层中的稀土元素含量分别为 228μg/g、329μg/g、317μg/g，均值为 302μg/g。稀土元素含量高于中国煤中稀土元素均值 136μg/g（Dai et al.，2012b）和世界硬煤中稀土元素均值 68.6μg/g（Ketris and Yudovich，2009）。这三个煤层稀土元素配分模式表现为重稀土富集型（$La_N/Lu_N < 1$），并且具有 Eu 的负异常（图 6.22）。

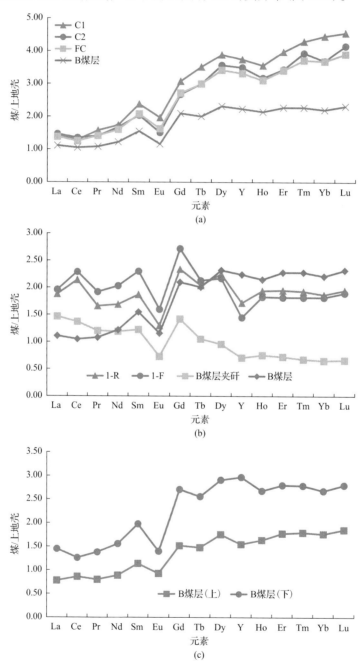

图 6.22　扶绥煤田样品中稀土元素和钇的分布规律

(a) B 煤层、FC、C1 和 C2；(b) B 煤层与夹矸和围岩相比较；(c) B 煤层上部和下部的点；REY 经上地壳（UCC）标准化

（Taylor and McLennan，1985）

煤层、夹矸、顶底板中稀土元素的含量和配分模式均不同。夹矸中稀土元素含量较低，为 207μg/g，呈轻稀土富集型($La_N/Lu_N>1$)，具有 Eu 负异常。顶底板中稀土元素含量较高(顶板为 326μg/g，底板为 346μg/g)，稀土元素配分模式复杂，具有明显的 Eu 和 Y 负异常及 Ce 异常[图 6.22(b)]。

煤分层中所有的稀土元素均呈重稀土富集型，下部煤分层中稀土元素含量(288μg/g)比上部煤分层的稀土元素含量(171μg/g)更高，Eu 负异常(0.59)比上部煤分层更明显(0.72)[图 6.22(c)]。另外，上、下两部分 Ce 异常不同，上部呈弱的正异常、下部呈弱的负异常。轻稀土和重稀土在煤层剖面上的分布明显不同(图 6.23)。La 和其他轻稀土属于 Ia 亚类元素分布类型，与 Ga 和 Th 类似，它们的含量在夹矸中高于相邻煤分层；Yb 和其他重稀土元素属于 Ib 亚类元素，类似于 U(图 6.18)。

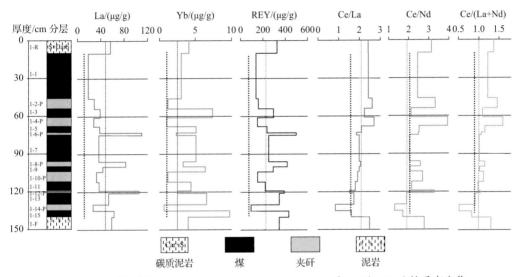

图 6.23　B 煤层剖面上 La、Yb、REY、Ce/La、Ce/Nd 和 Ce/(La+Nd)的垂直变化

第六节　小　　结

尽管扶绥煤与石灰岩互层，但海水对煤层地球化学和矿物学特征的影响并不显著。从元素含量来看，扶绥煤中的 Mg、Ca、Na、B、F、Sr、Rb 等含量较低。上述元素在海水中的浓度比淡水中高出 2~4 个数量级(Reimann and de Caritat，1998)。扶绥煤中硼含量(表 6.6)与淡水环境成煤的范围一致。Goodarzi 和 Swaine(1994)用煤中硼元素的含量作为划分煤层形成环境的标志：<50μg/g 为淡水、50~110μg/g 为半咸水、>110μg/g 为咸水。硼在扶绥煤层和夹矸剖面上从顶到底含量逐渐降低(表 6.6)，最高值出现在夹矸(1-2-p)，为 132μg/g，最低值出现在底板，为 13.9μg/g。这表明上部煤层受海水影响微弱，下部煤层未受海水影响。

扶绥煤层夹矸中硼含量高于煤层，但仍低于世界黏土岩均值(110μg/g；Grigoriev，2009)。高硫含量(特别是有机硫)似乎表明扶绥煤受海水影响。但切割高岭石和石英的黄铁矿脉和低含量的 Mg、Ca、Na、B、F、Sr、Rb 表明扶绥煤中的硫更多来源于热液而非海水。海水对扶绥煤的化学组成影响较弱，主要是因为在泥炭堆积期没有明显的海侵过程，另外煤层上覆的黏土层也阻止了上覆石灰岩形成时海水对煤层的影响。扶绥煤的矿物学和地球化学异常主要由三个过程控制：①沉积物源区的碎屑物质供给；②多期次热液活动；③煤分层和夹矸中微量元素的重新分配。

一、沉积物源区碎屑物质特征

如前所述，扶绥煤盆地的沉积物源区是云开古陆的酸性岩，而不是康滇古陆的基性玄武岩。后者是中国西南地区晚二叠世煤的主要物源区。扶绥煤、夹矸、顶底板的化学组成特征也支持这一论断。

(1)扶绥煤、夹矸、围岩中高度富集亲石元素。中国西南地区正常的碎屑沉积岩来源于康滇古陆的基性玄武岩，因此富集 V(441μg/g)、Cr(206μg/g)、Co(31μg/g)、Ni(61μg/g)(Hong，1993)。类似地，贵州西部、云南东部、重庆等西南地区的煤层常富集 V、Cr、Co、Ni、Cu、Zn(任德贻等，2006；Dai et al.，2012b)。这些含煤盆地的物源区都来自康滇古陆的玄武岩，玄武岩中富集这些元素。本章的扶绥煤和西南地区晚二叠世煤的 V、Co、Ni、Cu、Zn 等元素的含量差异能够反映泥炭堆积时沉积物源区的不同。

(2)经上地壳均值标准化后，扶绥煤、夹矸、围岩的稀土元素配分模式图显示明显的 Eu 负异常(图 6.22)，具酸性岩浆岩的特征。相反，以康滇古陆为碎屑源区的西南地区晚二叠世煤层的稀土元素配分模式图上则显示 Eu 正异常、无异常或弱的负异常(图 6.24)。

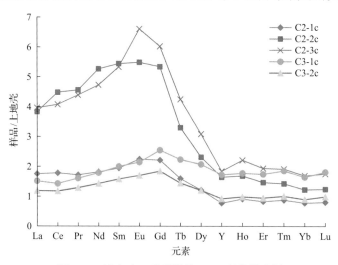

图 6.24　滇东晚二叠世煤的 REY 配分模式图

(3)扶绥煤具有高含量的 Li、Nb、Ta、Sn、W，低含量的 P、Ba，低 Nb/Ta 值，这表明物源区的岩石可能是 Li-F 花岗岩或成分类似的喷出岩。

Sn 在上段煤分层的含量高于夹矸和围岩，很可能是因为物源区黄锡矿或其他 Sn 硫化物矿物风化破坏后以离子形态随流水搬运至泥炭沼泽。Sn 的来源不可能是锡石，因为锡石的抗风化能力很强，如果以锡石形式搬运，应该也会以锡石形态存在于煤层中。

顶底板中相似的稀土元素配分模式(图 6.22)表明扶绥含煤层段的沉积从底板开始，经历泥炭堆积，到顶板沉积的陆源碎屑供给相同。煤层剖面上 Al₂O₃/SiO₂ 的变化(图 6.25)

揭示物源区供给的碎屑物质风化程度是逐步降低的。

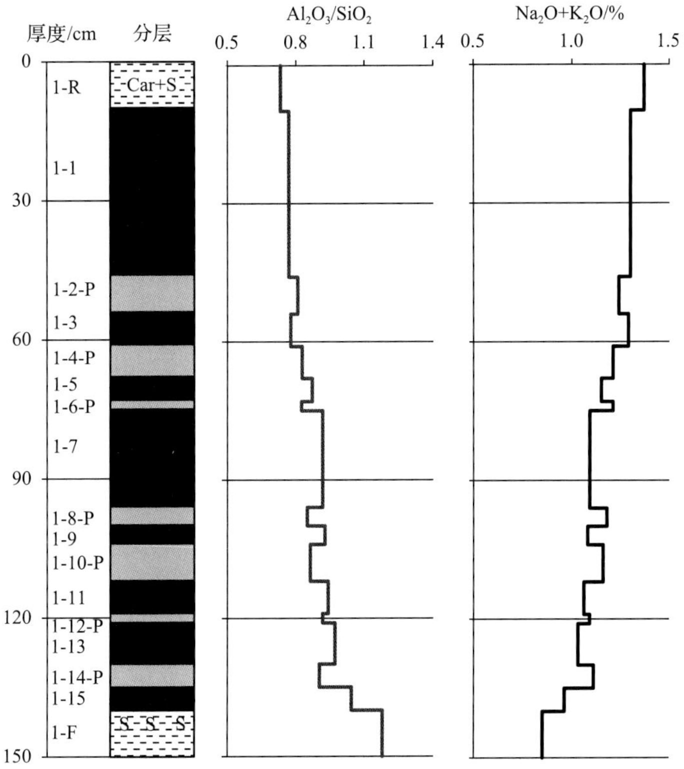

图 6.25　Al_2O_3/SiO_2 的垂直变化和 Na_2O+K_2O 的浓度变化

扶绥煤底板和下段煤层堆积时物源区酸性岩的风化程度要强于上段煤和顶板堆积，证据如下：①从底到顶 Al_2O_3/SiO_2 值逐渐减小，Na_2O+K_2O 含量逐渐增高（图 6.25）；②下段 Al 的氢氧化物矿物多，石英、伊/蒙混层矿物、伊利石少（表 6.4，表 6.7），稀土元素含量在下段煤分层含量高于上段煤层（图 6.23）。

表 6.7　扶绥煤、夹矸和围岩(顶板、底板)中主要元素氧化物的含量

样品	厚度/cm	A_d/%	SiO_2/%	TiO_2/%	Al_2O_3/%	Fe_2O_3/%	MnO/%	MgO/%	CaO/%	Na_2O/%	K_2O/%	P_2O_5/%	SiO_2/Al_2O_3
1-R		18.81[b]	37.7	1.06	27.6	8.30	0.095	0.52	1.06	0.25	0.48	0.046	1.37
1-1	36	38.83	18.6	0.38	14.3	3.67	0.011	0.26	0.21	0.07	0.33	0.02	1.30
1-2-P	8	18.52[b]	39.5	0.52	31.9	3.62	0.003	0.27	0.41	0.13	0.36	0.044	1.24
1-3	7	34.79	16.6	0.37	12.9	2.73	0.002	0.24	0.36	0.07	0.32	0.02	1.29
1-4-P	7	21.12[b]	39.3	0.38	32.5	2.05	0.001	0.20	0.38	0.11	0.27	0.03	1.21
1-5	5	40.15	16.4	0.27	14.3	6.95	0.002	0.19	0.26	0.06	0.21	0.02	1.15
1-6-P	2	22.12[b]	39.3	0.51	32.4	1.63	bdl	0.24	0.30	0.08	0.42	0.047	1.21
1-7	21	24.94	9.64	0.23	8.85	4.81	0.002	0.16	0.31	0.04	0.13	0.01	1.09
1-8-P	4	32.68[b]	32.7	0.45	27.8	3.77	0.002	0.20	0.27	0.05	0.26	0.031	1.18
1-9	4	33.63	12.5	0.27	11.6	7.86	0.003	0.13	0.31	0.03	0.15	0.01	1.08

续表

样品	厚度/cm	A_d/%	SiO$_2$/%	TiO$_2$/%	Al$_2$O$_3$/%	Fe$_2$O$_3$/%	MnO/%	MgO/%	CaO/%	Na$_2$O/%	K$_2$O/%	P$_2$O$_5$/%	SiO$_2$/Al$_2$O$_3$
1-10-P	8	25.75[b]	36.6	0.45	31.6	2.84	0.001	0.12	0.22	0.04	0.30	0.037	1.16
1-11	7	35.33	13.9	0.29	13.1	6.71	0.002	0.11	0.25	0.03	0.16	0.015	1.06
1-12-P	2	30.40[b]	31.7	0.82	29.1	6.34	0.002	0.09	0.11	0.02	0.17	0.045	1.09
1-13	9	31.29	11.0	0.26	10.7	8.29	0.002	0.11	0.19	0.03	0.18	0.011	1.03
1-14-P	5	21.90[b]	37.3	0.40	33.7	4.07	bdl	0.08	0.20	0.03	0.23	0.045	1.11
1-15	5	24.53	7.65	0.25	7.99	7.69	0.002	0.09	0.21	0.04	0.15	0.013	0.96
1-F		27.57[b]	20.1	0.71	23.7	26.9	0.003	0.06	0.20	0.01	0.12	0.021	0.85
B 夹矸	36		37.3	0.47	31.6	3.26	0.001	0.18	0.29	0.07	0.29	0.039	1.18
B 煤层	94	33.53	14.4	0.31	12.1	5.09	0.010	0.19	0.25	0.05	0.20	0.020	1.19
B 煤层(上)	48	38.38	18.1	0.37	14.1	3.87	0.009	0.25	0.24	0.07	0.32	0.020	1.28
B 煤层(下)	46	28.47	10.6	0.25	10.0	6.36	0.002	0.13	0.27	0.04	0.15	0.011	1.06
C1	180	27.89	11.2	0.30	9.92	4.95	0.002	0.14	0.38	0.09	0.21	0.018	1.13
C2	130	31.41	13.7	0.29	11.7	4.60	0.003	0.20	0.38	0.08	0.23	0.014	1.17
FC		30.34	12.8	0.30	11.0	4.87	0.003	0.17	0.32	0.08	0.22	0.02	1.16
中国煤[a]			8.47	0.33	5.98	4.85	0.015	0.22	1.23	0.16	0.19	0.092	1.42
FC/中国煤			1.51	0.91	1.84	1.00	0.21	0.77	0.26	0.49	1.18	0.18	0.82

注：B 夹矸表示夹矸样品加权平均值；B 煤层表示所有煤分层样品的加权平均值；B 煤层(上)表示 1-1、1-3、1-5 煤分层样品的加权平均值；B 煤层(下)表示其他煤分层样品加权平均值；FC 表示 C-1、C-2 和 B 煤层的加权平均值；bdl 表示低于检测限；P 表示夹矸；R 表示煤层顶板；F 表示煤层底板。

a 的数据引自 Dai 等(2012a)；b 表示烧失量。

二、热液流体的影响

热液流体的输入是扶绥煤、夹矸、围岩中微量元素和矿物异常的一个重要原因。热液流体输入的元素地球化学方面的证据有 Hg 在煤层和围岩中富集，以及其他与热液相关的元素如 Se 和 Cd 等的富集等；矿物的证据有同脉共存的石英、高岭石、黄铁矿或脉状高岭石等。

根据与热液相关的元素的分布，扶绥煤中存在多期次的热液活动。泥炭堆积阶段的同生热液中可能富集 Hg，这导致所有的煤分层中 Hg 含量较高。

两种不同组成的热液导致顶板中富集 F、Mo、U，底板中富集 Fe、Pb、Cd、S、Cl。这两期热液活动发生在煤化作用期后，并未对煤层中微量元素的分布产生显著的影响。这也导致了与顶底板接触部位的煤分层中富集了某些元素，如 Cd 在靠近底板的煤层中富集。

Se 与受热液作用影响的元素不同，在所有煤分层和夹矸中均具有高含量。Se 与白铁矿分布特征的相似性表明它的富集受控于另一后生的热液矿化作用。煤中 Se 的赋存状态多种多样，如细粒自然硒、硒铅矿(PbSe)、白硒铁矿(FeSe$_2$)、以类质同象替代硫化物矿物(黄铁矿、砷黄铁矿、黄铜矿、方铅矿)(Hower and Robertson，2003；Yudovich and Ketris，

2006a；Diehl et al.，2012；Riley et al.，2012；Wagner and Tlotleng，2012）。

三、微量元素重新分配

　　夹矸受酸性溶液淋滤导致其中的微量元素迁移到下伏煤分层沉积是扶绥煤中微量元素富集的另一原因。这种淋滤作用的强弱与含 S^-、F^-、Cl^- 离子热液的活动次数有关，这些酸性热液将元素从黏土夹矸和碎屑矿物中淋滤出来，然后元素重新分配 [图 6.8（c）、(d)，图 6.13（c）、图 6.26]。

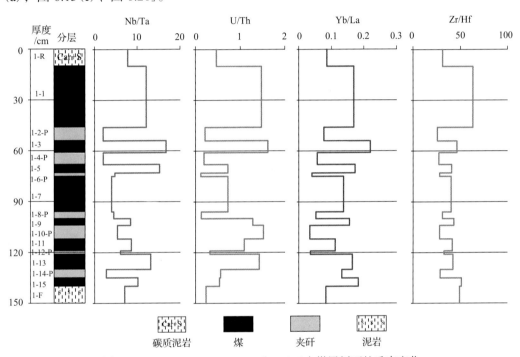

图 6.26　Nb/Ta、U/Th、Yb/La 和 Zr/Hf 在煤层剖面的垂直变化

　　扶绥煤分层中的元素 U、Nb、Y、HREE、Zr 的含量和 U/Th、Yb/La、Nb/Ta、Zr/Hf 的值基本高于其上覆夹矸 (图 6.26)。这主要是因为上述比值对的第一个元素易于从夹矸中淋滤并沉淀在煤分层有机质中 (Seredin，2004)，导致元素对的高比值。受此作用影响的微量元素重新分布导致扶绥煤分层上述元素对比值高于世界煤均值，夹矸中的元素对比值低于世界黏土均值和扶绥煤层围岩。

　　例如，世界煤均值的 Yb/La 值为 0.09 (Ketris and Yudovich，2009)，扶绥煤为 0.15。世界黏土均值的 Yb/La 值为 0.05～0.06，与扶绥煤层顶底板类似 (Yb/La=0.07)，扶绥煤的黏土夹矸中的 Yb/La 值为 0.03。Zr/Hf 值的剖面分布规律表明 Zr 从夹矸中淋滤后重新在下伏煤层中沉积，这表明 Zr 的载体不仅仅是 SEM-EDS 观测到的碎屑锆石，可能是黏土矿物或是含 Zr 物相，后者在酸性环境中不稳定。

　　从云开古陆搬运来的含稀土元素碎屑矿物同样遭受了酸性泥炭沼泽环境的破坏，重新作为亏损 HREE 的磷稀土矿沉积 (图 6.14)。HREE 和 Y 从夹矸中淋滤重新在下伏煤层中堆积，以有机结合态存在。这就是为什么煤中稀土元素呈重稀土富集型，而夹矸中稀土元素呈轻稀土富集型。这也解释了为什么相对于顶底板而言夹矸中亏损HREE(图 6.23)。

一般来说,三价稀土能够与热液溶液一起迁移,而不是在表生浸出的酸性条件下容易被黏土矿物吸附(Liu and Cao,1993)。然而,Ce 是唯一可以被氧化成四价态(Ce^{4+})的稀土元素,并且可以原位沉淀,导致从夹矸中产生贫 Ce 淋滤液。这很可能是导致夹矸稀土元素总量较低(1-14-P 除外),但 Ce/La、Ce/Nd、Ce/(La+Nd)值高于夹矸下面煤分层的原因。

四、作为副产品的 REY 回收前景的初步估计

扶绥煤灰中稀土元素的含量均值为 975 μg/g(约 0.12% REY_2O_3),这个值高于从煤灰中经济利用稀土元素的边界品位(0.1% REY_2O_3)(Seredin and Dai,2012)。稀土元素单个组成的模式要好于其他同等含量水平的燃煤产物,期望指数为 1.5(Seredin and Dai,2012)。

高灰分产率(31%)和稀土的有机结合态表明常规的选煤方法是获得低灰分高稀土含量煤灰的有效途径。此外,合山煤的高硫含量提供了生产硫酸的机会,硫酸可作为从相关燃煤产物中浸出 REY 的试剂。所有的因素表明广西扶绥煤可以作为稀土元素的潜在来源。

第七章　广西宜山煤型铀矿床

第一节　地　质　背　景

宜山煤田位于广西壮族自治区北部，煤田长 60km，宽 3～14km，目前正在开采的煤矿包括：拉浪 1-6 号煤矿和冲谷 1-6 号煤矿。宜山煤田的沉积地层从老到新可分为下二叠统茅口组、上二叠统合山组和大隆组、下三叠统罗楼组、中三叠统平而关群和第四系。

宜山煤田的含煤地层为合山组[图 7.1(a)]，合山组与下伏茅口组灰岩呈不整合接触，与上覆大隆组呈整合接触。合山组厚度为 300～519m，主要由较厚石灰岩、煤层和含燧石石灰岩夹层组成。根据岩性特征，合山组可以分为三部分：上部(含 K4、K5、K6、K7、K8、K9 六层煤)、中部(不含煤分层)和下部(含 K2、K3 两层煤)。其中 K3、K6、K7 煤层是矿区内主要可采煤层，煤层顶底板由石灰岩组成，偶见薄层状硅化泥岩夹于煤层和石灰岩顶板之间。

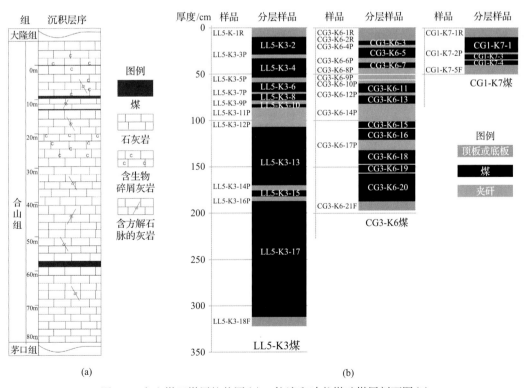

图 7.1　宜山煤田煤层柱状图(a)、拉浪和冲谷煤矿煤层剖面图(b)

茅口组由中厚石灰岩组成，偶见燧石夹层。大隆组由酸性砂岩和泥岩组成，平均厚度为 30m。罗楼组平均厚度为 220m，由页岩、灰岩夹层和薄层石灰岩组成，罗楼组底部主要由厚层石灰岩组成。平而关群与上覆罗楼组呈整合接触，由厚层砂岩、黄色和灰色页岩夹层组成。白垩纪地层上部和下部分别由砂岩、泥岩和砾岩组成。第四纪地层厚度为 3～10m，与下伏白垩纪地层呈不整合接触，偶尔位于合山组、大隆组和罗楼组上部且呈不整合接触关系。

与贵州贵定（Dai et al.，2015a）、云南砚山（Dai et al.，2008c）、广西合山（Dai et al.，2013a）煤田相同，广西宜山煤田是在潮坪环境、局限碳酸盐岩台地上沉积形成（王根发等，1995，1997；Shao et al.，2003）。中国西南地区大部分晚二叠世含煤地层的沉积源区为康滇古陆（He et al.，2010；Xu et al.，2010；Huang et al.，2014；Dai et al.，2015a）。康滇古陆是峨眉山地幔柱的产物，主要由玄武岩组成，含少量同期基性和酸性侵入岩（Chung and Jahn，1995；Xiao et al.，2004；Shellnutt et al.，2011）。然而，与广西合山和扶绥煤田相同，广西宜山煤田的沉积源区是云开古陆（冯增昭等，1994），而不是康滇古陆。

第二节　煤的基本特征

本章采集了宜山煤田拉浪煤矿 5 号井的 K3 煤层（以下简称"LL5-K3"）、冲谷矿区 1 号井的 K7 煤层（以下简称"CG1-K7"）、冲谷矿区 3 号井的 K6 煤层（以下简称"CG3-K6"），具体采集样品岩性及编号如图 7.1（b）所示。

表 7.1 列出了宜山煤田煤分层样品的厚度、工业分析、元素分析、形态硫和镜质组随机反射率数据。依据 ASTM 标准 *Standard Classification of Coals by Rank*（ASTM D388—2012）（ASTM，2012），LL5-K3 煤层中煤分层样品为半无烟煤，CG3-K6 与 CG1-K7 煤层中煤分层样品为低挥发分烟煤。LL5-K3 煤层在三个采集煤层中最厚，灰分产率最低。形态硫结果显示（表 7.1），宜山煤田煤中黄铁矿硫含量低，有机硫含量非常高，根据 Chou（1997a，2012）的研究可将宜山煤划分为超高有机硫煤。前人对超高有机硫煤进行过报道，包括贵州贵定煤田（Dai et al.，2015a）、云南砚山煤田（Dai et al.，2008c）、广西合山煤田（Dai et al.，2013a）、克罗地亚的 Raša 煤田和澳大利亚的 Victoria 煤田。

表 7.1　宜山煤田煤分层样品的厚度、工业分析、元素分析、形态硫、镜质组随机反射率

样品	厚度/cm	M_{ad}/%	A_d/%	V_{daf}/%	C_{daf}/%	H_{daf}/%	N_{daf}/%	$S_{t,d}$/%	$S_{o,d}$/%	$S_{p,d}$/%	$S_{s,d}$/%	R_r/%
LL5-K3-2	19	0.19	6.38	13.01	81.79	3.39	0.24	11.88	11.34	0.48	0.06	2.07
LL5-K3-4	21	0.32	18.24	13.68	80.57	3.2	0.52	10.98	9.71	1.24	0.03	2.04
LL5-K3-6	10.5	0.27	14.74	12.22	82.75	3.24	0.28	10.57	10.00	0.55	0.02	2.04
LL5-K3-8	7	0.27	21.64	13.14	81.07	3.36	0.39	10.33	9.11	1.15	0.07	2.02
LL5-K3-10	3.5	0.37	23.79	14.33	81.73	3.74	0.58	9.80	8.26	1.34	0.20	2.08
LL5-K3-13	63	0.22	11.36	12.94	81.97	3.55	0.24	11.35	10.47	0.68	0.20	2.07
LL5-K3-15	6.5	0.18	14.64	13.29	81.13	3.44	0.33	11.48	10.94	0.44	0.10	2.01
LL5-K3-17	125	0.53	32.87	14.51	78.82	3.44	0.82	9.30	8.13	1.14	0.03	2.07
WA-LL5-K3	255.5*	0.38	22.75	13.78	80.28	3.44	0.56	10.27	9.25	0.94	0.08	2.05

续表

样品	厚度/cm	M_{ad}/%	A_d/%	V_{daf}/%	C_{daf}/%	H_{daf}/%	N_{daf}/%	$S_{t,d}$/%	$S_{o,d}$/%	$S_{p,d}$/%	$S_{s,d}$/%	R_r/%
CG3-K6-3	4.5	nd	57.10	nd	nd	nd	nd	5.50	3.63	1.31	0.56	nd
CG3-K6-5	11	nd	54.46	nd	nd	nd	nd	5.95	4.87	0.88	0.20	nd
CG3-K6-7	6	nd	54.90	nd	nd	nd	nd	6.02	4.65	1.21	0.16	nd
CG3-K6-11	10	0.92	38.25	17.72	79.15	3.81	0.47	8.61	6.93	1.55	0.13	1.73
CG3-K6-13	9	1.27	41.68	19.33	75.99	3.76	0.91	8.36	5.97	1.82	0.57	1.74
CG3-K6-15	7	1.06	42.79	17.81	79.66	3.71	0.70	7.46	5.98	1.23	0.25	1.89
CG3-K6-16	13	nd	52.11	nd	nd	nd	nd	6.99	4.98	1.77	0.24	nd
CG3-K6-18	15	0.81	35.60	18.60	77.41	3.38	0.68	9.61	7.26	2.00	0.35	1.75
CG3-K6-19	9	0.50	25.72	17.54	79.78	3.48	0.54	10.18	8.37	1.61	0.20	1.72
CG3-K6-20	31	0.63	42.55	17.59	78.57	3.83	0.71	8.38	6.4	1.88	0.10	2.00
WA-CG3-K6	115.5*	0.79	43.33	18.00	78.37	3.69	0.68	7.97	6.11	1.63	0.23	1.80
CG1-K7-1	16.5	nd	53.99	nd	nd	nd	nd	5.56	5.16	0.28	0.12	nd
CG1-K7-3	6.5	0.55	43.87	23.91	82.41	4.12	1.40	7.27	6.75	0.35	0.17	1.73
CG1-K7-4	5	0.50	27.39	15.60	80.79	3.43	0.85	9.02	8.46	0.46	0.10	1.67
CG1-K7-3+4	11.5	0.48	38.86	21.37	82.30	3.77	1.17	7.72	6.60	0.35	0.77	1.70
WA-CG1-K7	28*	0.53	36.71	20.30	81.83	3.77	1.14	6.58	6.12	0.33	0.13	1.70

注：M 表示水分；A 表示灰分；V 表示挥发分；C 表示碳；H 表示氢；N 表示氮；S_t 表示全硫；S_s 表示硫酸盐硫；S_p 表示硫化物硫；S_o 表示有机硫；ad 表示空气干燥基；d 表示干燥基；daf 表示干燥无灰基；R_r 表示镜质组随机反射率；WA 表示根据样品间厚度计算的加权平均值；nd 表示未检测到。

＊煤层的总厚度。

第三节　煤的矿物学特征

一、矿物组成及含量

宜山煤田晚二叠世煤中矿物的定性定量结果如表 7.2 所示。宜山煤田晚二叠世样品中主要矿物为石英、伊利石、长石（钠长石、钾长石和铵长石）和黄铁矿，含少量的高岭石、蒙脱石、白云石、石膏、烧石膏和锐钛矿（图 7.2）。个别顶底板样品以方解石为主，含量接近甚至高于 90%，与其灰岩特征一致。LL5-K3 煤矿上部富集黄铁矿。石英在 LL5-K3 煤中含量相对较低，大多数分层中石英含量低于 6%，仅在 LL5-K3-6 和 LL5-K3-8 煤分层含量较高，然而这两个分层样品中伊利石含量较低。

高岭石在 LL5-K3 和 CG3-K6 煤层的大多数样品中含量极低，一般低于 5%，但在 CG1-K7 煤层含量略高。CG3-K6 煤层样品中含少量的蒙脱石。在宜山煤中也发现了锐钛矿，主要赋存在 LL5-K3 煤层中。钠长石主要分布在 LL5-K3 和 CG3-K6 煤层，在 CG1-K7 煤层含量低于 XRD 检测限。铵长石（详见下面的讨论）在研究区分层样品中含量极高，尤其是在 LL5-K3 号煤层。

表 7.2 宜山煤田煤分层样品的低温灰和未灰化的围岩（顶板、底板和夹矸）的矿物定量（Sirqoquant）结果

样品	HTA/LTA*	石英/%	伊利石/%	高岭石/%	蒙脱石/%	钠长石/%	铵长石/%	黄铁矿/%	方解石/%	白云石/%	文石/%	石膏/%	硬石膏/%	锐钛矿/%	三水铝石/%
LL5-K3-1R	68.58	1.0							96.0	2.6				0.5	
LL5-K3-2	7.45*	0.5	44.6	2.4		14.7	19.6	12.2	1.4	2.8				1.9	
LL5-K3-3P	66.85	1.1	31.5	1.0		14.0	22.1	26.9						3.4	
LL5-K3-4	20.75*	1.4	32.9	2.1		12.3	33.5	13.3		2.2				2.4	
LL5-K3-5P	65.76	1.3	18.6	1.4		17.4	34.3	23.9		0.8				2.3	
LL5-K3-6	15.84*	16.0	14.7	1.1		22.8	29.1	6.5		5.4			3.4	1.0	
LL5-K3-7P	68.95	0.8	29.8	1.4		22.5	18.5	21.2		1.7				4.1	
LL5-K3-8	23.33*	29.3	13.4	2.0		13.7	25.2	10.0	0.5	2.6			1.5	1.9	
LL5-K3-9P	54.34	4.5	22.1	0.9		19.9	42.5	5.6					3.2	1.3	
LL5-K3-10	26.23*	2.3	16.3	0.4		20.5	35.6	10.8		11.3			1.3	1.5	
LL5-K3-11P	56.35	1.3	28.5	1.3		22.3	27.8	16.1					1.6	1.1	
LL5-K3-12P	70.86	0.6	39.2	0.9		21.6	21.1	15.8						0.8	
LL5-K3-13	12.34*	5.9	20.0			17.1	36.2	9.7	4.0	2.1			3.3	1.8	
LL5-K3-14P	50.71	2.1	27.2	1.3		34.0	29.5	2.8					2.3	0.9	
LL5-K3-15	15.36*	2.0	24.8			14.9	48.0	3.9		2.6			2.4	1.3	
LL5-K3-16P	54.16	1.5	60.0	1.7		7.7	25.9	2.3						1.1	
LL5-K3-17	36.57*	0.8	57.0	1.6		14.2	21.8	4.7							
LL5-K3-18F	64.64	0.3						1.7	89.7		7.6			0.7	
CG3-K6-R	54.42	34.5	21.5	2.5	4.8	9.0	17.2	4.7	0.5	3.8		1.5			
CG3-K6-2	80.58	9.1	49.4	4.0	1.8	11.9		10.5	0.8	0.8		5.3			
CG3-K6-3	57.10	15.2	52.0	1.8	1.3	13.4	11.2	2.1				2.4		0.7	
CG3-K6-4P	65.52	33.5	13.4	2.1	2.4	11.7	28.1	6.9				1.9			
CG3-K6-5	54.46	21.7	34.6	3.2	3.5	19.0	14.3	2.0				1.6			
CG3-K6-6P	82.67	15.6	70.9	0.5	3.2	3.0		3.3				3.5			7.0
CG3-K6-7	54.90	24.0	32.6	3.1	5.8	17.4	7.0	2.9	5.0			2.2			

续表

样品	HTA/LTA*	石英/%	伊利石/%	高岭石/%	蒙脱石/%	钠长石/%	铵长石/%	黄铁矿/%	方解石/%	白云石/%	文石/%	石膏/%	硬石膏/%	锐钛矿/%	三水铝石/%
CG3-K6-8	85.36	22.0	58.1	4.9	3.1	1.2		3.6		4.3		2.8			
CG3-K6-9P	73.18	21.8	45.7	3.0	1.8	23.8		2.0				2.0			
CG3-K6-10P	79.49	15.7	58.9	5.1	2.2	10.3		2.0		3.6		2.3			
CG3-K6-11	44.59*	17.8	53.4	3.4		12.7	0.6	6.7		4.6		0.2	1.0	0.7	
CG3-K6-12P	70.36	13.7	75.8	3.0	0.2	4.3		1.0				1.0			
CG3-K6-13	50.84*	10.2	71.0	4.0	0.1	8.9		5.3						0.6	
CG3-K6-14P	50.27	15.5	56.7	4.1	0.5	11.8	2.7	2.3		3.9		1.6		1.1	
CG3-K6-15	48.19*	22.3	55.9	4.2		8.5	1.3	3.6		1.2		2.2	0.7		
CG3-K6-16	52.11	19.3	49.0	2.6		13.1	7.4	5.9		1.1		0.9	0.5		
CG3-K6-17	83.93	16.1	49.7	1.0		27.6	3.0	1.0				1.6			
CG3-K6-18	41.05*	7.9	63.1	3.1		8.0	6.4	7.9		3.2				0.5	
CG3-K6-19	32.64*	7.9	61.6	2.1		4.8	11.8	7.5		3.5				0.7	
CG3-K6-20	48.29*	37.9	12.5	11.6		0.3	22.3	1.1	10.7	3.4		0.3			
CG3-K6-21F	68.40	1.6	3.4					0.8	90.2	4.0					
CG1-K7-R	84.36	12.5	74.7	7.2				3.5	0.1			2.0			
CG1-K7-1	53.99	30.7	7.6	7.7				0.7	34.1	14.9		4.3			
CG1-K7-2P	78.65	7.2	64.4	14.8	3.1			5.8				4.7			
CG1-K7-3	47.96*	34.6	8.1	11.8			24.7	1.3	10.5	8.0			1.0		
CG1-K7-4	29.03*	38.8	14.4	8.9			29.0	2.9	1.2	4.2			0.6		
CG1-K7-3+4	39.83*	17.3	46.3	10.6			6.2	11.0		0.8			0.9		
CG1-K7-Lens	79.36	16.3	73.4	5.2				2.5				2.7			
CG1-K7-F	63.51	35.7	21.9	12.9			24.7	2.4				2.4			
CG1-K7-C	57.16	37.8	15.9	14.9				1.7	25.1			4.6			

注：HTA 表示高温灰；LTA 表示低温灰；Lens 表示透镜带；由于四舍五入，各矿物之和可能存在一定的误差。

* 表示低温灰分产率。

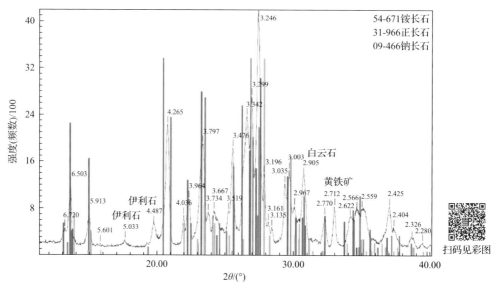

图 7.2 宜山煤田 LL-K3-15 样品的 X 射线衍射谱图

在 CG3-K6 和在 CG1-K7 煤层中检测到少量的石膏。在 LL5-K3 煤层中检测到 1.3%～3.4%的硬石膏。此外，在 CG3-K6 和 CG1-K7 个别煤层检测到硬石膏，且石膏和硬石膏一般不共同产出。一般认为，煤中钙的硫酸盐矿物是在低温灰化过程中后天生成的。硬石膏可能为石膏、烧石膏或其他含水的钙的硫酸盐矿物在加热或干燥过程中脱水形成。此外，在 LL5-K3 煤层的底板中检测到 7.6%的文石。在 CG3-K6-2 号煤层中检测到 7.0%的三水铝石。

宜山煤田夹矸的矿物组成与煤层的矿物组成相似，但也不排除特殊情况。例如，LL5-K3 煤层的三层夹矸中锐钛矿含量相对较高。冲谷矿区 1 号井 K7 号煤层三层岩石样品（CG1-K7-1、CG1-K7-3、CG1-K7-4）中伊利石含量较高。

将宜山煤样品的低温灰与高温灰灰分产率进行对比，发现低温灰灰分产率接近且略高于对应样品的高温灰灰分产率(图 7.3)。这可能是由于样品在高温灰化过程中，黏土矿物丢失羟基水、碳酸盐矿物丢失 CO_2、黄铁矿氧化引起高温灰灰分产率降低。

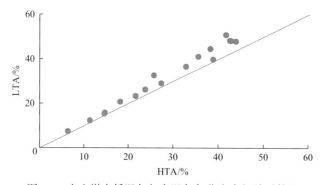

图 7.3 宜山煤中低温灰与高温灰灰分产率相关系数图

LTA-低温灰；HTA-高温灰

二、矿物赋存状态

（一）长石

根据 XRD 谱图，可以准确判断矿物的种类。如图 7.2 所示，宜山煤田煤中长石主要包括两种，一种为钠长石，另一种长石的 XRD 特征峰介于钾长石（$KAlSi_3O_8$）和铵长石 $[(NH_4)(AlSi_3)O_8]$ 之间，但是更接近于铵长石。Siroquant 定量过程中进一步证明此长石更接近铵长石。除了铝硅元素外，铵长石的阳离子理论上应该为纯粹的 NH_4^+，然而，部分 K^+ 也可以赋存在铵长石中（Deer et al., 2001）。正如 XRD 谱图所示，图 7.3 中长石的 XRD 特征峰介于铵长石和钾长石之间。扫描电镜的能谱数据也证明了 K^+ 的存在（见后续详细讨论）。

1. 钠长石

钠长石在 CG3-K6 煤层中主要呈四边形颗粒状分布在基质镜质体表面，部分被溶蚀而显示空腔结构，主要为半自形至自形颗粒[图 7.4(a)～(c)]。颗粒粒径大小变化较大，分选性较差，呈现规则的长方形、正方形等四边形形状，磨圆度较差，表明经历的搬运距离较短，此类颗粒状钠长石主要为碎屑成因。钠长石表面腔洞有时被高岭石充填[图 7.4(a)]。偶见钠长石以大块的颗粒集合体形式产出[图 7.4(d)、(f)]，表明其为自生成因。绝大部分钠长石表面纯净，然而部分钠长石颜色不均匀，能谱数据表明其含少量的 K^+，此类钠长石可能为钾长石与钠长石共同生长形成，即条纹长石。

钠长石在 LL5-K3 煤层中的赋存状态包括脉状和半自形至自形颗粒状[图 7.4(e)]。钠长石多数呈规则的四边形，磨圆度较差，表明经历了较短的搬运距离。脉状钠长石常与钾长石和铵长石共同出现，主要为自生成因。能谱数据表明，部分钠长石常含 K^+，呈脉状和分散颗粒状出现[图 7.4(f)]。

2. 铵长石

鉴于带能谱的扫描电镜很难鉴别质量数较小的元素如氢和氮，本章基于两种方法来区分铵长石：①能谱谱图中钾元素的 Kα 峰的相对高度变化；②贫 K^+ 的长石颗粒的能谱谱图上氮元素的 Kα 峰（因为氮的峰的信号很弱，此峰不是很明显）（图 7.5）。能谱数据证

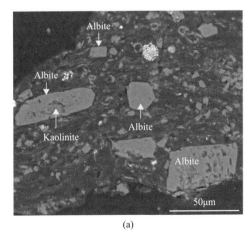

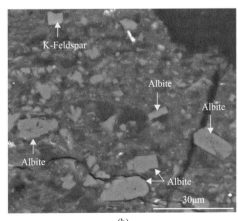

(a)　　　　　　　　　　　　　　　　　(b)

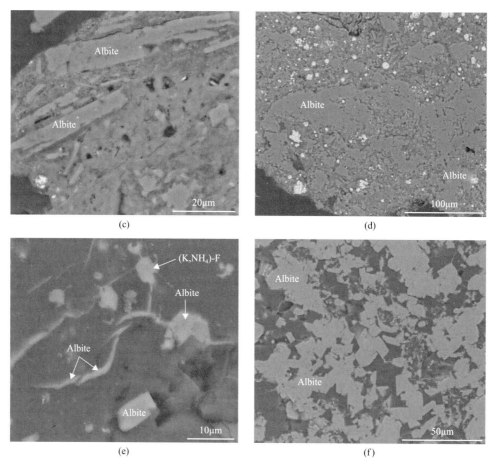

图 7.4 宜山煤中钠长石的扫描电镜背散射图像

Albite-钠长石；K-Feldspar-钾长石；Kaolinite-高岭石

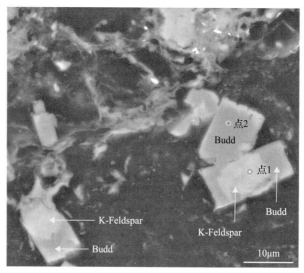

(a)

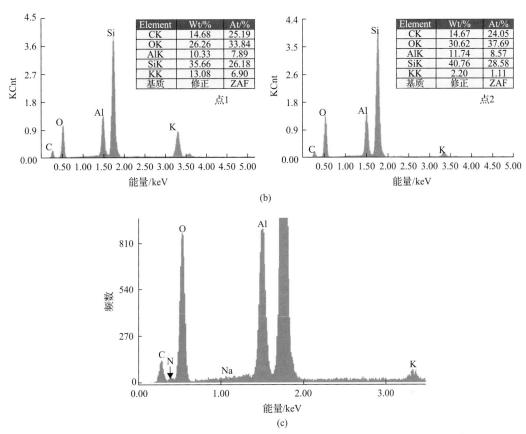

图 7.5 宜山 LL5-K3-15 中钾长石与铵长石的扫描电镜背散射图像

Budd-铵长石；K-Feldspar-钾长石；由于四舍五入，Wt 的加和可能存在一定的误差

明了钾长石中的 K^+ 被 NH_4^+ 替代，因此 XRD 谱图中很难检测到钾长石的特征峰。钾长石与铵长石的成因关系也能被两种长石的赋存状态证明，即铵长石中钾元素的 $K\alpha$ 峰相对较低[图 7.5(b)，点 2]，而钾长石中钾元素的 $K\alpha$ 峰相对较高[图 7.5(b)，点 1]。此外，根据长石的化学式，长石中铝钾原子比(Al/K)理论值为 1。然而，研究样品中部分钾长石中的 Al/K 低于 1，表明钾长石中 K^+ 被 NH_4^+ 替代，Al/K 越高，表明 NH_4^+ 替代 K^+ 的程度越大。此特征与上述 XRD 谱图中长石的衍射峰呈现过渡性质的特征一致。

铵长石在 CG1-K7 煤层的煤中主要充填在有机质胞腔内，EDS 谱图中钾元素的 $K\alpha$ 峰的高度不大[图 7.6(a)]，表明 CG1-K7 煤层的钾长石中 K^+ 被 NH_4^+ 替代的程度较高。铵长石在 CG3-K6 煤层的煤中赋存状态多种多样，包括：①细胞充填状；②自形至半自形颗粒状，部分铵长石表面有被碳酸盐矿物充填的溶蚀腔洞[图 7.6(b)]；③部分赋存于钾长石颗粒边缘并呈集合体形式[图 7.6(c)]；④少量的铵长石赋存于钠长石被溶蚀的腔洞中[图 7.6(d)]。相比于 CG1-K7 煤层，CG3-K6 煤层长石中钾的 $K\alpha$ 峰高度变化幅度大，表明较多的 K^+ 被 NH_4^+ 替代。LL5-K3 煤层的煤中铵长石的赋存状态包括：①自形至半自形颗粒状[图 7.6(e)]，呈长方形、正方形、六边形和各种规则形状，磨圆度极差，表明经历了较短的搬运距离；②脉状[图 7.6(f)]；③充填在钾长石内部腔内或在钾长石边缘，表明长石结晶过程复杂[图 7.7(a)、(b)]；④束状集合体[图 7.7(c)]。能谱数据表明，

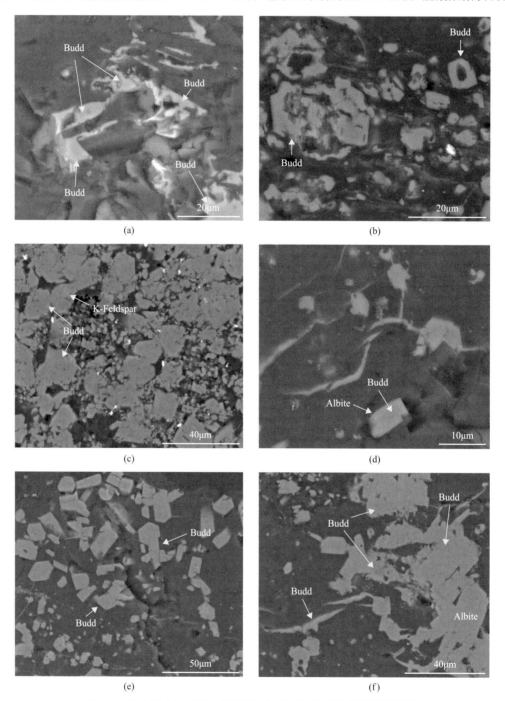

图 7.6　宜山煤中钠长石、钾长石与铵长石的扫描电镜背散射图像

Budd-铵长石；K-Feldspar-钾长石；Albite-钠长石

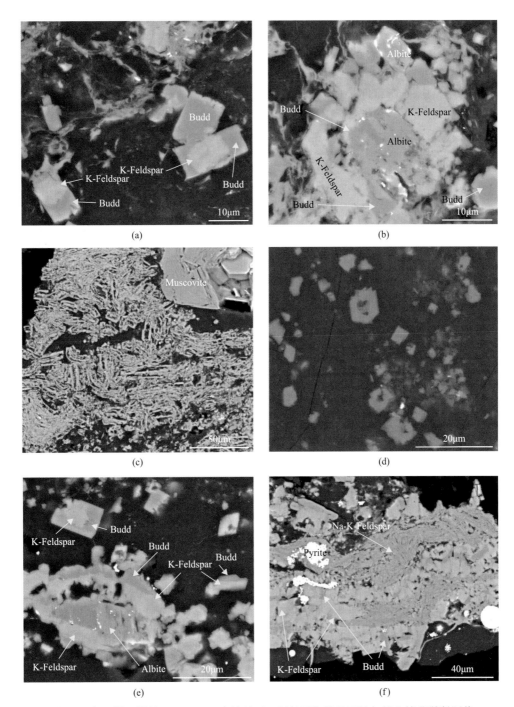

图 7.7　宜山煤田样品 LL5-K3-15 中钠长石、钾长石与铵长石的扫描电镜背散射图像

K-Feldspar-钾长石；Albite-钠长石；Budd-铵长石；Muscovite-白云母；Na-K-Feldspar-钠-钾长石；Pyrite-黄铁矿

相比于自形至半自形颗粒状的铵长石，脉状铵长石中钾的 Kα 峰相对较低，表明脉状铵长石中 NH_4^+ 替代 K^+ 的程度较高。

3. 钾长石

钾长石在 LL5-K3 煤层的煤中主要呈自形至半自形颗粒状分布在基质镜质体中、充填于钠长石空腔[图 7.7(d)]、充填于铵长石表面腔洞或包围在铵长石边缘[图 7.7(e)]和呈脉状[图 7.7(f)]。脉状钾长石常与钠长石和铵长石共生。

铵长石、钾长石和钠长石在夹矸和顶底板样品中的赋存状态与煤层中相似(图 7.8),表明煤层和夹矸、顶底板样品中的长石来源相似。

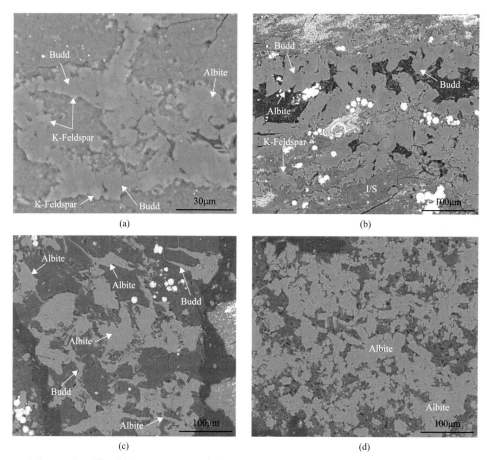

图 7.8　宜山煤田样品 LL5-K3-12P 中钾长石、钠长石和铵长石的扫描电镜背散射图像

K-Feldspar-钾长石;Albite-钠长石;Budd-铵长石;I/S-伊/蒙混层

(二)黏土矿物

伊利石在 X 射线谱图中显示不同特征:在大多数样品中(CG1-K7-3、CG1-K7-4、CG3-K6-R、CG3-K6-3、CG3-K6-4、CG3-K6-5、CG3-K6-11 和 LL5-K3 煤层中绝大多数分层样品),伊利石的(001)特征峰比较尖锐,d 值在 10.0～10.1Å 变化。然而,在少部分分层样品中(如 CG3-K6-13、CG3-K6-18、LL5-K3-10),偶见伊利石(001)特征峰 d 值为10.3Å,此时伊利石为铵伊利石。此外,部分分层样品中(CG1-K7-R、CG1-k7-2P、CG1-K7-lens、CG3-K6-2、CG3-K6-3、CG3-K6-6、CG3-K6-7、CG3-K6-8、CG3-K6-9、

CG3-K6-10、CG3-K6-17)伊利石的(001)特征峰 d 值在 10.7～11.8Å 变化，表明其中含有蒙脱石成分，显示伊/蒙混层的性质。扫描电镜的能谱数据也表明此类伊利石中常含元素 Mg 和 Fe(图 7.9)。此外，在 LL5-K3 煤层的部分夹矸中伊利石的(001)特征峰比上下煤层中的相对较宽，表明夹矸中伊利石主要为陆源碎屑成因。LL5-K3 煤层大部分煤分层样品中伊利石的特征峰比较尖锐，可能是碎屑白云母导致的。白云母主要呈大片状，显示较好的层理[图 7.7(c)]。能谱数据显示白云母不含 Mg，赋存状态与含 Mg 的伊利石完全不同。含 Mg 的伊利石主要呈薄片状分布在基质镜质体中，主要为碎屑成因。

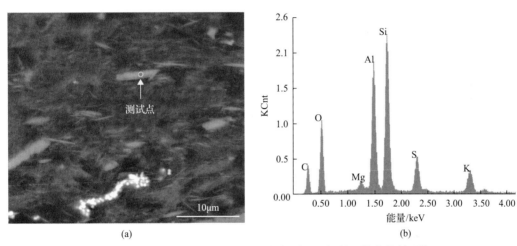

图 7.9　宜山煤田样品 LL5-K3-15 中伊利石的扫描电镜背散射图像

高岭石的赋存状态包括：①主要充填在钠长石溶蚀腔洞内，表明其为钠长石蚀变产物[图 7.4(a)]；②部分呈细小的束状，充填在有机质孔隙中[图 7.9(a)]，表明其为自生成因。

（三）石英

石英在宜山煤中的赋存状态包括：①分散颗粒状分布在基质镜质体中[图 7.10(b)]，表明其为陆源碎屑成因；②细胞充填状[图 7.10(b)、(d)]；③裂隙充填状[图 7.10(c)]；

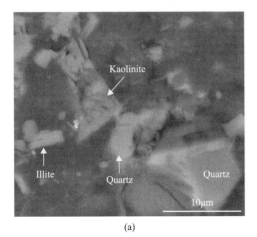

(a)　　　　　　　　　　　　　　(b)

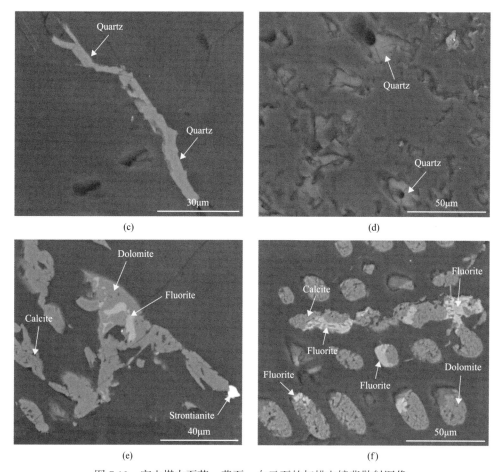

图 7.10　宜山煤中石英、萤石、白云石的扫描电镜背散射图像

Quartz-石英；Dolomite-白云石；Fluorite-萤石；Kaolinite-高岭石；Illite-伊利石；Strontianite-菱锶矿；Calcite-方解石

④六边形或不规则形状，棱角分明，磨圆度差，具有自形至半自形轮廓。第②和第③种赋存状态的石英为自生成因，第④种赋存状态的石英主要在 CG3-K6 和 CG1-K7 煤层中分布，可能为火山灰来源。

（四）黄铁矿

宜山煤田成煤环境为局限碳酸盐岩台地，成煤过程中遭受海水影响，黄铁矿在所研究样品中非常普遍。黄铁矿在宜山煤中主要呈莓球状、立方体状、颗粒状和细胞充填状［图 7.7(f)］。

（五）其他矿物

宜山煤田样品中碳酸盐矿物主要为方解石和白云石，含少量的菱锶矿。方解石和白云石的赋存状态主要呈细胞充填状和裂隙充填状［图 7.10(e)、(f)］。扫描电镜能谱数据表明，白云石常含少量的 Sr，如在 LL5-K3-10 煤分层发现的白云石中含 0.7%的 Sr。

相比于其他常见矿物，萤石在煤层中比较罕见（Yudovich et al.，1985；Swaine，1990；

Finkelman，1995；Bouška and Pešek，1999；Dai et al.，2013a，2013b）。Dai 等（2013a，2013b）在中国合山煤田晚二叠世超高有机硫煤中发现自生萤石，主要为后生热液流体成因。除了煤层外，在其他煤层的夹矸和顶底板中也发现了萤石，可能为低温热液流体成因。宜山煤田煤中超常富集元素氟，尤其是拉浪煤矿煤分层样品，研究表明宜山煤田煤中的氟部分赋存在萤石中。萤石在宜山煤田煤中主要呈细胞充填状，常和碳酸盐矿物共生[图 7.10（e）、（f）]，主要为自生成因。萤石的形成可能是由石灰岩中淋滤出的 Ca^{2+} 与富氟的低温热液流体反应生成（Yang et al.，1982；Zhou and Ren，1992；Hower et al.，2001；Dai et al.，2013a，2013b）。

在扫描电镜下观察样品 CG3-K6-2，发现铁的硫酸盐矿物，含少量的 Mg，可能为黄铁矿氧化形成。此外，在 LL5-K3-15 煤分层中还发现了稀土元素矿物（可能为独居石）和锆石。

三、矿物和化学成分的比较

为了确保实验数据的准确性，本节根据由 XRD+Siroquant 计算出的矿物结果推算出氧化物含量，并与 XRF 分析的常量元素氧化物含量进行对比，以此来相互验证。根据宜山煤田样品的 XRD+Siroquant 矿物含量数据（表 7.2）推算的氧化物结果如表 7.3 所示，该结果与 XRF 分析对比图如图 7.11 所示。

表 7.3　宜山煤田煤、夹矸、顶底板中常量元素氧化物的含量（灰基归一化）

样品编号	厚度/cm	SiO_2/%	TiO_2/%	Al_2O_3/%	Fe_2O_3/%	MgO/%	CaO/%	MnO/%	Na_2O/%	K_2O/%	P_2O_5/%
LL5-K3-1R		1.98	0.02	0.31	0.13	1.68	95.85	0.00	0.00	0.01	0.01
LL5-K3-2[a]	19	52.34	2.17	22.17	12.67	2.83	5.67	0.03	2.05	0.00	0.07
LL5-K3-3P	4	49.52	4.81	19.17	21.79	1.86	0.51	0.25	1.79	0.11	0.17
LL5-K3-4[a]	21	58.87	2.52	21.51	11.66	2.47	1.40	0.03	1.45	0.01	0.08
LL5-K3-5P	5	57.58	1.67	18.91	17.96	1.01	0.51	0.25	1.92	0.08	0.12
LL5-K3-6[a]	10.5	68.17	1.43	17.43	5.83	1.85	3.18	0.02	1.96	0.01	0.12
LL5-K3-7P	2	50.25	5.98	21.03	16.57	1.33	2.37	0.07	2.13	0.11	0.16
LL5-K3-8[a]	7	71.55	1.24	15.30	7.63	1.26	1.58	0.01	1.25	0.03	0.15
LL5-K3-9P	4	67.43	1.87	19.99	6.28	1.09	0.88	0.03	2.28	0.05	0.14
LL5-K3-10[a]	3.5	56.64	1.70	17.57	11.75	3.42	6.39	0.04	2.36	0.02	0.10
LL5-K3-11P	3	57.75	1.61	21.72	13.30	1.82	1.10	0.08	2.47	0.05	0.09
LL5-K3-12P	18	56.90	1.92	23.41	13.15	1.67	0.49	0.11	2.22	0.05	0.07
LL5-K3-13[a]	63	64.43	1.26	19.02	8.54	1.21	3.11	0.01	2.36	0.03	0.05
LL5-K3-14P	5.5	66.36	0.65	23.22	4.62	1.26	0.60	0.04	3.22	0.04	0.03
LL5-K3-15[a]	6.5	68.26	0.57	21.39	4.64	1.01	2.89	0.02	1.16	0.02	0.05
LL5-K3-16P	5	63.57	0.69	28.79	3.75	1.81	0.51	0.02	0.82	0.01	0.03
LL5-K3-17[a]	125	63.07	0.75	27.22	5.16	1.63	0.82	0.03	1.27	0.01	0.04
LL5-K3-18F		2.78	0.17	0.87	0.73	0.18	95.23	0.00	0.00	0.00	0.02
CG3-K6-1R	9	71.21	0.78	16.76	5.37	2.20	2.60	0.03	1.02	0.01	0.03
CG3-K6-2R	4	58.92	0.82	25.25	8.70	3.69	1.58	0.12	0.81	0.05	0.06
CG3-K6-3[a]	4.5	64.46	0.94	22.63	5.80	2.49	1.69	0.03	1.35	0.22	0.39
CG3-K6-4P	3	76.04	0.71	13.18	6.49	0.96	1.33	0.05	1.21	0.01	0.04
CG3-K6-5[a]	11	69.82	0.73	19.41	4.06	2.13	1.83	0.03	1.94	0.02	0.04
CG3-K6-6P	5	63.51	0.42	24.98	4.35	4.04	2.01	0.06	0.50	0.06	0.07

样品编号	厚度/cm	SiO₂/%	TiO₂/%	Al₂O₃/%	Fe₂O₃/%	MgO/%	CaO/%	MnO/%	Na₂O/%	K₂O/%	P₂O₅/%
CG3-K6-7ᵃ	6	68.94	0.69	20.17	4.57	1.99	1.49	0.03	2.07	0.02	0.04
CG3-K6-8P	7.5	66.03	0.23	23.62	3.47	3.75	2.33	0.05	0.48	0.03	0.03
CG3-K6-9P	6	68.70	0.36	21.41	3.39	2.54	1.24	0.03	2.29	0.02	0.03
CG3-K6-10P	3	62.67	0.28	26.87	3.76	3.46	1.70	0.04	1.18	0.02	0.02
CG3-K6-11ᵃ	10	62.26	1.17	22.27	8.33	2.74	1.63	0.03	1.53	0.01	0.03
CG3-K6-12P	3	64.17	1.23	26.55	3.96	2.71	0.71	0.02	0.60	0.02	0.03
CG3-K6-13ᵃ	9	60.03	1.07	26.62	7.95	2.32	0.81	0.02	1.16	0.01	0.02
CG3-K6-14P	19	63.62	1.02	23.86	6.09	2.59	1.69	0.02	1.06	0.01	0.03
CG3-K6-15ᵃ	7	65.03	1.20	22.50	6.19	2.44	1.50	0.02	1.07	0.01	0.03
CG3-K6-16ᵃ	13	65.48	0.97	22.45	6.76	2.06	0.70	0.02	1.52	0.01	0.03
CG3-K6-17P	11	67.21	0.60	24.08	2.94	2.00	0.90	0.02	2.21	0.02	0.02
CG3-K6-18ᵃ	15	58.31	1.13	24.78	10.13	2.76	1.73	0.03	1.11	0.01	0.02
CG3-K6-19ᵃ	9	58.80	1.14	24.23	10.14	2.93	1.99	0.02	0.71	0.01	0.02
CG3-K6-20ᵃ	31	63.66	1.15	22.52	8.80	2.47	0.45	0.03	0.86	0.02	0.04
CG3-K6-21F		5.39	0.07	1.52	0.62	2.43	89.89	0.01	0.05	0.01	0.01
CG1-K7-R	4	63.38	0.19	25.70	3.65	3.89	3.08	0.04	0.03	0.02	0.02
CG1-K7-1ᵃ	16.5	53.60	0.26	9.77	1.40	4.41	30.41	0.10	0.01	0.01	0.02
CG1-K7-2P	2	61.04	0.12	29.24	4.21	3.75	1.53	0.03	0.04	0.02	0.02
CG1-K7-3ᵃ	6.5	69.43	0.29	16.18	2.30	0.95	10.65	0.01	0.15	0.01	0.02
CG1-K7-4ᵃ	5	74.77	0.56	17.45	3.79	1.49	1.68	0.01	0.22	0.00	0.02
CG1-K7-3+4	11.5	70.53	0.40	16.44	2.45	1.12	8.86	0.01	0.18	0.01	0.02
CG1-K7-F		76.38	0.54	17.63	3.71	1.14	0.45	0.01	0.11	0.01	0.01
CG1-K7-C	28	61.08	0.53	12.17	2.80	1.02	22.26	0.01	0.10	0.01	0.02

注：R 表示煤层顶板；P 表示夹矸；F 表示煤层底板；C 表示刻槽样品。

a 表示数据来自 Dai 等（2017b）。

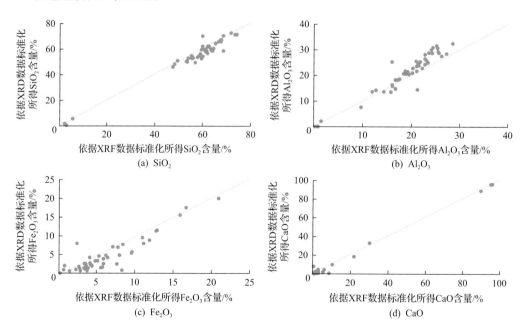

(a) SiO₂　　　　(b) Al₂O₃

(c) Fe₂O₃　　　　(d) CaO

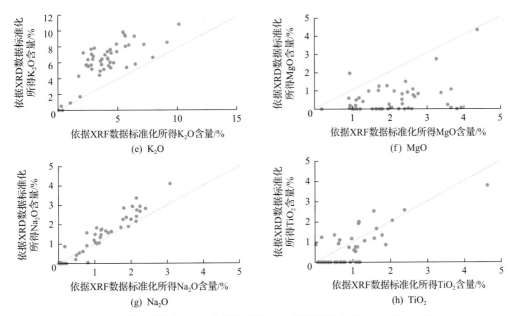

图 7.11　宜山煤田样品由 XRF 分析得到的归一化氧化物含量与由 XRD + Siroquant
数据推算出的样品灰样氧化物含量的比较

宜山煤中氧化物 SiO_2、Al_2O_3 和 CaO 绝大部分点均落在 $X=Y$ 对角线附近，表明由 XRD+Siroquant 数据推算出的氧化物含量与 XRF 分析结果基本一致。Al_2O_3 的部分点落在 $X=Y$ 上方，表明由 XRD+Siroquant 数据推算的结果高于 XRF 分析结果。前面扫描电镜的能谱数据表明，部分 Fe^{2+}/Fe^{3+} 存在于伊利石矿物晶格中，降低了阳离子 Al^{3+} 的占比，然而由 XRD+Siroquant 数据推算的结果中伊利石是按照纯净伊利石计算，未列入 Fe^{2+}/Fe^{3+}，人为增高了 Al^{3+} 的含量，从而导致图中 Al_2O_3 的部分点落在 $X=Y$ 上方。

当 CaO 含量较高时，如当 CaO＞10%时，CaO 的点更接近 $X=Y$ 附近，这与部分顶底板样品为纯净的灰岩有关。相比于 SiO_2、Al_2O_3 和 CaO，TiO_2 的点相对分散，但大体趋势基本一致。尤其当 TiO_2 含量＞1%时，大部分点接近 $X=Y$ 对角线。然而 TiO_2 含量＜1%时，大部分点基本落在 X 轴上，这可能与分析过程中的误差和仪器的检测限有关。

大部分 Fe_2O_3 的点落在 $X=Y$ 对角线下方，表明由 XRD+Siroquant 数据推算的结果低于 XRF 分析结果。这与前面提到的伊利石矿物晶格中混入 Fe^{2+}/Fe^{3+}有关。此外，在煤和岩石样品中部分铁可能以非结晶形式存在，如存在于无定形的铁的氢氧化物中，此因素也可能导致由 XRD+Siroquant 数据推算氧化物的过程中低估 Fe_2O_3 的含量。

前面的能谱数据表明，部分 Mg^{2+} 替代伊利石中的 Al^{3+}（图 7.9），导致由 XRD+Siroquant 数据推算过程中 MgO 的含量偏低，进而导致与 XRF 对比过程中大部分 MgO 的点落在 $X=Y$ 对角线下方。大部分 Na_2O 的点落在 $X=Y$ 对角线附近，表明由 XRD+Siroquant 数据推算结果和 XRF 分析结果接近，然而，部分点分布于 $X=Y$ 对角线上方，这与钠长石中 Na^+ 被 K^+ 替代有关，此外，还有少量 Na^+ 被 NH_4^+ 替代，由 XRD+Siroquant 数据推算过程中按照纯净的钠长石公式计算，导致 Na_2O 推算结果偏高。

相比于以上几种氧化物，K_2O 的点分布相对分散，分布于 $X=Y$ 对角线周围且无明显规律。这与钠长石和钾长石中的 Na^+ 和 K^+ 被 NH_4^+ 替代有关 [图 7.7(f)],替代程度不同导致 K^+ 的含量发生变化,从而导致 K_2O 的点分布比较分散。

四、矿物的地质成因

(一)长石成因

宜山煤田所有分层样品中矿物成因比较复杂,长石在煤层中比较罕见,倘若发现长石,其多数为陆源碎屑成因(Ward,1989,2002,2016;Ruppert et al.,1991;Bouška et al.,2000;Moore and Esmaeili,2012;Dai et al.,2013a,2013b)。部分煤层中长石也来源于后生热液流体,流体往往与火山活动有关(Golab and Carr,2004;Yao and Liu,2012;Zhao et al.,2012),或者为火成热液流体(Brownfield et al.,2005;Dai et al.,2008c)。前人报道过超高有机硫煤中的钠长石,如广西合山煤田晚二叠世煤中的钠长石来源于泥炭沼泽聚集阶段,为陆源碎屑成因(Dai et al.,2013a)。云南砚山晚二叠世煤中钠长石来源于热液流体,并且形成后期被热液流体侵蚀(Dai et al.,2008c)。宜山煤田和合山煤田的沉积源区均为云开古陆,表明这两个煤田中钠长石可能有相同的陆源成因。

CG3-K6 和 LL5-K3 煤层中的钠长石多呈自形至半自形颗粒状存在,并且常与伊利石薄层共同出现,此外,钠长石颗粒还常与伊利石薄层呈近似平行分布,表明二者均为碎屑成因。大块的颗粒状集合体和脉状钠长石也在研究区中被发现,尤其是在 LL5-K3 煤层中,这类钠长石主要为自生成因。

仅在 LL5-K3 煤层中发现钾长石。钾长石颗粒的赋存状态与钠长石相似,自形至半自形颗粒状的钾长石有时表面会显示腔洞。偶见钾长石呈脉状分布,表明其为自生成因。

Loughnan 于 1983 年首次在与油页岩有关的沉积物中发现铵长石(Loughnan et al.,1983),这是自然界中首次发现的含铵的铝硅酸盐矿物(Erd et al.,1964)。迄今为止,这是国内外学者首次在煤层中发现铵长石。铵长石在宜山煤中呈现多种赋存状态,表明其形成时间跨度大。例如,在 CG1-K7 煤层中,铵长石呈细胞充填状,表明其为自生成因。然而铵长石在 CG3-K6 和 LL5-K3 煤层中赋存形态比较复杂。部分铵长石赋存于钾长石边缘,表明钾长石先形成,随后被铵长石替代,偶见铵长石进一步被钠长石替代。此类长石替代的现象可能与成岩流体成分的变迁有关。扫描电镜的能谱数据中,K^+ 的 $K\alpha$ 峰的高低变化间接表明了 NH_4^+ 的替代程度变化,进一步证明了以上推测。如图 7.7(b)、(e)、(f)所示,各类长石形成过程可能为:铵长石替代钠长石,而其又进一步被钾长石替代,最外围又被铵长石或钾长石包围。图 7.7(f)中,脉状钾长石和铵长石共生,外围进一步被钠-钾长石包围。以上长石赋存状态及形成期次表明了成岩流体成分的变迁。偶见可能为生物矿化成因的铵长石,如图 7.7(c)所示。

Gulbrandsen 在美国爱达荷州的 Phosphoria 组中发现铵长石,推测其为火山玻璃的成岩蚀变产物(Gulbrandsen,1974)。Loughnan 等(1983)和 Paterson 等(1988)在澳大利亚 Condor 的油页岩中发现铵长石替代钾长石。以上两处沉积物中均未发现流体侵入的证据,也没有温度升高的迹象,前人推测形成铵长石的铵根来源于有机质的降解过程。

Ramseyer 等在美国圣华金和洛杉矶盆地的沉积物中发现铵长石，推测铵根的来源为温度低于 28℃的无氧环境下细菌降解有机质产生（Ramseyer et al.，1993）。此外，浅成热液形成的沉积物中也发现铵长石替代钠长石现象，偶见铵长石替代钾长石。此外，Krohn 等（1993）和 Erd 等（1964）认为含铵长石的地热矿床中，绝大多数热液成因的铵长石形成温度相对较低。从热动力学角度分析，当 $a\,NH_4^+/aH^+$ 值较大时，富含有机质的沉积物（如无烟煤）中铵长石是比较稳定的（Mader et al.，1996）。Daniels 和 Altaner（1993）认为无烟煤中的铵伊利石主要为高岭石蚀变形成，铵根的来源为煤阶增高过程中（即烟煤向无烟煤转化）有机结合态的氮降解形成。此类铵长石形成机制与宜山煤田煤中铵长石形成过程相似，原因为与 CG3-K6 和 CG1-K7 煤层相比，LL5-K3 煤层中的铵长石含量较高，并且 LL5-K3 煤分层样品的镜质组反射率（2.05%）比 CG3-K6（1.80%）和 CG1-K7（1.70%）煤分层样品要高，LL5-K3 煤分层样品的挥发分产率也比 CG3-K6 和 CG1-K7 煤分层样品要低，表明 LL5-K3 煤层在后期沉积阶段遭受了高温热液流体侵入。

综上所述，宜山煤中铵长石的形成时间跨度大（从早期成岩阶段到煤化作用后期和无烟煤阶段），宜山煤中铵长石形成机制为：煤（尤其是 LL5-K3 煤层）遭受高温热液流体的侵入，在此作用过程中有机质释放氮，钾长石中 K^+（或钠长石中 Na^+）在高温热液作用下被 NH_4^+ 替代而形成。

（二）其他矿物成因

石英在研究区主要呈自形至半自形颗粒状，尤其是在 CG3-K6 和 CG1-K7 煤层中。高温 β 石英为火山碎屑来源。含镁的伊利石在煤分层中主要呈薄片状产出，其成因与不含镁的片状白云母相同，主要为碎屑成因。

相比于以上矿物，高岭石的成因比较复杂。充填空腔的高岭石主要为自生成因，然而充填在钠长石颗粒表面腔洞中的高岭石成因相对复杂。此类高岭石可能形成于沉积作用之前的泥炭沼泽形成阶段，或者为煤化作用过程中有机质降解释放出的酸性介质腐蚀长石形成。充填于胞腔和裂隙中的方解石、白云石和萤石主要为自生成因。莓球状黄铁矿是细菌活动的产物，形成于早期成岩阶段。分散的半自形的黄铁矿颗粒形成时期较晚，可能为煤化作用阶段形成。

第四节　煤的地球化学特征

一、常量和微量元素

宜山煤的常量元素、微量元素与烧失量含量结果如表 7.3 和表 7.4 所示。与中国煤均值相比（Dai et al.，2012a），宜山煤中 SiO_2 与 MgO 含量较高，MnO、K_2O 与 P_2O_5 含量较低，TiO_2 含量亏损。TiO_2 含量亏损的特征表明宜山煤田的沉积源区源岩为中酸性岩。若煤中 TiO_2 含量较高，则沉积源区主要由基性岩组成（Zhao et al.，2012，2016a，2016b；Chen et al.，2015a；Luo and Zheng，2016）。宜山煤中 Fe_2O_3 的含量比中国煤均值低，主要是由于黄铁矿含量较低。

表 7.4 宜山煤田煤、夹矸、顶底板中常量元素氧化物的含量（灰基归一化）以及微量元素的含量

样品编号	T/cm	SiO$_2$/%	TiO$_2$/%	Al$_2$O$_3$/%	Fe$_2$O$_3$/%	MgO/%	CaO/%	MnO/%	Na$_2$O/%	K$_2$O/%	P$_2$O$_5$/%	LOI/%	Li/(μg/g)	Be/(μg/g)	B/(μg/g)	F/(μg/g)	Sc/(μg/g)	V/(μg/g)	Cr/(μg/g)	Co/(μg/g)	Ni/(μg/g)	Cu/(μg/g)	Zn/(μg/g)	Ga/(μg/g)	Ge/(μg/g)	As/(μg/g)	Se/(μg/g)	Rb/(μg/g)	Sr/(μg/g)	Y/(μg/g)	Zr/(μg/g)
LL5-K3-2	19	3.14	0.130	1.33	0.76	0.170	0.34	0.002	0.123	0.000	0.004	93.64	2.42	1.11	68.9	433	3.40	163	21.9	1.46	7.84	11.9	30.8	8.91	0.70	2.23	17.5	6.04	440	19.9	80.4
LL5-K3-4	21	10.10	0.433	3.69	2.00	0.423	0.24	0.005	0.249	0.002	0.013	81.82	10.1	1.07	98.0	1315	4.11	505	352	2.36	52.5	28.7	39.2	9.18	1.24	8.13	29.4	18.5	272	24.1	129
LL5-K3-6	10.5	9.23	0.193	2.36	0.79	0.250	0.43	0.003	0.265	0.002	0.016	85.3	3.89	2.39	23.1	658	4.90	167	47.2	2.78	12.9	18.9	51.8	12.4	0.98	1.20	15.1	16.8	429	42.8	85.1
LL5-K3-8	7	14.45	0.250	3.09	1.54	0.254	0.32	0.003	0.252	0.006	0.030	78.42	5.30	2.22	21.9	421	5.76	423	84.0	2.98	19.5	22.4	82.0	11.4	1.18	2.57	20.5	20.2	756	52.9	382
LL5-K3-10	3.5	12.77	0.384	3.96	2.65	0.770	1.44	0.010	0.533	0.005	0.022	76.3	5.89	2.00	62.4	2188	3.73	359	48.3	1.64	10.7	17.7	71.7	6.86	1.51	6.59	28.5	20.5	928	50.0	705
LL5-K3-13	63	6.64	0.130	1.96	0.88	0.125	0.32	0.001	0.243	0.001	0.005	88.66	1.73	3.53	21.4	301	3.15	593	122	1.01	23.4	21.4	8.35	7.80	2.80	2.03	17.8	13.5	586	58.0	328
LL5-K3-15	6.5	8.97	0.075	2.81	0.61	0.133	0.38	0.002	0.153	0.001	0.006	85.39	2.41	2.08	77.3	480	1.59	320	36.0	0.79	7.57	10.4	31.8	5.86	1.03	1.77	13.8	18.4	1617	30.9	483
LL5-K3-17	125	19.30	0.229	8.33	1.58	0.498	0.25	0.010	0.389	0.004	0.011	67.31	9.44	2.75	692	1876	1.43	189	40.5	0.71	15.3	12.7	51.7	7.57	2.14	7.13	23.0	28.5	348	22.9	271
WA-LL5	**255.5***	**13.32**	**0.211**	**5.27**	**1.34**	**0.353**	**0.30**	**0.006**	**0.309**	**0.003**	**0.010**	**77.35**	**6.50**	**2.62**	**361**	**1213**	**2.52**	**324**	**86.4**	**1.14**	**19.6**	**16.7**	**39.0**	**8.11**	**2.01**	**5.08**	**21.3**	**21.2**	**462**	**33.6**	**266**
CG3-K6-3	4.5	35.43	0.514	12.44	3.19	1.369	0.93	0.015	0.742	0.123	0.215	42.9	30.1	1.29	324	2507	6.77	145	63.1	3.90	22.1	22.3	62.3	11.9	0.60	11.6	19.4	50.9	288	14.1	154
CG3-K6-5	11	36.65	0.381	10.19	2.13	1.117	0.96	0.015	1.018	0.011	0.021	45.54	26.3	1.10	146	1301	5.89	116	48.2	2.52	21.0	16.3	63.9	9.55	0.61	6.84	14.8	37.6	446	22.2	129
CG3-K6-7	6	36.54	0.368	10.69	2.42	1.053	0.79	0.016	1.098	0.010	0.019	45.1	36.6	1.28	176	1360	6.02	98.0	44.9	2.79	22.2	16.8	87.1	10.8	0.77	8.71	15.6	44.2	422	29.7	118
CG3-K6-11	10	22.56	0.424	8.07	3.02	0.993	0.59	0.011	0.553	0.004	0.011	62.1	42.5	1.86	199	1654	8.55	174	59.1	5.58	25.5	22.0	95.6	13.9	0.90	6.13	16.4	48.0	305	41.6	134
CG3-K6-13	9	23.79	0.424	10.55	3.15	0.920	0.32	0.007	0.461	0.003	0.007	58.85	33.5	1.88	354	2014	7.62	119	30.1	7.30	14.4	16.6	107	12.9	0.81	7.21	14.4	37.1	227	35.4	143
CG3-K6-15	7	26.36	0.487	9.12	2.51	0.988	0.61	0.010	0.432	0.006	0.014	57.66	36.4	1.60	248	1658	9.94	115	48.7	4.83	17.8	18.0	92.7	12.0	0.81	4.68	12.5	45.4	337	41.0	148
CG3-K6-16	13	32.64	0.485	11.19	3.37	1.028	0.35	0.010	0.756	0.007	0.013	47.89	42.5	1.54	295	2040	8.26	148	74.9	4.85	30.3	19.8	91.5	12.4	0.87	8.51	21.9	51.4	269	30.6	131
CG3-K6-18	15	19.58	0.378	8.32	3.40	0.927	0.58	0.009	0.374	0.002	0.007	64.69	33.7	1.51	239	1645	7.22	131	51.2	5.31	23.5	18.9	110	10.6	0.80	7.99	17.2	39.7	231	32.4	127
CG3-K6-19	9	14.15	0.274	5.83	2.44	0.706	0.48	0.006	0.171	0.002	0.006	74.41	25.6	1.40	143	1207	5.73	206	69.3	2.83	26.8	22.3	85.5	9.06	0.72	4.43	15.8	34.3	233	30.5	106
CG3-K6-20	31	25.38	0.457	8.98	3.51	0.985	0.18	0.013	0.342	0.006	0.014	57.72	38.0	1.62	219	2334	8.34	153	228	6.83	68.8	41.6	124	12.8	0.89	5.29	24.4	70.8	101	21.0	101
WA-CG3	**115.5***	**26.30**	**0.422**	**9.29**	**3.07**	**0.987**	**0.48**	**0.011**	**0.532**	**0.010**	**0.020**	**56.89**	**35.5**	**1.54**	**230**	**1857**	**7.63**	**144**	**101**	**5.17**	**35.4**	**25.2**	**99.7**	**11.8**	**0.81**	**6.69**	**18.8**	**50.3**	**246**	**28.7**	**123**
CG1-K7-1	16.5	28.64	0.140	5.22	0.75	2.354	16.25	0.004	0.054	0.006	0.011	46.01	9.66	0.74	108	1082	2.06	496	187	3.86	56.3	11.9	44.7	3.72	0.18	8.53	13.6	8.24	297	11.3	85.8
CG1-K7-3	6.5	29.52	0.122	6.88	0.98	0.406	4.53	0.006	0.065	0.003	0.007	56.37	6.70	0.91	38.9	450	4.33	127	16.2	1.04	8.08	6.35	48.2	3.95	0.31	11.6	12.5	20.6	159	27.1	162
CG1-K7-4	5	19.54	0.147	4.56	0.99	0.390	0.44	0.003	0.057	0.001	0.005	72.74	8.43	1.44	41.5	649	5.67	255	36.4	1.51	16.3	14.3	57.7	6.46	0.36	12.3	20.4	22.4	126	26.0	132
CG1-K7-3+4	11.5	26.52	0.151	6.18	0.92	0.420	3.33	0.005	0.066	0.003	0.007	61.33	7.48	1.12	38.3	545	5.05	174	21.2	1.05	8.76	8.93	53.5	4.92	0.34	12.2	15.4	19.9	148	28.0	153
CG1-K7-C	28	34.27	0.297	6.83	1.57	0.574	12.49	0.007	0.057	0.006	0.010	42.84	11.8	0.79	106	848	3.45	459	213	2.51	75.2	24.1	74.9	6.67	0.36	13.8	22.7	19.6	383	13.2	60.5
WA-CG1	**28***	**27.22**	**0.137**	**5.49**	**0.85**	**1.551**	**10.71**	**0.004**	**0.057**	**0.005**	**0.009**	**53.19**	**8.75**	**0.90**	**80**	**858**	**3.23**	**367**	**120**	**2.79**	**37.9**	**11.0**	**47.9**	**4.26**	**0.24**	**9.91**	**14.6**	**13.6**	**234**	**17.6**	**112**
平均值		8.47	0.330	5.98	4.85	0.220	1.23	0.220	0.160	0.190	0.092	nd	14	2	47	82	3.7	28	17	6	17	16	28	6	2.4	8.3	1.3	18	100	8.4	36

续表

样品编号	Nb /(μg/g)	Mo /(μg/g)	Cd /(μg/g)	In /(μg/g)	Sn /(μg/g)	Sb /(μg/g)	Cs /(μg/g)	Ba /(μg/g)	La /(μg/g)	Ce /(μg/g)	Pr /(μg/g)	Nd /(μg/g)	Sm /(μg/g)	Eu /(μg/g)	Gd /(μg/g)	Tb /(μg/g)	Dy /(μg/g)	Ho /(μg/g)	Er /(μg/g)	Tm /(μg/g)	Yb /(μg/g)	Lu /(μg/g)	Hf /(μg/g)	Ta /(μg/g)	Re /(μg/g)	Hg /(μg/g)	Tl /(μg/g)	Pb /(μg/g)	Bi /(μg/g)	Th /(μg/g)	U /(μg/g)
LL5-K3-2	8.19	64.4	0.73	0.066	1.51	0.19	0.24	17.5	7.94	18.1	2.73	12.7	2.97	0.81	3.22	0.48	2.86	0.57	1.64	0.21	1.35	0.19	1.70	0.07	0.216	44	0.50	1.82	0.07	1.16	46.7
LL5-K3-4	15.4	222	1.58	0.072	0.96	0.55	0.94	33.5	18.5	31.0	4.35	18.2	3.81	0.99	4.23	0.62	3.76	0.76	2.23	0.29	1.91	0.27	2.93	1.03	0.692	83	1.46	6.56	0.30	4.78	114
LL5-K3-6	8.00	81.3	1.33	0.111	0.72	0.18	0.33	26.2	30.6	53.5	7.92	33.8	6.20	1.49	6.89	0.91	5.13	0.99	2.80	0.34	2.20	0.29	2.07	0.35	0.212	51	0.73	4.32	0.28	2.51	81.4
LL5-K3-8	32.4	101	2.03	0.121	1.73	0.22	0.38	31.7	30.0	72.1	10.9	49.1	10.6	2.54	10.9	1.55	8.96	1.69	4.80	0.64	4.10	0.54	7.15	1.02	0.533	72	1.63	5.08	0.25	4.08	76.0
LL5-K3-10	51.6	183	3.04	0.093	1.76	0.88	0.39	55.7	21.9	68.8	11.7	59.0	14.0	3.29	12.9	1.88	10.7	1.95	5.62	0.75	5.20	0.70	15.7	3.18	0.733	105	2.86	4.62	0.24	9.07	80.8
LL5-K3-13	13.5	170	1.19	0.048	1.06	0.27	0.15	23.9	31.2	75.6	9.94	45.9	9.93	2.34	10.8	1.54	9.20	1.84	5.50	0.74	4.88	0.70	5.18	0.55	1.221	45	1.69	4.90	0.23	4.10	123
LL5-K3-15	99.7	125	1.50	0.048	1.04	0.20	0.18	29.2	20.5	39.3	4.48	17.2	3.13	0.66	3.70	0.56	3.54	0.76	2.34	0.34	2.24	0.31	9.02	1.91	0.503	34	0.88	2.61	0.08	11.2	77.1
LL5-K3-17	42.8	150	1.62	0.048	1.62	0.87	1.23	47.6	33.2	61.9	6.26	21.6	3.24	0.66	3.89	0.49	2.80	0.58	1.81	0.26	1.65	0.23	6.71	5.87	0.446	100	1.31	9.03	0.15	13.6	60.9
WA-coal	**30.6**	**150**	**1.46**	**0.06**	**1.37**	**0.58**	**0.77**	**36.7**	**29.0**	**58.9**	**6.97**	**28.3**	**5.39**	**1.24**	**6.00**	**0.82**	**4.85**	**0.98**	**2.93**	**0.40**	**2.60**	**0.37**	**5.65**	**3.23**	**0.64**	**76**	**1.35**	**6.75**	**0.18**	**8.78**	**81.4**
CG3-K6-3	7.05	71.5	1.33	0.046	1.47	1.09	2.65	91.9	8.62	19.0	2.31	9.66	2.35	0.42	2.64	0.47	3.17	0.63	2.14	0.30	2.31	0.33	3.98	1.10	0.202	258	1.24	19.6	0.45	7.74	35.0
CG3-K6-5	7.94	60.4	1.18	0.042	1.08	0.53	1.61	82.0	17.7	40.5	4.83	20.1	4.80	0.72	5.16	0.85	5.38	1.03	3.28	0.47	3.35	0.48	3.17	0.84	0.210	162	1.27	21.6	0.33	15.0	42.7
CG3-K6-7	10.4	73.8	1.27	0.064	1.92	0.59	2.19	118	36.8	82.8	9.10	34.8	7.35	0.98	7.84	1.19	7.14	1.35	4.17	0.59	4.31	0.62	2.98	0.80	0.233	171	1.45	21.9	0.40	27.5	64.6
CG3-K6-11	13.6	125	1.78	0.135	3.49	0.80	3.11	116	32.3	74.9	8.16	33.5	7.69	1.12	8.38	1.30	8.16	1.62	4.98	0.71	5.00	0.71	3.63	1.20	0.328	245	1.64	15.6	0.73	12.8	73.4
CG3-K6-13	12.9	95.9	2.01	0.104	2.58	0.87	2.50	88.5	18.3	43.3	5.03	21.4	5.21	0.85	5.92	0.96	6.36	1.28	4.08	0.57	4.03	0.58	4.10	1.75	0.257	408	2.09	19.7	0.62	11.5	70.1
CG3-K6-15	14.0	70.6	1.54	0.122	2.56	0.60	2.84	113	32.8	74.6	8.11	32.3	7.01	1.06	7.74	1.19	7.65	1.53	4.72	0.67	4.62	0.66	4.28	1.71	0.237	198	1.47	19.3	0.89	20.1	66.5
CG3-K6-16	11.4	79.1	1.52	0.060	1.77	0.52	3.03	124	29.3	65.3	7.20	28.2	5.97	0.92	6.68	1.00	6.14	1.16	3.74	0.50	3.67	0.51	3.86	1.17	0.261	246	1.32	22.3	0.51	14.5	50.2
CG3-K6-18	14.3	103	1.86	0.120	3.03	1.04	2.46	88.4	17.5	41.9	4.80	20.1	4.78	0.82	5.52	0.90	5.75	1.16	3.60	0.52	3.56	0.50	3.42	0.97	0.455	418	1.89	13.7	0.53	8.89	64.3
CG3-K6-19	13.0	123	1.63	0.090	2.44	0.67	2.03	69.3	14.4	35.5	4.24	18.3	4.49	0.77	4.98	0.82	5.33	1.05	3.31	0.46	3.12	0.44	2.66	0.60	0.367	208	1.39	10.2	0.42	6.36	72.1
CG3-K6-20	9.42	35.1	2.26	0.107	3.15	0.51	4.11	170	17.8	38.7	4.37	17.7	3.67	0.67	3.99	0.59	3.72	0.76	2.37	0.33	2.35	0.35	2.88	1.15	0.230	207	0.85	16.3	0.62	10.3	56.1
WA-CG3	**11.3**	**76.2**	**1.78**	**0.09**	**2.55**	**0.68**	**2.93**	**118**	**21.6**	**49.2**	**5.55**	**22.6**	**5.05**	**0.81**	**5.59**	**0.87**	**5.52**	**1.09**	**3.43**	**0.48**	**3.41**	**0.49**	**3.36**	**1.12**	**0.28**	**253**	**1.37**	**17.47**	**0.56**	**12.4**	**59.3**
CG1-K7-1	12.2	95.1	1.51	0.023	0.57	0.13	1.59	22.7	4.80	10.9	1.39	6.44	1.60	0.21	1.87	0.28	1.97	0.38	1.29	0.17	1.39	0.18	2.19	0.69	0.000	107	0.96	8.39	0.03	10.7	72.4
CG1-K7-3	23.4	54.8	0.97	0.042	1.20	0.60	0.71	23.6	8.88	20.4	2.45	10.6	3.16	0.35	3.76	0.71	5.10	1.09	3.55	0.52	3.85	0.55	4.41	0.70	0.106	179	0.87	13.3	0.32	20.0	69.7
CG1-K7-4	12.7	61.1	1.09	0.050	1.27	0.48	1.21	28.8	5.78	14.3	1.88	8.36	2.79	0.33	3.46	0.70	5.19	1.09	3.63	0.55	3.99	0.58	3.20	0.31	0.131	200	0.78	11.8	0.32	12.7	95.5
CG1-K7-3+4	19.1	56.7	1.03	0.054	1.21	0.53	0.96	28.8	7.72	18.6	2.35	10.39	3.15	0.37	3.81	0.76	5.42	1.15	3.79	0.57	4.07	0.60	4.39	0.73	0.115	175	0.78	11.9	0.31	19.4	84.8
CG1-K7-C	4.71	55.1	1.94	0.041	1.17	0.46	1.78	52.4	21.5	44.2	5.00	19.7	3.58	0.47	3.51	0.44	2.59	0.49	1.54	0.21	1.50	0.22	1.69	0.77	0.547	163	1.69	8.86	0.15	5.56	89.2
WA-CG1	**14.9**	**79.7**	**1.31**	**0.032**	**0.84**	**0.30**	**1.32**	**24.0**	**5.92**	**13.7**	**1.73**	**7.75**	**2.18**	**0.26**	**2.59**	**0.46**	**3.27**	**0.67**	**2.23**	**0.32**	**2.43**	**0.34**	**2.89**	**0.63**	**0.048**	**140**	**0.91**	**10.1**	**0.15**	**13.2**	**75.9**
平均值	4	2.1	0.2	0.04	1.4	1	1.1	150	11	23	3.4	12	2.2	0.43	2.7	0.31	2.1	0.57	0.57	0.3	0.2	0.2	1.2	0.3	0.001#	100	0.58	9	1.1	3.2	1.9

注：中国常见煤中主要氧化物的平均含量来自 Dai 等（2012a）；微量元素的平均浓度来自 Ketris 和 Yudovich（2009）；*T* 表示厚度。

* 表示煤层总厚度。

\# 表示来自 Finkelman（1993）。

本书采用 Dai 等(2015a)提出的富集评价方法。对于煤样品，富集系数 CC=研究区煤分层样品中微量元素含量/世界硬煤中微量元素含量均值(Ketris and Yudovich，2009)。根据 CC 不同，将元素定义为不同的富集程度：CC≤0.5 为亏损(depleted)，0.5＜CC≤2 为正常(normal)，2＜CC≤5 为轻度富集(slightly enriched)，5＜CC≤10 为富集(enriched)，10＜CC≤100 为高度富集(significantly enriched)，CC＞100 为异常富集(unusually enriched)。与世界硬煤均值相比，LL5-K3 与 CG3-K6 煤中异常富集元素 Re，Re 在 CG1-K7 煤中高度富集；除 CG3-K6 中元素 V 外，元素 F、V、Se、Mo 与 U 在宜山煤中均高度富集。元素 Cr、Sr、Y、Zr、Nb、Cd、Ho、Er、Tm、Lu、Hf、Ta、Tl、Th 在宜山煤中富集或轻度富集，其他微量元素含量接近或低于世界硬煤均值。总之，LL5-K3、CG3-K6 与 CG1-K7 煤中微量元素富集程度相似，均高度富集元素对 U-Se-Mo-Re-V(图 7.12)。

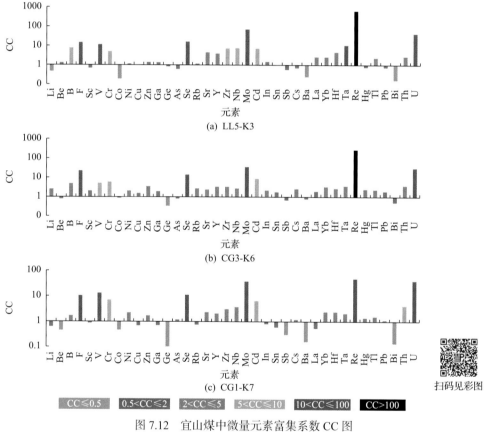

图 7.12　宜山煤中微量元素富集系数 CC 图

前人研究表明，碳酸盐岩台地成煤环境形成的超高有机硫煤中均富集 U-Se-Mo-(Re)-V 元素，如云南砚山煤矿、贵州贵定煤矿、广西合山煤矿、广西扶绥煤矿和湖南辰溪煤矿(李薇薇等，2013)晚二叠世超高有机硫煤。然而，富集元素 U-Se-Mo-(Re)-V 的煤的成煤环境并不局限于碳酸盐岩台地，即煤中 U-Se-Mo-(Re)-V 元素的富集不完全是由海水引起的。例如，我国新疆伊犁盆地形成的侏罗纪煤和重庆磨心坡煤矿晚二叠世的

K1 煤层同样富集 U-Se-Mo-(Re)-V 元素(Dai et al.，2015c，2017a)。与超高有机硫煤相似，磨心坡煤矿 K1 煤层中 U-Se-Re-V 的富集机理为：泥炭堆积阶段或早期成岩阶段，出渗型热液流体侵入，并在闭塞环境中沉积形成(Jiang et al.，2016；Dai et al.，2017a)。后生入渗型流体导致新疆伊犁盆地的侏罗纪煤中富集元素 U、Re、V、Cr、Se(Dai et al.，2015c)。前人研究表明碳酸盐岩台地沉积形成的煤层中元素 V、Cr、Se、Mo、Re、U 均匀分布于煤层剖面(Dai et al.，2015a)，其与砂岩型卷状铀矿床相关的煤层中的元素分布完全不同(Seredin and Finkelman，2008；Dai et al.，2015c)。宜山煤中相关元素在剖面上的变化如图 7.13 所示：元素随煤层剖面变化，煤层厚度与元素含量变化不一致(图 7.14，图 7.15)。

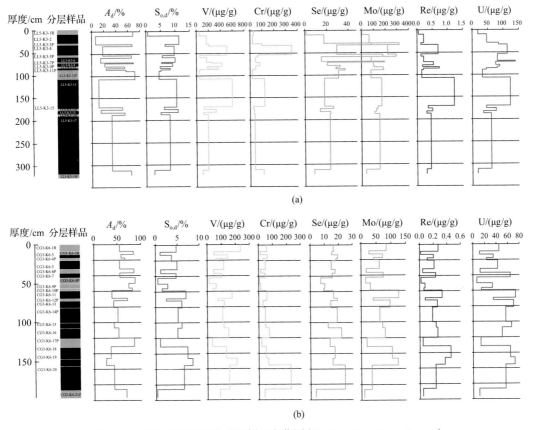

图 7.13　灰分产率及元素煤层剖面变化图(V、Cr、Se、Mo、Re、U)

(a)LL5-K3；(b)CG3-K6

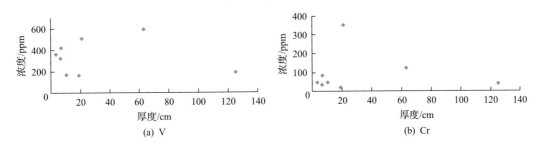

(a) V　　　　　　(b) Cr

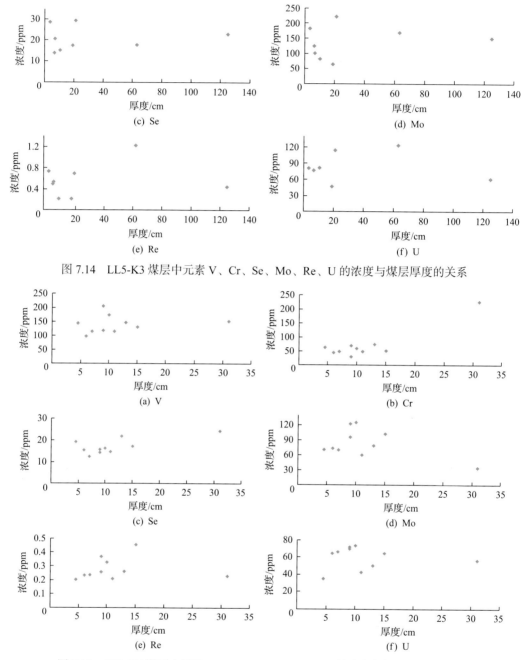

图 7.14　LL5-K3 煤层中元素 V、Cr、Se、Mo、Re、U 的浓度与煤层厚度的关系

图 7.15　CG3-K6 煤层中元素 V、Cr、Se、Mo、Re、U 的浓度与煤层厚度的关系

二、稀土元素特征

　　稀土元素包括元素周期表中的镧系元素，因元素 Pm 具有放射性，在此不做讨论。元素 Y 与镧系元素性质相似，其离子半径和电价与 Ho 相似，故将 Y 也列入稀土元素。根据 Seredin 和 Dai(2012)的分类标准，将稀土元素分为三类，①轻稀土元素(LREY)，

包含 La、Ce、Pr、Nd、Sm；②中稀土元素(MREY)，包含 Eu、Gd、Tb、Dy、Y；③重稀土元素(HREY)，包含 Ho、Er、Tm、Yb、Lu。

本节采用上地壳中的稀土元素进行标准化，通过标准化后的数据计算稀土元素异常或绘制稀土元素配分模式图，N 代表标准化的数据(Taylor and McLennan, 1985)。根据 La$_N$/Lu$_N$、La$_N$/Sm$_N$ 和 Gd$_N$/Lu$_N$ 的比值通常可划分出三种稀土元素富集类型：当 La$_N$/Lu$_N$>1 时，为轻稀土富集型(L 型)；当 La$_N$/Lu$_N$<1 时，为重稀土富集型(H 型)；当 La$_N$/Sm$_N$<1 且 Gd$_N$/Lu$_N$>1 时，为中稀土富集型(M 型)(Seredin and Dai, 2012)。此外，经上地壳标准化后的稀土元素 Ce 异常(Ce/Ce*)、Eu 异常(Eu/Eu*)、Gd(Gd/Gd*)和 Y 异常(Y$_N$/Ho$_N$)亦具有地球化学指示意义。

LL5-K3 煤层样品中 REY 配分模式主要为中稀土和重稀土富集型(图 7.16)。此外，煤分层还表现为明显的 Eu 正异常和 Gd 与 Y 正异常，但 LL5-K3-10 煤分层样品比较特殊，表现为微弱的 Y 负异常[图 7.16(a)]。除上述主要富集类型外，LL5-K3-17 部分煤分层表现为轻稀土元素富集型。LL5-K3-15 和 LL5-K3-17 煤分层的元素异常和其他煤分层不同，Eu 不显示异常，Gd 和 Y 表现为正异常[图 7.16(b)]。

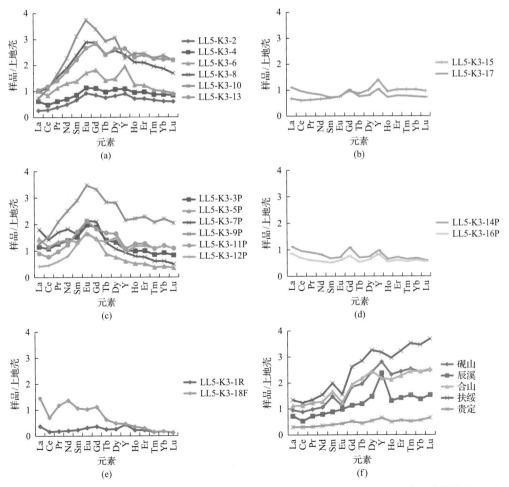

图 7.16　LL5-K3 煤层、砚山、辰溪、合山、扶绥、贵定煤田煤中稀土元素配分模式图

根据 Dai 等(2016a)的报道，利用带四极杆的电感耦合等离子体质谱法(ICP-MS)测试煤中 REY 的含量时，元素 Ba 的多原子离子($^{137}Ba^{16}O$、$^{136}Ba^{17}O$、$^{135}Ba^{18}O$ 和 $^{134}Ba^{18}OH$)可能对稀土元素 ^{153}Eu 的含量造成干扰。当 Ba/Eu 大于 1000 时，Ba 可能造成煤中 Eu 正异常的假象(Dai et al., 2016a; Loges et al., 2012)。宜山煤中 Ba/Eu 变化范围为 10~403，Ba 与 Eu 的相关系数为–0.12(图 7.17)，证明上述 LL5-K3 煤中 Eu 的正异常不是由 Ba 干扰引起的。

CG3-K6 煤层中稀土元素配分模式为重稀土富集型，且均表现为明显的 Eu 负异常和 Gd 正异常，大部分煤层表现为 Y 负异常。CG1-K7 煤层中稀土元素配分模式类型主要为重稀土富集型，且表现为明显的 Eu 正异常，Gd 和 Y 表现为无异常或者弱的负异常(图 7.18)。CG1-K7 和 CG3-K6 煤分层 Eu 的负异常主要从云开古陆的中酸性岩中继承而来(冯增昭等，1994；Dai et al.，2015a)。

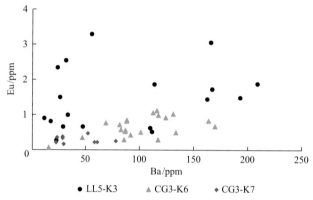

图 7.17 宜山煤田样品中 Ba 与 Eu 的相关系数图

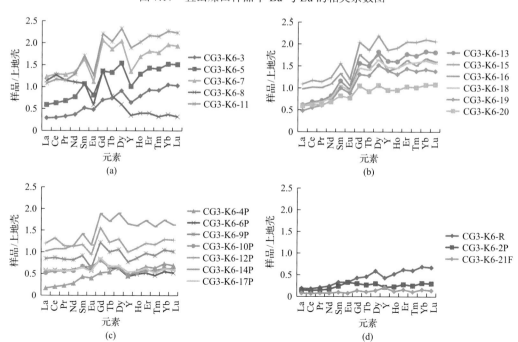

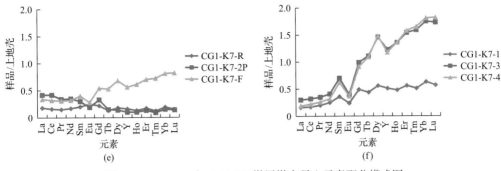

图 7.18　CG3-K6 与 CG1-K7 煤层煤中稀土元素配分模式图

根据煤中 Eu/Eu* 和 Y/Ho 两个参数，可以将宜山煤田所有煤分层分为两组（图 7.19）：第一组包括 CG1-K7 和 CG3-K6 煤层，两个煤层的绝大部分煤分层 Eu/Eu*<1 且 Y/Ho<30。第二组包含 LL5-K3 煤层，其 Eu/Eu*>1 且 Y/Ho≫30。前人研究表明，由陆源碎屑物质输入形成的沉积岩中 Y/Ho 介于 25～30，海水中 Y/Ho 介于 60～70（Webb and Kamber，2000；Chen et al.，2015a），大约是沉积岩中 Y/Ho 值的两倍。因此，CG1-K7 和 CG3-K6 煤层中 Eu 和 Y 的异常主要从沉积源区的酸性源岩中继承而来。而 LL5-K3 煤层中 Eu 和 Y 的异常主要由高温热液流体引起。此外，CG1-K7 和 CG3-K6 煤层中 Gd 显示微弱正异常，同其他超高有机硫煤中异常相似。然而 LL5-K3 煤层中 Gd 的正异常十分明显，表明高温热源流体同时导致了煤中的 Gd 正异常。

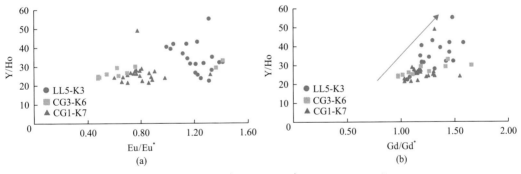

图 7.19　Y/Ho-Eu/Eu*（a）、Gd/Gd*-Y/Ho（b）相关系数图

本节利用数理统计方法研究了宜山煤中稀土元素的赋存状态（图 7.20），LL5-K3 与 CG3-K6 煤层中稀土元素与灰分的相关系数图相似：随着原子序数增加，相关系数降低，表明轻稀土元素主要呈无机结合态，而重稀土元素呈无机和有机混合赋存状态。众多研究指出煤中稀土主要赋存在矿物中：被黏土矿物吸附；赋存在磷酸盐、铝磷酸盐和碳酸盐矿物中（Eskenazy，1978，1999；Querol et al.，1995；Pazand，2015a，2015b，2015c；Xie et al.，2017）；少量赋存在有机质中（Seredin and Dai，2012）。一些研究者指出重稀土元素的有机亲和性高于轻稀土元素（Eskenazy，1999；Kuzevanova，2014；Dai et al.，2015a），与本书研究结果一致。

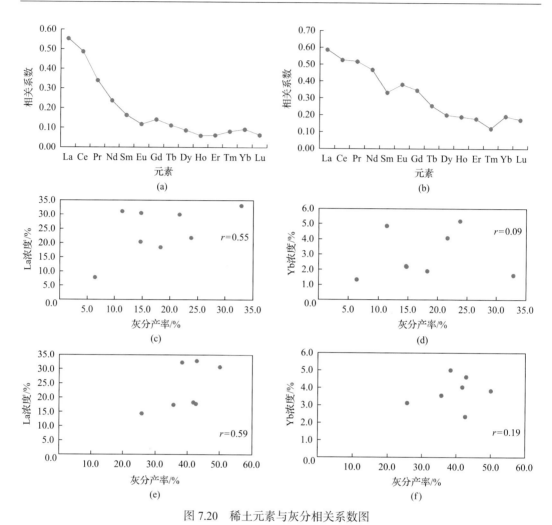

图 7.20　稀土元素与灰分相关系数图

(a)LL5-K3 煤层稀土元素与灰分产率相关系数；(b)CG3-K6 煤层稀土元素与灰分产率相关系数；(c)LL5-K3 煤层 La 浓度与灰分产率相关关系；(d)LL5-K3 煤层 Yb 浓度与灰分产率相关关系；(e)CG3-K6 煤层 La 浓度与灰分产率相关关系；(f)CG3-K6 煤层 Yb 浓度与灰分产率相关关系

三、稀土元素潜在工业价值

高硫煤在燃烧过程中会对环境产生破坏。Stergaršek 等(1988)提出 Raša 的超高有机硫煤可以作为提取元素 U 和 V 的原材料。中国南方晚二叠世的超高有机硫煤(Dai et al.，2015a)与重庆磨心坡煤矿的晚二叠世煤(Dai et al.，2017a)也可以作为提取元素 U、Se、Mo、Re、V 的潜在资源。

根据 Seredin 和 Dai(2012)提出的评价方法，本节采用灰基基础上的稀土元素氧化物(REO)含量和前景系数(C_{outl})两个参数来评价稀土元素的潜在利用价值。灰基中 REO 含量大于 1000μg/g 时，即可达到稀土元素的工业开采品位。根据当代市场需求情况，将稀土元素分为紧要的(Nd、Eu、Tb、Dy、Y 和 Er)、非紧要的(La、Pr、Sm 和 Gd)和过剩的(Ce、Ho、Tm、Yb 和 Lu)。根据紧要稀土元素含量之和占稀土总量的百分比与过剩的稀土元素含量之和占稀土总量的比值来计算前景系数，其计算公式如下：

$$C_{outl} = [(Nd+Eu+Tb+Dy+Er+Y)/\Sigma REY]/[(Ce+Ho+Tm+Yb+Lu)/\Sigma REY]$$

当 $0.7 \leqslant C_{outl} \leqslant 2.4$ 时，稀土元素开发利用前景为"有开发前景的"（promising）；当 $C_{outl} > 2.4$ 时，稀土元素开发利用为"非常有开发前景"（highly promising）。

如图 7.21 所示，LL5-K3 煤层中大部分煤分层样品稀土元素氧化物超过稀土元素开采品位（1000μg/g）。为便于评价宜山煤田样品中稀土元素的潜在工业价值，此处，选择稀土元素氧化物含量（REO，灰基）与前景系数（C_{outl}）两个参数，绘制了所有分层样品中稀土元素的经济评价图。LL5-K3 煤层大部分煤分层样品落入有开发前景区域（promising area），表明其具备潜在工业开采价值。仅 LL5-K3-4 和 LL5-K3-17 两个煤分层落入没有开发前景区域（unpromising area）。此外，LL5-K3 煤层的所有顶底板和夹矸样品均落入没有开发前景区域。与 LL5-K3 煤层样品不同，CG3-K6 和 CG1-K7 煤层所有样品，包括煤、夹矸、碳质泥岩和顶底板样品均落入没有开发前景区域，表明其不具备工业开采价值。

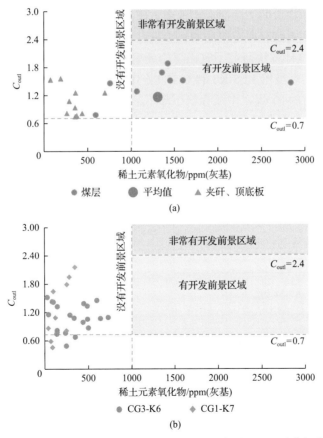

图 7.21　宜山煤田煤灰和岩石样品中稀土元素潜在工业价值评价

(a)拉浪煤矿；(b)冲谷煤矿

第五节　铀的赋存状态

如前所述，碳酸盐岩台地成煤环境形成的超高有机硫煤中均富集 U-Se-Mo-(Re)-V，宜山煤田的超高有机硫煤也不例外。本节将讨论元素组合 U-Se-Mo-(Re)-V 的赋存状态。

关于煤中 U-Se-Mo-(Re)-V 元素的赋存状态前人已有不少研究。煤中铀主要呈有机结合态，小部分煤中发现铀赋存在铀石和钛铀矿等矿物中(Seredin and Finkelman，2008；Dai et al.，2015a)。Seredin 和 Finkelman(2008)在含铀的煤矿床中发现钼主要赋存在辉钼矿中。Yossifova(2014)将原煤和煤浆的水淋滤液体烘干，在干燥的残余物中发现含铼的无机矿物。Dai 等(2015a)报道煤中铼可能赋存在次生硫酸盐矿物和碳酸盐矿物中。前人对富硒煤进行了广泛研究，并证明煤中硒的赋存状态有多种(Finkelman，1980；Maksimova and Shmariovich，1993；Kislyakov and Shchetochkin，2000；Hower and Robertson，2003；Fu et al.，2013)，如自然界单质硒、白硒铁矿、含硒的黄铁矿、砷黄铁矿、黄铜矿、方铅矿和硒铅矿。此外，有机结合态的硒也在煤中发现过(Yudovich and Ketris，2006a)。Liu 等(2015)采用逐级化学提取的方法研究中国南方超高有机硫煤中元素 U-Se-Mo-V 的赋存状态，证明这些元素主要赋存在有机质中，少量存在于伊利石和伊/蒙混层中。

本节利用数理统计方法研究了宜山煤中元素 V、Cr、Se、Mo、Re 和 U 的赋存状态(图 7.22，图 7.23)。虽然 LL5-K3 和 CG3-K6 煤层中均高度富集元素 V、Cr、Se、Mo、Re 与 U，然而元素在两个煤矿中赋存状态却不尽相同。LL5-K3 煤中元素 V、Cr、Mo、Re 与 U 呈有机与无机混合赋存状态，元素 Se 与黄铁矿硫高度正相关($r_{\text{Se-Sp,d}} = 0.91$)，元

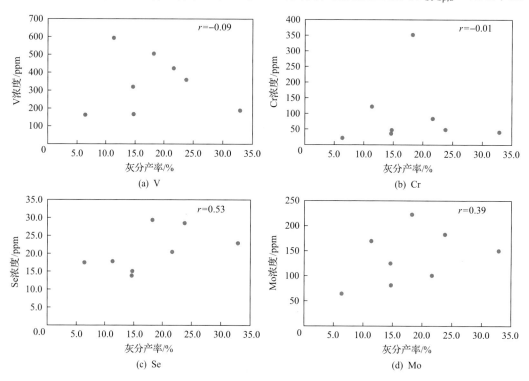

(a) V　　　　　　　　　　　(b) Cr

(c) Se　　　　　　　　　　　(d) Mo

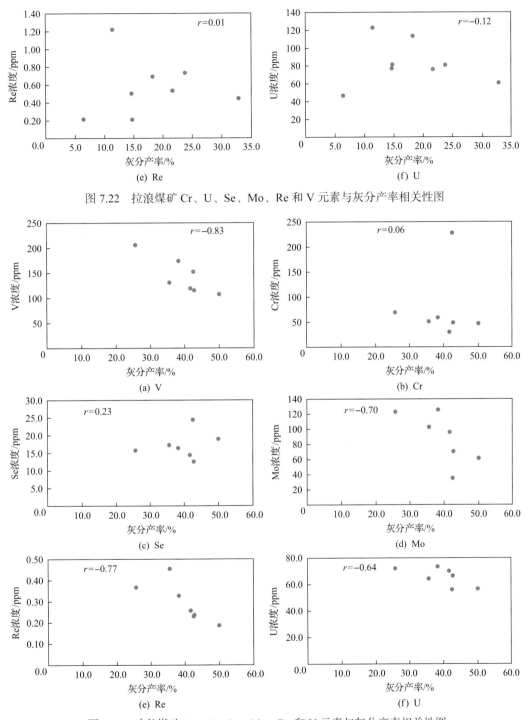

图 7.22　拉浪煤矿 Cr、U、Se、Mo、Re 和 V 元素与灰分产率相关性图

图 7.23　冲谷煤矿 Cr、U、Se、Mo、Re 和 V 元素与灰分产率相关性图

素 Cr 与黄铁矿硫的相关系数(0.42)表明无机态 Cr 主要赋存在黄铁矿中。CG3-K6 煤层中元素 V、Mo、Re 与 U 主要呈有机结合态，Cr 和 Se 呈有机与无机混合赋存状态，相关系数($r_{\text{Cr-Sp,d}} = 0.36$，$r_{\text{Se-Sp,d}} = 0.46$)表明无机态 Cr 与 Se 主要赋存在黄铁矿中。

第六节　铀的富集机理

绝大部分煤中微量元素的富集都是由热液流体（入渗型或出渗型）引起的（Zhou and Ren，1992；Querol et al.，1997；Karayiğit et al.，2000，2017a，2007b；Sia and Abdullah，2011；Dai et al.，2015a；Hower et al.，2015，2016），尤其是中国西南地区的晚二叠世煤（Ren et al.，1999；Dai et al.，2012a；Zou et al.，2014；Li et al.，2016；Duan et al.，2017）。

前人研究表明，碳酸盐岩台地成煤环境形成的超高有机硫煤中都富集 U-Se-Mo-(Re)-V 元素，如云南砚山煤矿、贵州贵定煤矿、广西合山煤矿、广西扶绥煤矿和湖南辰溪煤矿的晚二叠世超高有机硫煤。Dai 等（2015a）将贵州贵定煤中 U-Se-Mo-(Re)-V 的富集机理解释为同生或早期成岩阶段出渗型热液流体侵入泥炭沼泽形成。Dai 等（2008c）将云南砚山煤中 U-Se-Mo-(Re)-V 的富集归因于海底喷流。然而，富集 U-Se-Mo-(Re)-V 元素的煤的成煤环境并不局限于碳酸盐岩台地，即煤中 U-Se-Mo-(Re)-V 元素的富集不完全是由海水引起的。例如，我国新疆伊犁盆地形成的侏罗纪煤（Dai et al.，2015c）和重庆磨心坡煤矿（Dai et al.，2017a）的晚二叠世煤同样富集 U-Se-Mo-(Re)-V 元素。不同于局限碳酸盐岩台地的成煤环境，重庆磨心坡煤矿 K1 煤层在基性凝灰岩上沉积形成，含煤盆地周围并没有富 U 的岩石。Dai 等（2017a）将重庆磨心坡煤矿 K1 煤层中 U-Se-Mo-(Re)-V 的富集机理归结为：泥炭堆积阶段或早期成岩阶段，出渗型热液流体侵入并在闭塞环境中沉积导致 U-Se-Mo-(Re)-V 元素富集。后生的入渗型流体导致新疆伊犁盆地形成的侏罗纪煤中富集 U-Se-Mo-(Re)-V（Dai et al.，2015c）。因此可知，以上煤中 U-Se-Mo-(Re)-V 元素的富集是由热液流体引起的。

宜山煤田样品与其他超高有机硫煤地质背景相似（Velić et al.，2015），均在碳酸盐岩台地环境内成煤，此外，化学组成也相似，都含超高有机硫，并且 U-Se-Mo-(Re)-V 元素同样富集（Bauman and Horvat，1981；Valković et al.，1984a，1984b；Dai et al.，2015a）。由此推测宜山煤田煤中 U-Se-Mo-(Re)-V 元素的富集亦是由热液流体引起的。

第七节　矿物质富集的地质因素

引起宜山煤田晚二叠世煤中矿物质富集的地质因素包括沉积源区的影响、不同性质不同期次的热液流体［如富 U-Se-Mo-(Re)-V 的热液流体和高温热液流体］的影响。

一、沉积物源区的影响

中国西南地区大部分晚二叠世煤的沉积源区主要为康滇古陆，康滇古陆主要由玄武岩组成，因此中国西南地区大部分晚二叠世煤中常富集元素 Ti、V、Cr、Co、Ni、Cu 和 Zn 等。然而，中国南方多数晚二叠世超高有机硫煤（如广西合山和扶绥煤矿）的沉积源区为云开古陆。云开古陆主要由石炭—二叠纪的酸性岩组成。

由于源岩风化过程中元素 Al 和 Ti 化学性质稳定，能保留源岩的含量，所以 $Al_2O_3/$

TiO$_2$ 常用来指示沉积源区源岩的性质。基性、中性和酸性岩浆岩的 Al$_2$O$_3$/TiO$_2$ 不同，范围分别为 3～8、8～21 和 21～70。值得注意的是，在泥炭沼泽环境中，Al 和 Ti 可能会发生迁移，如 Zhao 等(2013)在松藻煤中发现了再沉淀的含 Ti 矿物；Permana 等(2013)在澳大利亚高阶煤中发现富 Al 的流体侵入煤层，随后发生沉淀。故在使用 Al$_2$O$_3$/TiO$_2$ 判断源岩性质时需谨慎。

在宜山煤田样品中并未发现含 Ti 的再沉淀的矿物，并且高岭石含量极低，也未发现热液流体成因的高岭石。因此本章选择 Al$_2$O$_3$ 与 TiO$_2$ 二元图(图 7.24)来追溯源岩性质。同广西合山和扶绥煤矿的煤一样，宜山煤田大部分分层样品落入 Al$_2$O$_3$/TiO$_2$=8～21 和 Al$_2$O$_3$/TiO$_2$＞21 范围内，仅有 LL5-K3-3P 和 LL5-K3-7P 夹矸中 TiO$_2$ 含量较高，落入 3～8 范围内，证明宜山煤田的源岩性质为中酸性岩，沉积源区为云开古陆。不同于沉积源区为康滇古陆的煤，宜山煤田煤中 Co、Ni、Cu 和 Zn 含量较低，亦证明其沉积源区源岩的性质为酸性岩。尽管元素 V 和 Cr 在研究区样品中富集，但其主要是由热液流体引起的。

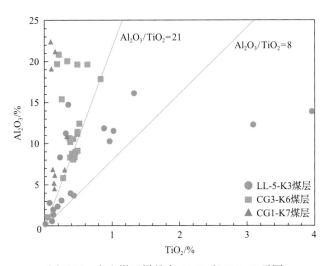

图 7.24　宜山煤田样品中 Al$_2$O$_3$ 和 TiO$_2$ 二元图

经上地壳稀土元素标准化后，CG1-K7 和 CG3-K6 煤层中 Eu 显示明显负异常，此特征与广西合山和扶绥煤矿煤的稀土元素异常相似，进一步证明其沉积源区同样为由酸性岩组成的云开古陆。然而，Eu 在 LL5-K3 煤层中显示强烈正异常，主要是由入渗型高温热液流体引起，下面将会进行详细介绍。

二、高温热液流体的影响

稀土元素 Ce 和 Eu 是唯一两个对氧化还原环境敏感的元素。煤中 Ce 和 Eu 的异常常用来判识沉积源区的源岩组成，追溯成煤的沉积环境和构造演化历史。Eu^{3+}还原成 Eu^{2+}需要极度还原和高温环境(Sverjensky，1984；Bau，1991)。在表生环境(如泥炭聚集的环境)中只有当高温活动存在时才能发生 Eu 的还原反应(Bau，1991)。因此，引起煤中 Eu 正异常的地质因素只有两种：①高温热液流体(＞250℃)(Dai et al.，2016a)；②沉积源区由基性岩组成(Seredin and Dai，2012；Dai et al.，2016a)。

如前所述，热液流体导致了宜山煤田所有样品中 U、Se、Mo、Re、V 富集。其沉积源区为以酸性岩为主的云开古陆，故经上地壳标准化后，稀土元素 Eu 应该显示负异常，因此 CG1-K7 和 CG3-K6 煤矿样品中 Eu 显示负异常(图 7.18)，然而，LL5-K3 煤矿煤中 Eu 显示强烈正异常(图 7.16)，由此推测必有另外一种高温热液流体导致了 LL5-K3 煤矿煤中 Eu 的正异常。此外，将 Eu/Eu* 与指示煤阶的挥发分(V_{daf})和镜质组随机反射率(R_r)进行相关分析(图 7.25)，发现 Eu/Eu* 与 V_{daf} 和 R_r 的相关系数分别为–0.84 和 0.90。表明 δEu 随着煤阶的增高而增大。即随着温度的升高，Eu 的还原反应增强(Uysal and Golding，2003)，印证了 LL5-K3 煤层遭受了高温热液流体的影响。

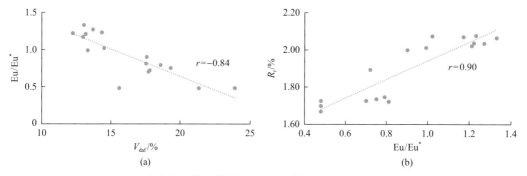

图 7.25 桂中宜山煤田煤样品中 Eu/Eu* 与 V_{daf} 和 R_r 的相关系数图

高温热液流体除了造成 LL5-K3 煤层中 Eu 的正异常外，对富集元素 U、Se、Mo、Re、V 的赋存状态也造成了一定的影响。据 Liu 等(2015)报道，超高有机硫煤中的 U、Se、Mo、Re、V 主要赋存在有机质中，少数赋存在黏土矿物中。CG3-K6 煤层中 U、Se、Mo、Re、V 的赋存状态与此相似，表明 CG3-K6 煤矿煤层遭受入渗型高温热液流体影响较小。然而，LL5-K3 煤层中 U、Se、Mo、Re、V 呈有机和无机混合赋存状态，其成因机制可能为：煤化作用早期，高温热液流体侵入煤层，将 U、Se、Mo、Re、V 元素淋滤，淋滤后的元素被后结晶的矿物吸附，从而导致 LL5-K3 煤矿煤中 U、Se、Mo、Re、V 的两种赋存状态。尽管热液流体或地下水从煤中淋滤有机质比较少见，但煤层中的夹矸和 tnostein 中的淋滤现象非常普遍(Crowley et al.，1989；Hower et al.，1999；Karayiğit et al.，2017a，2017b)。

高温热液流体除了对研究样品的地球化学特征造成影响外，还对矿物学特征造成了影响。如前所述，宜山煤中铵长石的形成时间跨度大(从早期成岩阶段到煤化作用后期和无烟煤阶段)，铵长石是由高温热液流体作用下煤中有机质中释放出 NH$_4^+$ 与钾长石反应生成。此外，在光学显微镜和扫描电镜下均未发现自形的铵长石，表明其均为高温热液流体造成(Dai et al.，2017b)。

第八章　四川古叙煤型铀矿床

第一节　地　质　背　景

古蔺-叙永煤田(简称古叙煤田)位于我国四川省东南部,原煤年产量为120万t。煤田主要含煤地层为上二叠统龙潭组,厚度为81.81~99.42m(平均厚度89.78m),共含7~14个煤层,其中9号和25号煤层为可开采煤层,14号、17号、20号和24号煤层为局部可开采煤层。根据岩性特征,可将龙潭组由下及上分为4段,见图8.1中Ⅰ~Ⅳ(刘策等,2013)。

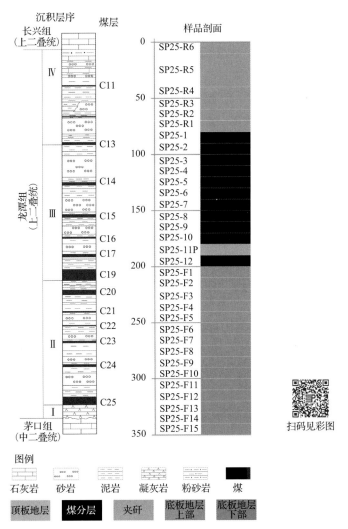

图 8.1　古叙煤田沉积地层及 25 号煤层采集样品在剖面上的分布

C25 为本次研究的煤层

龙潭组最底部 I 段主要为灰色或浅灰色基性凝灰岩，厚度为 0.32～7.32m（平均厚度 3.19m），上覆于中二叠统茅口组灰岩之上，并构成 25 号煤层的直接底板（图 8.1）。该凝灰岩中富含黄铁矿，在其底部偶见由石灰岩构成的残余角砾岩。如图 8.1 所示，本章将 25 号煤层的直接底板分为上下两个分层，上部为陆源碎屑物沉积层，下部为基性凝灰岩层。

25 号煤层底部至 19 号煤层底部为龙潭组 II 段，厚度为 11.92～36.65m，平均厚度 30.35m，主要由细粒砂岩、粉砂岩、泥质粉砂岩、砂质泥岩、泥岩以及 3～8 层煤层组成。在本段中，黄铁矿含量较高，并且从底部至顶部黄铁矿含量逐渐降低。25 号煤层位于本段的最底部，为本区主要可采煤层，20 号和 24 号煤层为局部可采煤层。

19 号煤层底部至 13 号煤层底部为龙潭组 III 段，厚度为 22.91～39.09m，平均厚度 33.08m，主要含细粒砂岩、粉砂岩、泥质粉砂岩、砂质泥岩、泥岩以及 3～10 层煤层，富含菱铁矿结核，黄铁矿少见。

13 号煤层底部至龙潭组与长兴组的边界为龙潭组 IV 段，厚度为 11.69～30.61m，平均厚度 23.16m，主要含泥岩、粉砂岩和砂质泥岩，产动物化石，如欧姆贝（*Oldhamina sp.*）、乐平贝（*Lopyngia sp.*）、华夏贝（*Cathaysis sp.*）、规则准直形贝（*Orehotetina regularis*）、拟栗蛤（*Nuculopsis sp.*）、古锉蛤（*Palaeolima sp.*）和前壳莱蛤（*Promytilus sp.*）等。本段含煤 1～6 层，均不可采，部分煤层在本段不可见。本段上部夹有薄层生物碎屑岩和泥岩。

上二叠统长兴组为浅海相地层（中国煤炭地质总局，1996），上覆于龙潭组之上，含厚层石灰岩，夹薄层泥岩，不含煤层。中二叠统茅口组不整合于龙潭组之下，主要为厚层石灰岩，局部夹泥岩。海相化石碎片、珊瑚类化石及燧石结核丰富。

康滇古陆为古叙煤田晚二叠世煤的主要物源区（中国煤炭地质总局，1996），也是贵州西部、云南东部、四川南部和重庆晚二叠世煤的物源区（Zhang，1993；中国煤炭地质总局，1996；Dai et al.，2012a）。康滇古陆主要形成于峨眉山大火成岩省（ELIP）。ELIP 顶部为粗面岩或流纹岩沉积序列，底部主要为拉斑玄武岩（体积约占 90%），并含有橄榄岩、基性—碱性火山岩等（Chung and Jahn，1995；Xiao et al.，2004；Song et al.，2008）。峨眉山玄武岩上覆于上二叠统茅口组之上，下伏于晚二叠统宣威/龙潭组之下，表明峨眉山火山岩形成于中二叠世和晚二叠世之间（徐义刚等，2013）。尽管宣威组和龙潭组均沉积于晚二叠世，但是其沉积环境却不同：前者为陆相沉积，而后者为陆相—海相过渡沉积（中国煤炭地质总局，1996）。Zhong 等（2014）通过高精度化学剥蚀热电离质谱锆石 U-Pb 定年技术，测得 ELIP 上部的长英质凝灰岩的界线年龄为 259.1Ma±0.5Ma，并将此年龄定为峨眉山玄武岩溢流的终止时间。玄武岩和长英质凝灰岩的地质年龄表明，峨眉山底部的基性玄武岩及其上覆的长英质-中性岩均为中国西南地区晚二叠世煤的形成提供了陆源物质输入。

东吴运动是中国西南地区影响较大的地壳运动之一，发生于中二叠世晚期，造成整个上扬子地块(包括中二叠统茅口组)的抬升。茅口组灰岩被抬升后遭受剥蚀,随后基性火山岩喷发,形成的火山灰飘落于茅口组被剥蚀的灰岩表面之上(中国煤炭地质总局,1996)。之后火山灰遭受风化、淋溶和残积作用,最终形成基性凝灰质的残积平原。据 Zhang(1993)和中国煤炭地质总局(1996)的报道,25 号煤层即沉积于陆相古蔺低地溶蚀残积平原基性凝灰岩层之上。在 25 号煤层沉积之前,古叙煤田的古地理环境和周边区域为康滇古陆、仁怀、古蔺、南桐低地残余平原,内江高地残积平原,汶水高地残积平原,垫江海湾;华蓥山潮汐平原。Dai 等(2010)研究认为,内江和汶水高地残积平原可能是四个成煤区(仁怀、古蔺、南桐低地残积平原和华蓥山潮滩)的陆源物质供给区,并且在此四个煤区形成的煤层为晚二叠世煤的最底部煤层。古叙煤田 25 号煤、华蓥山煤田 K1 煤(Dai et al.,2014d)以及松藻煤田 12 号煤(Dai et al.,2010)均为不同煤田内的同一煤层。

25 号煤形成之后,煤田东部遭受了海侵作用(Zhang,1993;中国煤炭地质总局,1996)。在古叙煤田发育阶段又形成了黔东碳酸盐岩台地、武隆碳酸盐岩潮汐平原、华蓥山潮汐平原、綦江海湾、赤水潟湖、汶水高地、古蔺湖、宜宾冲积平原和康滇古陆。古叙煤田 25 号煤的顶板也为陆相沉积。

古蔺煤田 25 号煤(包括松藻煤田 12 号煤,华蓥山煤田 K1 煤)为本区重要的煤层之一。该煤层分布范围广,东西长度 300km,南北长度 250km,总面积大于 70000km²,不仅分布于古蔺煤田,更是在重庆、贵州西部及四川南部均有分布。

第二节 煤的基本特征

表 8.1 列出了古叙煤田 25 号煤煤分层样品的煤质工业分析、全硫含量、煤分层厚度及镜质组最大和随机反射率数据。根据镜质组最大反射率($R_{o,max}$=1.99%~2.15%),可将该煤划分为半无烟煤。而按照 ASTM(2012)标准,该煤挥发分略高于半无烟煤,这主要是由于有一部分挥发分来自煤中相当一部分碳酸盐岩矿物(主要为方解石)。煤中全硫含量为 1.75%~4.32%(平均值 2.73%),因此其为中硫煤(Chou,2012)。

表 8.1 古叙煤田 25 号煤煤分层样品的煤质工业分析、全硫含量、
煤分层厚度及镜质组最大和随机反射率

样品	厚度/cm	M_{ad}/%	A_d/%	V_{daf}/%	$S_{t,d}$/%	$R_{o,max}$/%	R_r/%
SP25-1	10	0.86	19.63	15.72	3.57	2.02	1.97
SP25-2	10	0.66	28.34	23.29	4.32	2.04	1.94
SP25-3	10	0.69	18.44	16.05	3.11	2.05	1.96
SP25-4	10	0.56	16.4	15.03	2.25	2.11	2.04
SP25-5	10	0.59	19.12	16.26	2.19	1.99	1.89
SP25-6	10	0.73	17.44	15.55	3.23	2.05	1.97
SP25-7	10	0.72	17.61	15.56	2.50	2.15	2.09

样品	厚度/cm	M_{ad} /%	A_d /%	V_{daf} /%	$S_{t,d}$ /%	$R_{o,max}$ /%	R_r /%
SP25-8	10	0.68	13.33	14.11	2.57	2.02	1.93
SP25-9	10	0.68	20.46	16.56	2.05	2.14	2.04
SP25-10	10	0.54	24.49	16.92	1.75	2.02	1.92
SP25-12	10	0.72	35.14	20.82	2.54	2.05	1.93
平均值	110*	0.68	20.95	16.90	2.73	2.06	1.97

注：M 表示水分；A 表示灰分；V 表示挥发分；S_t 表示全硫；ad 表示空气干燥基；d 表示干燥基；daf 表示干燥无灰基；$R_{o,max}$ 表示镜质组最大反射率；R_r 表示镜质组随机反射率。

* 表示总厚度。

第三节　煤岩学特征

25 号煤中镜质组含量丰富，主要为均质镜质体［含量均值 57.5%；图 8.2（a）］，其次为结构镜质体（含量均值 19.7%）和碎屑镜质体（含量均值 13.6%）（表 8.2）。惰质组（图 8.2）含量较低，主要为半丝质体［图 8.2（b）和（c）］和丝质体，含量均值分别为 6.6% 和 2.0%。部分丝质体结构被破坏，并被黏土矿物破坏和矿化［图 8.2（d）］。显微镜下偶见粗粒体［图 8.2（e）］，但是其并未落到目镜的十字丝中心，因此未被计入显微组分定量的点数内。

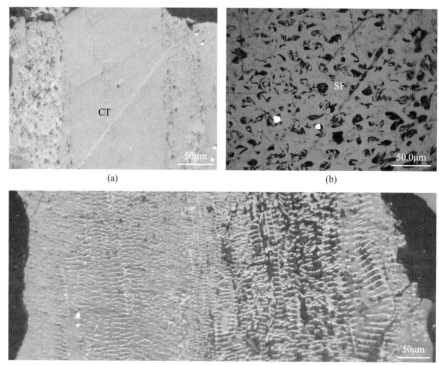

(a)　　　　　　　　　　　　　(b)

(c)

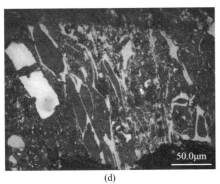
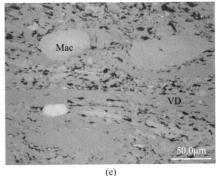

(d)　　　　　　　　　　　　　　(e)

图 8.2　25 号煤中的显微组分

(a)均质镜质体(SP25-10)；(b)半丝质体(SP25-2)；(c)半丝质体(SP25-9)；(d)结构被破坏的丝质体和黏土矿物(SP25-10)；(e)碎屑镜质体中的粗粒体(SP25-10)；CT-均质镜质体；SF-半丝质体；Mac-粗粒体；VD-碎屑镜质体；油浸，反射光

表 8.2　古叙煤分层中的显微组成（无矿物基）　　　　　　　　（单位：%）

样品	T	CT	VD	CG	TV	F	SF	Mic	Sec	TI
SP25-1	8.7	55.6	15.6		80.0	2.2	17.1		0.7	20.0
SP25-2	16.0	64.5	10.1	0.3	90.9	0.3	8.8			9.1
SP25-3	33.9	47.7	11.7		93.3	0.4	5.7	0.4	0.4	6.7
SP25-4	11.3	67.5	15.8	0.6	95.2		4.8			4.8
SP25-5	24.5	60.5	10.2	0.3	95.4	1.3	3.0	0.3		4.6
SP25-6	19.3	61.5	13.1	0.4	94.2	1.5	4.3			5.8
SP25-7	14.3	61.2	11.0	1.3	87.7	2.4	9.9			12.3
SP25-8	26.7	50.9	13.1	1.2	92.0	1.4	6.6			8.0
SP25-9	16.7	57.6	16.5	1.0	91.9	2.9	5.2			8.1
SP25-10	19.1	58.7	15.5	1.4	94.7	2.5	2.5		0.4	5.3
SP25-12	26.6	46.6	16.9	0.7	90.7	4.7	4.4		0.2	9.3
平均值	19.7	57.5	13.6	0.8	91.5	2.0	6.6	0.4	0.4	8.5

注：T 表示结构镜质体；CT 表示均质镜质体；VD 表示碎屑镜质体；CG 表示团块镜质体；TV 表示镜质组总量；F 表示丝质体；SF 表示半丝质体；Mic 表示微粒体；Sec 表示分泌体；TI 表示惰质组总量。

第四节　煤的矿物学特征

一、煤的低温灰及岩石中的矿物组成

对原煤进行低温灰化后，其低温灰化产物中的矿物主要为高岭石(含量 24.1%~72.6%，均值 55.2%)，其次为方解石(8.8%~36%，均值 20%)和黄铁矿(4.1%~17.7%，均值 11.3%)，并含少量的伊利石和伊/蒙混层，其各样品中含量差异较大(表 8.3)。部分样品中含有微量石英、白云石、烧石膏，个别样品含锐钛矿。夹矸 SP25-11P 中，主要矿物为高岭石(含量 92.8%)，还含有少量伊利石、方解石、黄铁矿、石英、锐钛矿和烧石膏(含量为 0.2%)。顶板和底板中矿物组成差异较大。底板中矿物主要为高岭石(含量均值 90%)，

表 8.3 古叙煤的低温灰、顶板和底板中的矿物组成

样品类型	样品编号	LTA/HTA	石英/%	高岭石/%	伊利石/%	I/S/%	方解石/%	白云石/%	黄铁矿/%	白铁矿/%	锐钛矿/%	烧石膏/%	黄钾铁矾/%	菱铁矿/%	磷铝铀石/%
顶板岩石	SP25-R6	88.6*	20.2	18	56.1				1.2		3.6			0.7	0.1
	SP25-R5	78.8*	24.9	16.3	7.7				45.5	4	1.6				
	SP25-R4	86.7*	15.8	25	51.6				3.9		3.7				
	SP25-R3	88.6*	15.2	26.7	52.7				1		3.6			0.6	0.2
	SP25-R2	89.0*	12.9	27.7	54.4				0.3		3.6			0.8	0.3
	SP25-R1	66.2*	2.4	20.9	17.5				58		1.3				
煤分层	SP25-1	21.7	7.7	37.2	10.7	10.2	11.2	3.8	14.8			3.2	1.3		
	SP25-2	30.1	0.2	24.1		10.3	36	7.1	17.7		0.3	2.7	1.6		
	SP25-3	19.2	0.3	48		3.1	25.6	2.9	15.9		1.1	2.1	1.1		
	SP25-4	20.1	0.3	60.1	3.7		23.5	2.2	9.5		0.6				
	SP25-5	20.7		54.7	4.8	1	27.7	1.6	9.6		0.2	0.5			
	SP25-6	20.1	0.1	55.3	4.6	1.2	22.2	0.9	13.9			1.8			
	SP25-7	19.7	0.1	54	10.3	1.1	23.2	1	10.2			0.1			
	SP25-8	15	0.1	62.9	6	2.5	12.8	1.1	13.8			0.8			
	SP25-9	27.3	0.3	69.3	6.7		15.3	1.6	6.2		0.1	0.5			
	SP25-10	27.2	0.2	72.6	6.7	1	13.3	1.9	4.1			0.3			
	SP25-11P	70	0.6	92.8	2.4		1.5	0.1	2.1		0.2	0.2			
	SP25-12	40	0.4	68.6		12	8.8	0.5	8.4		0.7	0.5			
底板岩石	SP25-F1	81.0*	0.6	96					1.4		1.6				0.5
	SP25-F2	41.2*	0.4	67.7	7.2	2.8	13	0.4	6.1		0.7	1.4			0.4
	SP25-F3	61.1*	0.7	94					1.3		3.6				0.5

续表

样品类型	样品编号	LTA/HTA	石英/%	高岭石/%	伊利石/%	I/S/%	方解石/%	白云石/%	黄铁矿/%	白铁矿/%	锐钛矿/%	烧石膏/%	黄钾铁矾/%	菱铁矿/%	磷铝铀石/%
	SP25-F4	73.9*	0.8	95.5					1.3		1.8				0.5
	SP25-F5	81.5*	0.5	92.9					4.4		2				0.3
	SP25-F6	82.2*	0.3	89.5					5.5		3.8				0.9
	SP25-F7	82.4*	0.4	90.7					5.5		3.2				0.2
	SP25-F8	84.4*	0.5	92.5					4.7		2.3				
底板岩石	SP25-F9	83.0*	0.4	86.8					10.9		2				
	SP25-F10	85.1*	0.4	94.7					2.6		2.2				
	SP25-F11	85.4*	0.6	95.6					1.4		2.4				
	SP25-F12	84.2*	0.4	89.7					5.9		4				
	SP25-F13	83.0*	0.3	87.6					8.2		3.9				0.1
	SP25-F14	86.2*	0.1	93.4					0.8		5				0.7
	SP25-F15	82.5*	0.1	83.5					11.4		4.7				0.2

注：LTA 表示低温灰；HTA 表示高温灰；I/S 表示伊利/蒙混层；由于四舍五入，各矿物之和可能存在一定的误差。
* 表示高温灰灰分产率。

其次为少量黄铁矿(含量均值4.8%)及微量锐钛矿(含量均值2.9%)和石英(含量均值0.4%),而顶板中矿物主要为伊利石(含量均值40%)、高岭石(含量均值22.4%)和黄铁矿(含量均值18.3%),各顶板样品中黄铁矿含量差异较大(含量0.3%~58%)。在底板的上段和下段均含有少量的磷铈铝石($CeAl_3(PO_4)_2(OH)_6$)。在所有的顶板样品中,含少量锐钛矿(含量均值2.9%),并且在SP25-R2、SP25-R3和SP25-R6样品中,含有微量锐钛矿和磷铈铝石。

对煤的低温灰样品(如SP25-2)进行黏土矿物分离后发现,样品中黏土矿物主要为高岭石及少量伊利石和伊/蒙混层。脱水后在10.3Å位置有波峰出现即为伊利石;用乙二醇饱和之后,在10Å位置出现一个较宽的波峰,加热时,该峰形进一步变宽,变得更加明显,此为伊/蒙混层的波峰。SP25-2样品的低温灰样品中的混层黏土,脱水后在15.0Å位置出现波峰,乙二醇饱和后14.0Å位置出现波峰,加热后13.0Å位置出现波峰,初步表明其为一种较为少见的绿泥石/蒙脱石混层,尽管其含量较低尚不能做出准确定论。

通过晶体定向集合XRD分析,底板中的黏土矿物主要为高岭石,另外含少量绿泥石或绿泥石/蒙脱石混层[图 8.3(a)]。该绿泥石或绿泥石/蒙脱石混层经脱水和乙二醇饱和后在14.4Å位置出现波峰,加热时峰位降至14.0Å。加热时在10Å位置显示有波峰出现,尽管不太明显,说明有伊利石或伊/蒙混层被分离出来。底板和煤低温灰样品中黏土矿物特征基本相同。

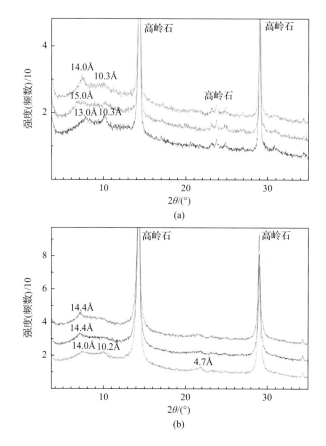
(a)

(b)

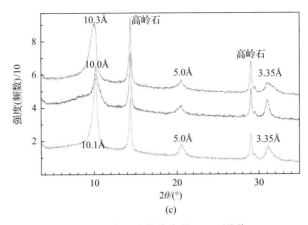

图 8.3　黏土矿物分离的 XRD 图谱

(a)SP25-2 低温灰样品；(b)SP25-2F 样品；(c)SP25-2R 样品；Co Kα 放射；顶、中、下部谱线分别代表脱水、
乙二醇饱和、加热后；数字代表面间距 d 值，单位为 Å

与底板和煤低温灰样品相比，顶板中的黏土矿物组成差异显著。脱水后除了高岭石，在 10.3Å 处有一个宽且明显的波峰。用乙二醇饱和后，该波峰出现在 10.0Å 处，尽管衍射加强区从该峰位置扩展到更高的面间距，峰也变得小而尖锐。加热后，在 10.0Å 处出现一个明显而尖锐的波峰，可能是由于面间距较大的矿物被分解。顶板中的非高岭石矿物可能为伊利石(乙二醇饱和片中 10.0Å 处)和富伊利石的伊/蒙混层的混合物(加热后 10.0Å 处峰增强)。如图 8.3(c)所示，与底板、煤的低温灰样品相比，底板中除高岭石外，其他矿物成分差异显著。

二、矿物的赋存形态

古叙 25 号煤中矿物的赋存形态如图 8.4～图 8.9 所示。高岭石呈分散的块状[图 8.4(a)]、透镜状、条带状[图 8.4(b)]及蠕虫状[图 8.4(c)]分布于基质镜质体中，或充填于惰质组结构胞腔中[图 8.4(d)]，表明高岭石既有陆源碎屑成因，也有自生成因。

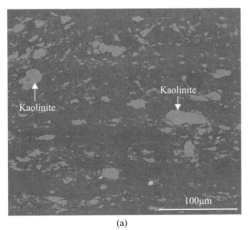

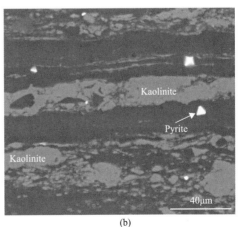

(a)　　　　　　　　　　　　　　　(b)

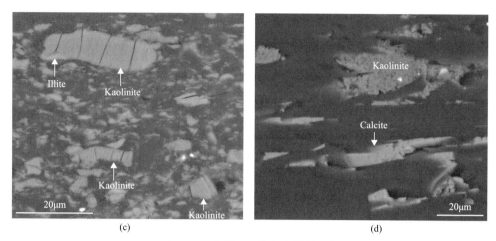

(c)　　　　　　　　　　　　(d)

图 8.4　煤中黏土矿物的背散射图像

(a)块状高岭石分布于基质镜质体中(SP25-2)；(b)透镜状或条带状高岭石分布于基质镜质体中(SP25-10)；

(c)蠕虫状高岭石分布于基质镜质体中(SP25-2)；(d)充填于惰质组结构胞腔的高岭石(SP25-12)；

Kaolinite-高岭石；Pyrite-黄铁矿；Illite-伊利石；Calcite-方解石

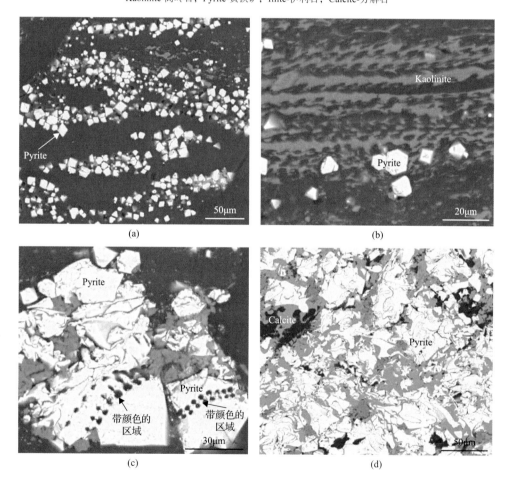

(a)　　　　　　　　　　　　(b)

(c)　　　　　　　　　　　　(d)

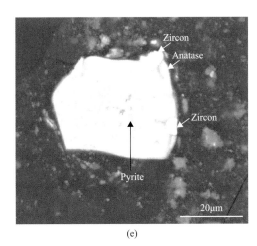
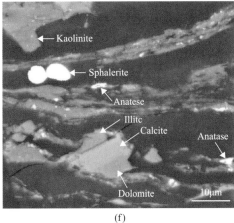

(e)　　　　　　　　　　　　　(f)

图 8.5　煤中硫化物矿物、黏土矿物、碳酸盐矿物和锐钛矿的背散射图像

(a)黄铁矿晶体颗粒(SP25-12)；(b)黄铁矿颗粒和高岭石(SP25-12)；(c)含溶蚀孔隙的黄铁矿(SP25-12)；

(d)表层覆有方解石的黄铁矿(SP25-12)；(e)黄铁矿充填于被溶蚀的锐钛矿空腔中；(f)闪锌矿、锐钛矿、

伊利石、方解石、白云石和高岭石(SP25-10)；Pyrite-黄铁矿；Kaolinite-高岭石；Calcite-方解石；

Zircon-锆石；Sphalerite-闪锌矿；Illite-伊利石；Anatase-锐钛矿；Dolomite-白云石

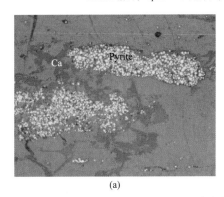
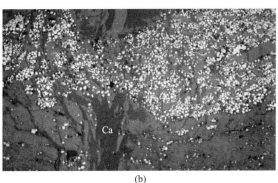

(a)　　　　　　　　　　　　　(b)

图 8.6　古叙煤中的碳酸盐矿物(SP25-2)

(a)黄铁矿结核被不规则碳酸盐充填物包围；(b)碳酸盐裂隙充填物穿过黄铁矿结核；

域宽 1.0mm，光学显微镜，反射光；Ca-碳酸盐矿物；Pyrite-黄铁矿

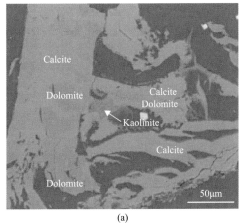
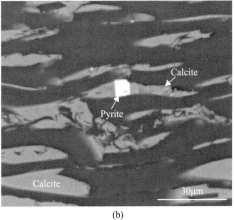

(a)　　　　　　　　　　　　　(b)

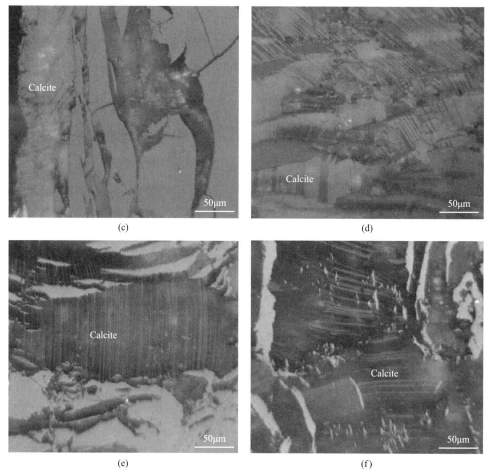

图 8.7　煤中的碳酸盐矿物和黄铁矿

(a)裂隙充填的白云石、方解石和高岭石；(b)充填于丝质体胞腔中的方解石和黄铁矿；(c)～(f)裂隙充填的碳酸盐矿物；
(a)～(c)SP25-2；(d)、(f)SP25-7；(e)SP25-4；(a)、(b)背散射图像；(c)～(f)光学显微镜，反射光；
Dolomite-白云石；Calcite-方解石；Pyrite-黄铁矿；Kaolinite-高岭石

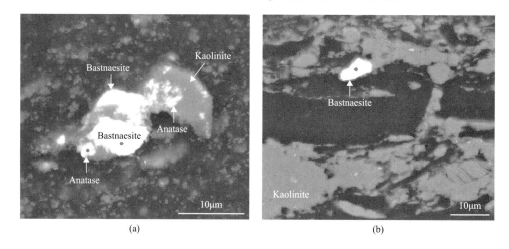

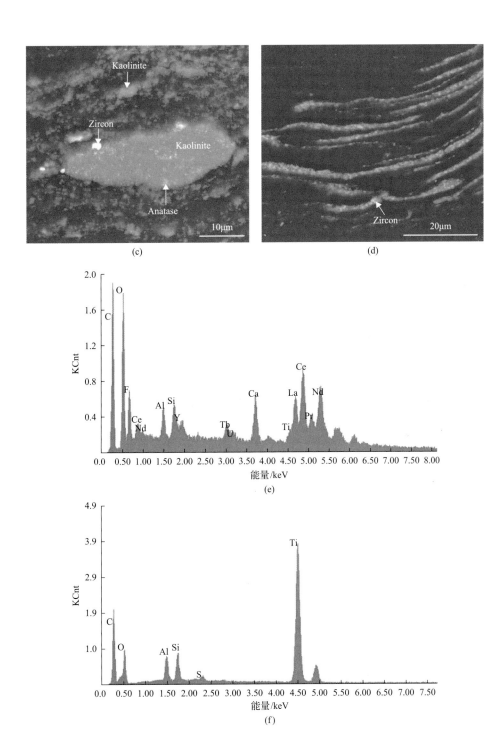

(c)　　　　　　　　　　　　　　　　　　　　(d)

(e)

(f)

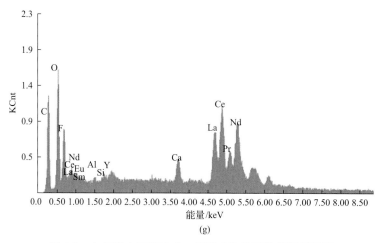

图 8.8　古叙煤中氟碳铈矿、锐钛矿和锆石的背散射图像

(a)氟碳铈矿、锐钛矿和高岭石(SP25-10)；(b)氟碳铈矿和高岭石(SP25-10)；(c)锆石、锐钛矿和高岭石(SP25-10)；
(d)锆石(SP25-12)；(e)图(a)中氟碳铈矿的能谱图；(f)图(a)中锐钛矿的能谱图；(g)图(b)中氟碳铈矿的能谱图；
Bastnaesite-氟碳铈矿；Anatase-锐钛矿；Kaolinite-高岭石；Zircon-锆石

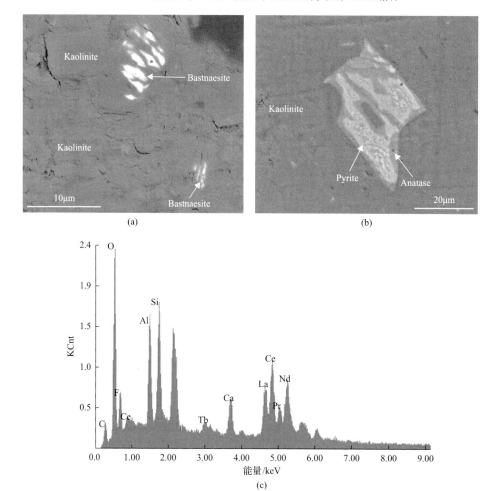

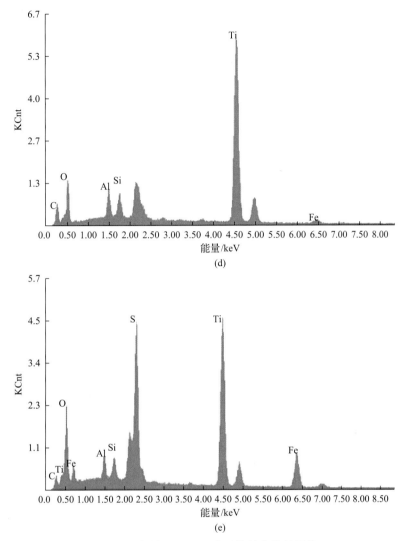

图 8.9 夹矸 SP25-11P 中矿物的背散射图像

(a)氟碳铈矿和高岭石；(b)黄铁矿化的锐钛矿；(c)图(a)中氟碳铈矿的能谱图；(d)、(e)图(b)中锐钛矿和
黄铁矿的能谱图；Kaolinite-高岭石；Bastnaesite-氟碳铈矿；Anatase-锐钛矿；Pyrite-黄铁矿

黄铁矿呈分散的晶粒状[图 8.5(a)、(b)]、块状[图 8.5(c)]或其表层覆有方解石[图 8.5(d)]，或充填于锐钛矿空腔中[图 8.5(e)]，或部分充填于丝质体胞腔中[图 8.6(b)]。图 8.6(a)中，黄铁矿结核被随后形成的碳酸盐包围，这些碳酸盐矿物不规则充填于裂隙中，属于后生成因。图 8.6(b)中，由碳酸盐矿物充填的裂隙穿过黄铁矿结核分布区，在某些情况下为充填胞腔的黏土/石英。在煤中还发现有闪锌矿，并含有少量 Pb 和 Bi，含量最高值分别为 3.0%和 1.9%[图 8.5(f)]。锐钛矿与锆石关系密切，其表面被黄铁矿侵蚀并矿化[图 8.5(e)]。部分锐钛矿呈细粒状分布于含高岭石条带的碎屑镜质体中[图 8.5(f)]，测得其含元素 Nb 约 1.6%。方解石裹于黄铁矿外层[图 8.5(d)]，与白云石共同分布于镜质体碎屑中[图 8.5(f)]，或充填于裂隙及显微组分结构中(图 8.7)，表明其为后生矿物。

扫描电子显微镜下，在 25 号煤中还发现了稀土元素载体矿物——氟碳铈矿((La,Ce)

CO₃F），但其含量较低，低于 XRD 和 Siroquant 的检测限而未被检出，其含有少量元素
Y（1.9%左右）、U（0.6%左右）、Th（3.9%左右）和 Ca（3.1%左右），与高岭石共同分布于碎
屑镜质体中[图 8.8（a）、（b）]。锆石呈细晶体状，分布于高岭石碎屑中[图 8.8（c）、（d）]，
含有少量元素 Ti（1.5%～2.4%），偶尔含有元素 Y。

　　在夹矸样品 SP25-11P 中，氟碳铈矿还含有少量元素 Th 和 U[图 8.9（a）]。扫描电镜
和 XRD 均检测出锐钛矿。部分锐钛矿被黄铁矿矿化[图 8.9（b）]，与煤中的锐钛矿相似，
也含有微量的元素 Nb。

　　在底板中，还鉴定出磷铝铈石和氟碳铈矿，其呈块状或空隙充填状，或与高岭石共
生[图 8.10（c）]。磷铝铈石含有少量 Sr（<2.3%）。天青石、重晶石和石膏分布于黏土矿
物基质中[图 8.10（c）～（e）]。底板中的天青石和重晶石可能是由 Sr（或 Ba）和硫酸相互作
用形成：底板周边的茅口组灰岩受热液流体（如沿断层）作用淋溶出元素 Sr（或 Ba）；底板
中的黄铁矿氧化形成硫酸。Kesler 和 Jones（1981）也报道了相似成因的天青石。低煤阶煤
中的石膏一般由裂隙及暴露层中的孔隙水蒸发形成（Ward，2002；Koukouzas et al.，2010）。
但是在本节研究中，石膏可能是由方解石和黄铁矿氧化形成的硫酸盐相互作用形成（Rao
and Gluskoter，1973；Pearson and Kwong，1979）。在底板中还发现有金颗粒，其粒径小
于 2μm[图 8.10（f）]。

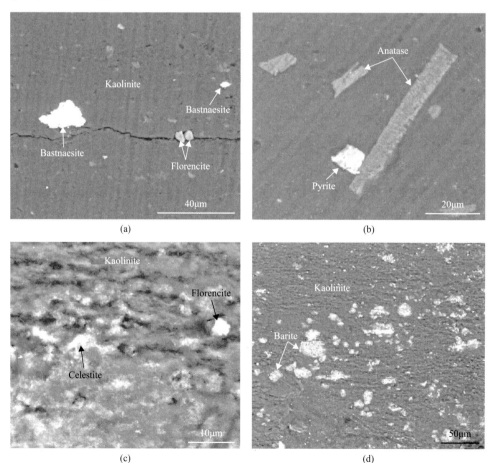

(a)　　　　　　　　　　　　　　　　(b)

(c)　　　　　　　　　　　　　　　　(d)

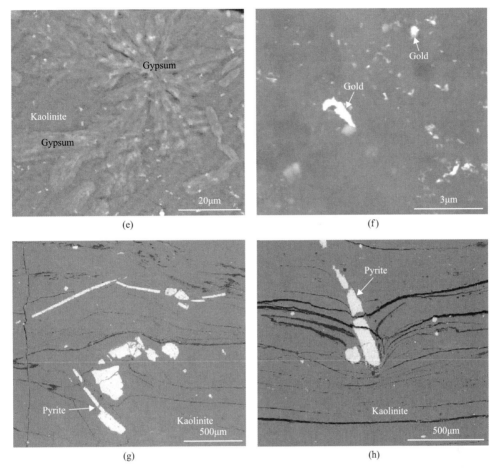

图 8.10　底板样品中矿物的背散射电子图像

(a)高岭石基质中的氟碳铈矿和磷铝铈矿，样品 SP25-F2；(b)高岭石基质中的锐钛矿和黄铁矿，样品 SP25-F1；(c)高岭石基质中的天青石和磷铝铈矿，样品 SP25-F2；(d)高岭石中的重晶石，样品 SP25-F2；(e)高岭石中的石膏，样品 SP25-F1；(f)高岭石中的金颗粒，样品 SP25-F2；(g)样品 SP25-F1 中的高岭石和黄铁矿；(h)样品 SP25-F2 中的黄铁矿和高岭石；Kaolinite-高岭石；Florencite-磷铝铈矿；Anatase-锐钛矿；Bastnaesite-氟碳铈矿；Pyrite-黄铁矿；Celestite-天青石；Barite-重晶石；Gypsum-石膏；Gold-金

第五节　煤的地球化学特征

一、元素地球化学特征

古叙煤田 25 号煤的煤、夹矸和顶底板中主要元素的氧化物含量、烧失量和微量元素的含量及其与中国煤均值、世界硬煤均值的对比见表 8.4 和图 8.11。除了 CaO、TiO_2、Al_2O_3、MnO，其他主要元素的氧化物含量均比中国煤中对应氧化物的含量略低，或与之含量相当。亲石性元素如 Be(CC=5.85)、Y(CC=5.5)、Zr(CC=11.39)、Nb(CC=9.38)、Hf(CC=6.13)和 U(CC=8.11)在古叙煤中较为富集。元素 Li(CC=4.86)、Ga(CC=2.7)、

表 8.4 古叙煤、夹矸和顶底板中主要元素的氧化物含量、烧失量和微量元素的含量

样品	LOI	SiO₂	TiO₂	Al₂O₃	Fe₂O₃	MnO	MgO	CaO	Na₂O	K₂O	P₂O₅	SiO₂/Al₂O₃	Li	Be	B	F	Sc	V	Cr	Co	Ni	Cu	Zn	Ga	Ge	As	Se	Rb	Sr	Y	Zr
SP25-R6	11.42	50.60	5.09	24.91	1.66	0.002	0.58	0.83	0.408	4.031	0.465	2.03	67.1	5.08	nd	nd	28.0	390	96.6	12.0	21.9	225	307	47.6	2.49	nd	nd	64.1	452	68.4	797
SP25-R5	21.25	34.35	1.65	12.76	28.41	0.002	0.18	0.34	0.174	0.643	0.236	2.69	66.8	1.38	nd	nd	13.2	195	36.6	98.0	113	143	184	14.2	1.69	nd	nd	11.8	142	38.3	312
SP25-R4	13.28	47.20	5.01	25.21	3.72	0.000	0.52	0.84	0.383	3.357	0.482	1.87	84.6	5.1	nd	nd	27.9	398	89.4	21.8	31.0	237	297	47.9	2.5	nd	nd	57.4	457	71.1	847
SP25-R3	11.42	48.98	5.11	26.95	1.40	0.002	0.52	0.89	0.472	3.729	0.519	1.82	85.0	5.29	nd	nd	23.1	396	78.6	3.56	12.3	213	294	49.3	2.31	nd	nd	58.4	446	64.6	862
SP25-R2	11.03	48.91	5.08	27.92	0.82	0.002	0.50	0.94	0.504	3.752	0.527	1.75	113	5.46	nd	nd	25.4	385	69.3	3.58	11.1	129	269	53.1	2.53	nd	nd	63.0	493	71.3	866
SP25-R1	33.76	18.10	1.50	14.01	31.28	0.004	0.20	0.31	0.167	0.504	0.157	1.29	89.2	2.05	nd	nd	11.0	193	33.9	84.3	90.6	190	94.6	16.4	1.72	nd	nd	10.6	183	35.7	535
SP25-1	80.54	7.50	0.31	5.54	3.46	0.026	0.19	2.29	0.047	0.089	0.015	1.35	46.5	3.29	6.00	39.5	13.6	159	20.1	4.11	21.8	6.43	56.4	14.3	1.29	2.55	2.95	1.3	176	50.7	794
SP25-2	71.85	5.98	0.47	5.55	5.86	0.084	0.44	9.65	0.037	0.073	0.006	1.08	83.2	7.59	2.74	52.3	2.77	32.5	16.0	1.82	6.48	5.75	15.5	10.9	1.81	1.64	3.46	0.73	294	17.8	130
SP25-3	81.69	5.31	0.52	4.90	3.09	0.029	0.15	4.27	0.016	0.021	0.004	1.08	42.6	14.1	1.20	43.2	2.16	31.3	16.4	1.62	4.76	6.82	6.8	8.6	3.9	1.86	3.9	bdl	204	16.4	128
SP25-4	83.69	5.95	0.38	5.39	1.89	0.011	0.09	2.55	0.016	0.021	0.005	1.10	46.8	13.4	0.71	79.9	2.2	25.8	15.8	1.7	4.91	5.49	4.06	8.6	4.78	1.58	3.37	bdl	169	18.1	143
SP25-5	80.99	6.65	0.35	6.09	1.68	0.014	0.11	4.06	0.021	0.023	0.006	1.09	59.7	12.8	1.49	62.3	1.91	20.7	13.2	1.8	5.04	6.4	3.04	9.51	6.54	2.13	4.1	0.03	194	23.2	191
SP25-6	82.68	6.08	0.19	5.59	2.59	0.009	0.09	2.72	0.016	0.026	0.005	1.09	53.8	14.3	5.63	80.2	1.67	17.1	11.1	1.77	4.56	6.85	9.73	8.68	5.47	2.17	5.34	0.06	163	25.3	156
SP25-7	82.52	6.42	0.25	5.82	1.85	0.010	0.10	2.99	0.020	0.031	0.006	1.10	57.1	9.04	5.34	68.4	2	19.5	12.5	1.62	3.87	6.66	2.7	9.66	4.64	2.05	4.52	0.06	175	26.2	178
SP25-8	86.76	5.30	0.18	4.75	1.56	0.004	0.08	1.32	0.014	0.020	0.007	1.12	46.4	15.1	0.90	93.7	2.05	21.7	12.8	2.05	4.25	6.27	3.26	13.0	7.23	1.67	4.19	bdl	154	27.4	131
SP25-9	79.68	8.36	0.39	7.42	1.23	0.007	0.18	2.66	0.018	0.045	0.010	1.13	67.3	13.6	1.35	116	3.73	39.0	20.9	2.5	9.7	5.84	9.18	26.3	8	1.64	5.07	0.45	197	65.5	315
SP25-10	75.64	10.74	0.49	9.25	0.90	0.007	0.21	2.67	0.022	0.053	0.008	1.16	89.7	15.2	4.36	300	3.39	48.8	22.5	2.04	7.15	6.02	10.4	29.8	7.01	1.91	6.27	0.51	196	92.1	701
SP25-11P	33.61	34.72	0.93	27.71	1.97	0.002	0.19	0.63	0.064	0.157	0.015	1.25	151	8.86	nd	598	1.77	38.2	11.7	1.47	13.8	8.5	91.7	28.1	5.45	nd	nd	2.46	52.2	60.3	1171
SP25-12	65.11	15.59	0.52	12.93	2.64	0.006	0.21	2.76	0.057	0.147	0.013	1.21	154	10.8	10.8	248	4.9	252	90.1	5.56	43.0	13.8	42.8	38.6	6.35	5.57	10.4	3.38	149	145	1643
SP25-F1	19.01	43.00	1.40	33.56	2.30	0.001	0.18	0.23	0.101	0.156	0.066	1.28	204	7.83	nd	nd	9.08	246	58.8	2.89	42.4	19.3	44.3	89.2	4.15	nd	nd	4.93	120	206	1825
SP25-F2	58.76	18.82	0.66	15.31	2.58	0.005	0.24	3.34	0.077	0.183	0.027	1.23	192	5.84	18.8	nd	8.97	373	104	4.65	52.1	15.0	70.4	47.6	7.63	nd	nd	6.12	172	246	2637
SP25-F3	38.89	32.35	1.00	25.28	2.01	0.001	0.13	0.18	0.077	0.056	0.031	1.28	177	8.14	nd	nd	8.17	197	35.1	2.19	36.6	19.6	57.9	92.3	3.37	nd	nd	bdl	75.2	212	1992
SP25-F4	26.06	39.62	1.13	30.75	1.71	0.000	0.20	0.20	0.094	0.206	0.028	1.29	236	5.31	nd	nd	14.8	781	233	2.69	54.0	37.5	44.0	62.2	4.29	nd	nd	2.9	69.7	133	2155
SP25-F5	18.46	40.71	3.01	33.15	4.14	0.003	0.11	0.20	0.081	0.082	0.043	1.23	258	6.68	nd	nd	16.6	503	356	4	56.0	47.9	72.7	86.4	3.58	nd	nd	0.45	62.0	136	2386
SP25-F6	17.77	39.73	3.40	32.59	6.00	0.002	0.12	0.15	0.091	0.098	0.040	1.22	254	6.31	nd	nd	18.6	533	513	5.8	83.1	77.2	68.0	91.6	3.81	nd	nd	0.79	71.9	117	2387
SP25-F7	17.57	39.83	3.47	33.14	5.48	0.002	0.12	0.16	0.098	0.101	0.034	1.20	251	6.04	nd	nd	18.9	444	543	5.54	74.9	71.7	59.6	94.6	3.52	nd	nd	0.94	63.8	107	2381
SP25-F8	15.65	41.83	3.71	34.38	4.06	0.002	0.07	0.11	0.077	0.087	0.029	1.22	223	5.42	nd	nd	17.9	316	524	3.19	54.8	46.1	38.9	83.3	2.54	nd	nd	0.4	47.2	108	2692

续表

样品	LOI	SiO$_2$	TiO$_2$	Al$_2$O$_3$	Fe$_2$O$_3$	MnO	MgO	CaO	Na$_2$O	K$_2$O	P$_2$O$_5$	SiO$_2$/Al$_2$O$_3$	Li	Be	B	F	Sc	V	Cr	Co	Ni	Cu	Zn	Ga	Ge	As	Se	Rb	Sr	Y	Zr
SP25-F9	17.01	38.56	3.38	32.56	8.11	0.002	0.07	0.10	0.083	0.083	0.030	1.18	219	5.16	nd	nd	15.8	303	497	5.55	78.3	61.9	50.2	86.3	2.8	nd	nd	0.4	50.3	93.9	2609
SP25-F10	14.9	43.37	4.02	35.31	2.08	bdl	0.05	0.11	0.060	0.064	0.027	1.23	222	5.58	nd	nd	14.6	295	484	2.72	46.7	44.8	37.2	85.9	2.51	nd	nd	bdl	43.0	97.3	3058
SP25-F11	14.65	44.18	4.13	35.60	1.07	bdl	0.06	0.15	0.058	0.073	0.024	1.24	226	5.39	nd	nd	11.7	287	432	2.42	51.3	49.2	61.5	78.2	2.95	nd	nd	0.18	37.3	85.9	3012
SP25-F12	15.83	39.48	5.65	33.10	5.63	bdl	0.06	0.12	0.042	0.051	0.032	1.19	225	5.24	nd	nd	13.6	434	520	8.18	139	103	89.4	78.4	3.17	nd	nd	bdl	80.8	98.8	2667
SP25-F13	17.01	37.67	5.30	31.87	7.83	bdl	0.06	0.12	0.043	0.044	0.048	1.18	224	4.76	nd	nd	19.4	838	842	7.9	135	132	149.9	77.6	3.32	nd	nd	bdl	110	103	1930
SP25-F14	13.8	43.43	6.60	34.87	0.87	bdl	0.08	0.17	0.037	0.026	0.117	1.25	253	4.8	nd	nd	21.2	1229	1398	4.36	50.6	328	45.1	68.5	3.03	nd	nd	bdl	149	68.9	1186
SP25-F15	17.46	37.26	4.93	31.42	8.49	bdl	0.09	0.18	0.047	0.033	0.080	1.19	219	4.17	nd	nd	18.5	1024	1275	14.2	144	169	94.6	65.0	2.6	nd	nd	1.02	163	48.8	1004
加权平均值a	79.20	7.63	0.37	6.66	2.43	0.02	0.17	3.45	0.026	0.050	0.008	1.15	68.0	11.7	3.69	108	3.67	60.7	22.8	2.42	10.5	6.94	14.9	16.2	5.184	2.252	4.870	0.59	188	46.2	410
世界硬煤b		8.47a	0.33a	5.98a	4.85a	0.015a	0.22a	1.23a	0.16a	0.19a	0.092a	1.42a	14	2	47	82	3.7	28	17	6	17	16	28	6	2.4	8.3	1.3	18	100	8.4	36

样品	Nb	Mo	Cd	In	Sn	Sb	Cs	Ba	La	Ce	Pr	Nd	Sm	Eu	Gd	Tb	Dy	Ho	Er	Tm	Yb	Lu	Hf	Ta	W	Hg	Tl	Pb	Bi	Th	U
SP25-R6	123	2.81	1.34	0.18	5.24	0.14	2.12	346	132	248	29.5	113	19.7	4.68	20.9	2.69	15.2	2.77	8.09	1.09	7.4	1	19.9	7.56	5.09	nd	0.17	4.77	bdl	20.4	5.73
SP25-R5	42.4	0.52	0.66	0.1	2.92	0.48	0.49	81.1	53.5	112	12.8	52.1	10.1	2.61	10.9	1.4	7.8	1.39	3.98	0.53	3.55	0.49	6.92	2.49	137	nd	1.08	35.5	0.22	6.6	2.08
SP25-R4	127	2.34	1.36	0.21	5.49	0.19	1.97	328	140	269	31.3	121	21.3	4.96	22.3	2.88	16.0	2.89	8.47	1.14	7.71	1.05	21.1	7.99	15.1	nd	0.14	11.8	0.8	21.1	6.44
SP25-R3	130	2.38	1.34	0.22	7.32	0.09	1.89	352	118	241	26.9	105	19.2	4.54	20.5	2.7	15.1	2.61	7.4	0.97	6.39	0.84	21.9	8.18	3.65	nd	0.18	2.27	0.11	20.6	6.3
SP25-R2	138	2.56	1.4	0.26	7.55	0.09	1.87	386	142	264	31.4	121	21.2	4.79	22.2	2.91	16.1	2.84	8.15	1.06	7	0.93	22.8	8.73	8.8	nd	0.14	2.24	0.69	23.4	6.41
SP25-R1	50.5	1.52	0.88	0.08	4.21	0.61	0.58	108	63.1	130	14.1	53.9	9.33	2.07	9.92	1.28	7.27	1.32	3.82	0.51	3.41	0.46	9.96	3.07	4.49	nd	1.35	82.8	bdl	8.87	2.84
SP25-1	19.9	1.59	0.86	0.03	0.66	0.18	0.11	117	17.6	35.0	4.16	16.8	3.89	1.14	5.92	1.23	9.01	1.92	6.17	0.87	5.83	0.9	6.41	0.43	0.69	258	0.23	3.19	0.1	4.1	3.08
SP25-2	18.2	1.31	0.2	0.03	1.02	0.13	0.11	11.6	14.8	26.7	3.24	13.0	2.7	0.52	3.28	0.49	3.1	0.62	1.91	0.27	1.76	0.26	3.37	1.08	1.4	182	0.12	2.3	0.16	5.73	1.66
SP25-3	21.8	1.08	0.16	0.05	1.57	0.19	0.02	6.17	16.0	28.3	3.4	13.3	2.52	0.43	3.13	0.47	2.93	0.59	1.78	0.23	1.6	0.24	2.95	1.29	2.7	194	0.01	3.08	0.17	7.61	2.07
SP25-4	22.2	1.1	0.18	0.05	1.75	0.17	0.02	4.99	22.0	37.1	4.33	16.5	3.07	0.43	3.63	0.52	2.98	0.58	1.71	0.22	1.47	0.21	3.24	0.79	1.51	211	bdl	1.71	0.13	7.12	1.98
SP25-5	30.5	1.4	0.21	0.09	2.11	0.17	0.02	5.45	26.7	42.7	5.05	19.4	3.81	0.46	4.27	0.6	3.51	0.67	1.99	0.25	1.7	0.24	4.26	1.07	3.48	186	bdl	2.16	0.13	5.97	1.77
SP25-6	19.2	1.62	0.2	0.08	2.08	0.14	0.03	6.63	41.0	63.6	7.55	28.5	5.17	0.54	5.58	0.72	3.91	0.73	2.11	0.27	1.79	0.24	4.25	0.94	5.65	209	bdl	4.89	0.07	3.8	1.29
SP25-7	23.0	1.7	0.2	0.08	2.24	0.14	0.03	6.78	38.5	59.8	6.95	26.2	5.02	0.53	5.23	0.7	3.85	0.73	2.09	0.28	1.87	0.25	4.52	1.11	0.81	344	bdl	5.26	0.09	3.8	1.22

续表

样品	Nb	Mo	Cd	In	Sn	Sb	Cs	Ba	La	Ce	Pr	Nd	Sm	Eu	Gd	Tb	Dy	Ho	Er	Tm	Yb	Lu	Hf	Ta	W	Hg	Tl	Pb	Bi	Th	U
SP25-8	13.5	2.29	0.17	0.12	3.05	0.14	0.03	7.61	51.1	79.2	8.89	31.7	5.72	0.52	5.96	0.75	4.01	0.77	2.29	0.3	1.99	0.28	3.33	0.56	2.27	258	bdl	7.56	0.11	2.73	1.41
SP25-9	40.3	3.82	0.46	0.18	6.11	0.21	0.21	21.1	95.5	163	19.0	70.9	12.3	0.98	13.0	1.68	9.27	1.79	5.31	0.7	4.58	0.64	8.15	2.2	3.36	359	bdl	3.91	0.36	8.27	10.2
SP25-10	76.9	3.71	0.8	0.19	8.01	0.26	0.32	16.4	114	207	24.4	93.3	17.0	1.26	17.6	2.3	12.9	2.5	7.36	0.98	6.41	0.86	14.6	4.73	3.09	221	bdl	3.84	0.47	14.8	17.0
SP25-11	163	1.38	1.48	0.2	9.78	0.45	1.49	18.6	75.3	127	15.4	56.7	9.7	0.71	9.96	1.33	7.85	1.58	4.7	0.64	4.09	0.53	35.0	8.71	7.09	753	bdl	38.1	0.53	23.4	27
SP25-12	127	7.65	2.7	0.26	11.7	1.35	2.10	22.9	129	249	31.4	125	24.7	2.11	27.4	4.06	24.7	4.91	14.9	2.06	13.5	1.91	25.9	1.96	6.07	390	0.02	19.3	0.34	10.4	128
SP25-F1	291	4.3	3.21	0.41	17.8	1.98	1.78	29.8	393	708	84.1	292	47.6	3.5	47.6	6.4	37.0	7.25	20.6	2.87	18.6	2.65	55.4	24.9	6.23	nd	0.13	35.6	1.44	75.5	175
SP25-F2	190	7.18	5.28	0.3	11.0	1.74	2.55	35.5	287	493	62.6	242	43.4	3.41	47.7	6.71	41.4	8.2	25.4	3.51	23.4	3.18	42.1	4.36	2.67	nd	0.04	20.5	0.85	16.8	167
SP25-F3	297	1.84	4.24	0.53	19.4	2.21	0.7	25.9	177	340	38.4	133	26.9	2.64	32.8	5.74	37.2	7.27	21.3	2.92	19.0	2.69	66.1	28.7	4.88	nd	bdl	44.7	bdl	88.6	218
SP25-F4	172	2.74	4.07	0.37	9.67	1.72	1.71	28.3	230	437	53.8	204	38.3	2.94	36.3	4.89	27.5	5.23	15.6	2.33	16.9	2.63	45.2	9.07	3.36	nd	bdl	17.4	0.21	31.2	223
SP25-F5	313	4.75	4.48	0.56	17.1	1.52	0.7	40.7	201	414	45.5	169	33.4	3.94	34.3	4.85	28.1	5.32	15.3	2.1	13.3	1.85	63.5	21.3	10.3	nd	bdl	20.8	bdl	64.2	215
SP25-F6	313	8.01	4.56	0.72	21.0	2.19	0.87	53.2	199	404	43.8	163	32.4	3.96	32.7	4.52	25.9	4.79	13.6	1.83	11.7	1.59	60.1	18.9	2.49	nd	bdl	34.6	0.01	58.6	182
SP25-F7	252	5.76	4.24	2.11	399	1.8	0.93	43.5	220	477	48.0	183	32.5	4.43	31.6	4.15	23.7	4.45	12.7	1.74	11.2	1.55	59.7	8.84	0.7	nd	bdl	26.0	70.2	58.5	131
SP25-F8	306	2.97	3.91	1.57	337	0.93	0.74	35.6	245	603	52.0	198	32.6	5.19	32.7	4.07	22.6	4.14	11.9	1.6	10.4	1.43	71.6	14.5	5.82	nd	bdl	13.9	37.8	61.2	40.8
SP25-F9	305	8.01	4.22	0.62	14.0	2.04	0.67	42.0	193	490	43.1	167	28.0	5.2	27.8	3.41	19.1	3.56	10.1	1.39	9.03	1.26	68.2	21.0	2.32	nd	bdl	31.1	0.01	55.4	38.7
SP25-F10	365	3.15	4.2	0.61	14.1	0.69	0.5	23.7	229	727	53.9	209	31.9	7.24	31.7	3.56	19.0	3.53	10.1	1.38	8.98	1.26	79.9	25.1	2.71	nd	bdl	9.52	bdl	59.6	24.8
SP25-F11	349	1.25	4.49	0.48	12.5	0.47	0.54	27.3	191	631	49.9	197	34.5	6.95	35.0	3.47	16.1	2.83	7.76	1.04	6.89	0.99	80.9	24.7	4.68	nd	bdl	7.45	0.38	53.2	18.5
SP25-F12	320	1.83	4.82	0.79	18.4	3.95	0.53	39.2	178	471	40.1	153	29.2	4.82	30.7	3.57	16.8	2.76	7.07	1.13	7.4	1.01	69.2	20.6	3.28	nd	bdl	39.9	0	38.4	16.8
SP25-F13	226	5.52	4.46	1.01	62.6	5.81	0.49	42.5	217	483	47.2	179	33.8	4.87	33.8	4.14	21.0	3.62	10.7	1.35	8.84	1.2	49.5	12.8	2.54	nd	bdl	53.1	0.07	38.5	18.8
SP25-F14	142	1.57	1.75	1.05	21.2	1.23	0.53	24.2	363	563	74.4	248	29.0	3.36	28.0	3.28	17.0	3.1	8.86	1.24	8.16	1.19	30.7	9.99	6.6	nd	bdl	9.9	1.76	23.6	12.1
SP25-F15	129	1.73	2.28	0.66	13.3	3.81	0.47	27.6	228	341	43.2	143	17.3	2.22	17.9	2.26	11.9	2.18	6.43	0.88	5.75	0.82	26.5	9.37	28.4	nd	0.01	41.2	1	18.1	10.9
加权平均值*	37.5	2.48	0.56	0.11	3.67	0.28	0.27	20.6	51.5	90.1	10.8	41.3	7.80	0.81	8.64	1.23	7.29	1.44	4.33	0.58	3.87	0.55	7.36	1.47	2.82	256	0.035	5.20	0.19	6.75	15.4
世界硬煤b	4	2.1	0.2	0.04	1.4	1	1.1	150	11	23	3.4	12	2.2	0.43	2.7	0.31	2.1	0.57	1	0.3	1	0.2	1.2	0.3	0.99	100	0.58	9	1.1	3.2	1.9

注：LOI 表示烧失量，%；bdl 表示低于检测限；nd 表示未检测到；主要元素氧化物单位为%，Hg 单位为 ng/g，其余微量元素单位为 μg/g。

* 煤的加权平均值，基于煤分层之间的厚度。

a 中国煤数据来自 Dai 等（2012a）；b 世界硬煤均值数据来自 Ketris 和 Yudovich（2009）。

Se(CC=3.75)、La(CC=4.68)、Yb(CC=3.87)、Ta(CC=4.90)、W(CC=2.85)和Hg(CC=2.56)轻度富集。其他微量元素(特别是过渡性金属元素 Sc、Cr、Co、Ni 和 Cu)的含量,与世界硬煤中对应元素的含量均值相当,或略低于世界硬煤中对应元素的含量均值。根据 Dai 等(2015a)提出的元素富集系数分类方法,可按照富集程度将元素分为六类,即:异常富集(CC>100)、高度富集(10<CC≤100)、富集(5<CC≤10)、轻度富集(2<CC≤5)、正常富集(0.5<CC≤2)和亏损(CC≤0.5)。

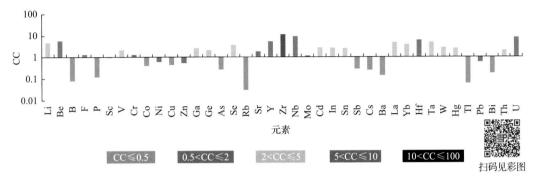

图 8.11　古叙煤田 25 号煤中微量元素的富集系数 CC
世界硬煤中微量元素的平均值来源于 Ketris 和 Yudovich(2009)

微量元素 Li、Ga、Y、Zr、Nb、Yb 和 Hf 与灰分产量呈正相关(图 8.12),表明其具有无机相关性。Be、Hg 与灰分的相关性(相关系数 r 分别为 0.27 和 0.33)表明,二者兼有无机和有机相关性(SP25-F15,图 8.12)。尽管 Se 和 U 都与灰分产率呈正相关(r 分别为 0.71 和 0.79;图 8.12),但在二者与灰分产率的相关性图中,分别仅有一个点落于高灰分产率(>30%)区,并且低灰分产率(<30%)区内点分布明显分散(图 8.12),这也说明 Se 和 U 具有无机-有机相关性,而不具无机相关性。

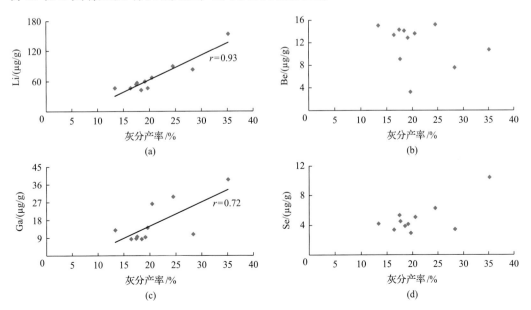

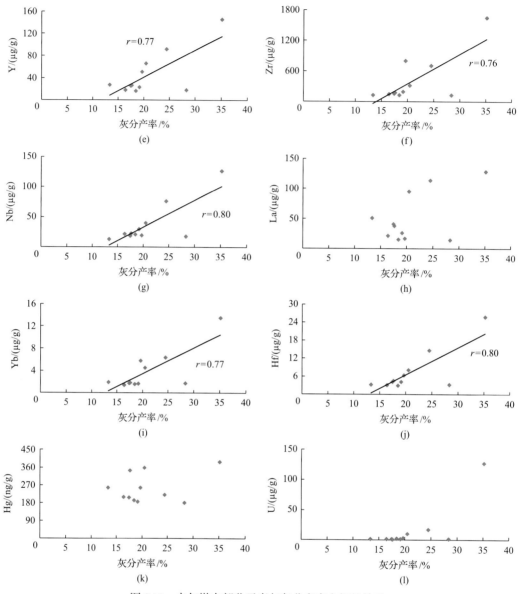

图 8.12　古叙煤中部分元素与灰分产率之间的关系

(a) Li；(b) Be；(c) Ga；(d) Se；(e) Y；(f) Zr；(g) Nb；(h) La；(i) Yb；(j) Hf；(k) Hg；(l) U

图 8.13 和图 8.14 为灰分产率、部分微量元素以及 Al_2O_3/TiO_2 在 25 号煤层剖面上的变化趋势图。根据元素浓度的变化，煤层底板可分为两段，下段包括样品 SP25-F15～SP25-F5，上段包括样品 SP25-F4～SP25-F1。

Be 在中部煤层中富集，而在顶板和底板中浓度相对较低，并且在底板地层上部分比下部分更为富集。除了最底部样品 SP25-12 外，整个煤层中元素 Sc、V、Cr、Ga 和 Se 含量相当且相对较低(图 8.13)；上述元素在底板含量较高，样品 SP25-F4～SP25-F1 中元素 Sc、V 和 Cr 含量逐渐降低。

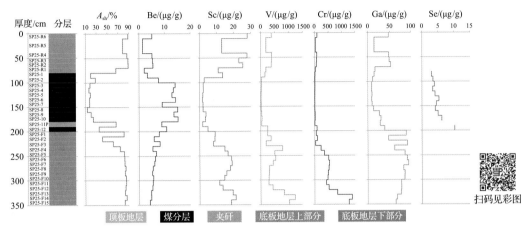

图 8.13　灰分产率和选定微量元素(煤基)在顶板、煤层和底板纵向剖面上的变化

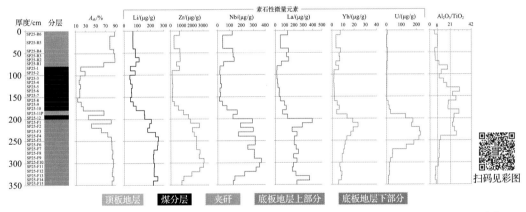

图 8.14　灰分产率、选定微量元素(煤基)及 Al_2O_3/TiO_2 在顶板、煤层和底板纵向剖面上的变化

　　亲石性元素包括 Li、Zr、Nb、La、Yb 和 U,在煤层底部、底板地层部分(极个别煤层除外)以及底板地层上部分的顶部分层中富集(图 8.14)。但是在煤层顶板、煤层中部及上部、底板地层上部分的底部含量相对较低。

　　按照 Seredin 和 Dai(2012)提出的稀土元素分类方法,25 号煤中的稀土元素配分模式可分为 4 类(图 8.15):①第 1 类,样品 SP25-1,为重稀土富集型;②第 2 类,包括样品 SP25-2～SP25-5,与上地壳稀土元素含量均值相比,轻、中、重稀土元素分馏,并伴有微弱的 Eu 负异常;③第 3 类,包括 SP25-6、SP25-7、SP25-8,为轻、中稀土元素轻度富集型;④第 4 类,包括 SP25-9～SP25-12(包括夹矸),为中稀土富集型,并伴有显著的 Eu 负异常(SP25-12 亦具有重稀土富集特征)。

　　顶板中的稀土元素为中稀土富集型,并伴有 Eu 正异常[图 8.16(a)]。底板中的稀土元素具有两种配分模式:样品 SP25-1F～SP25-6F[图 8.16(e)]为中稀土富集型,并伴随有显著的 Eu 负异常;样品 SP25-7F～SP25-15F 为轻稀土富集型[图 8.16(f)～(h)]。

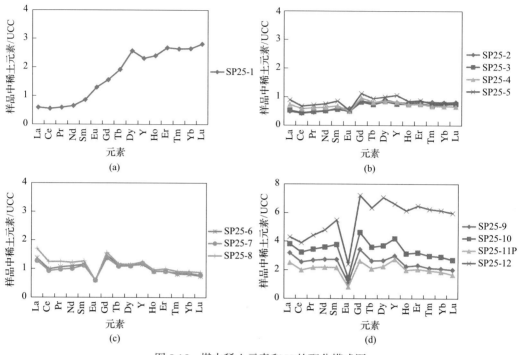

图 8.15　煤中稀土元素和 Y 的配分模式图

利用上地壳(UCC)中稀土元素的均值进行标准化

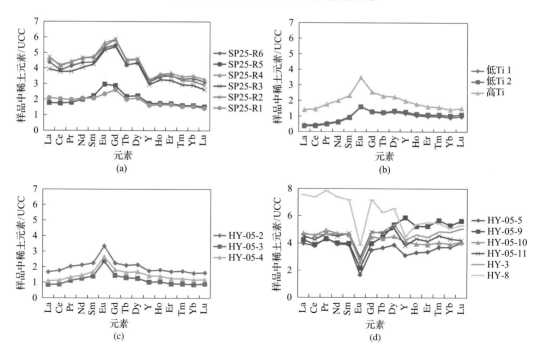

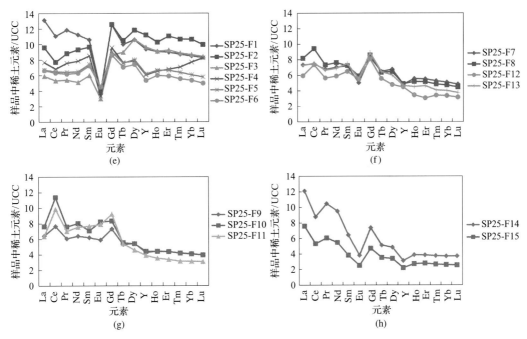

图 8.16　顶板、底板和高钛、低钛玄武岩以及峨眉山熔岩沉积序列顶部
长英质-中性岩中稀土元素和 Y 的配分模式

利用上地壳(UCC)中稀土元素的均值(Taylor and McLennan，1985)进行标准化；高钛和低钛玄武岩中稀土元素的
值(b)据 Xiao 等(2004)；基性玄武岩(c)和长英质-中性岩(d)的相关数值据邵辉等(2007)

二、矿物组成及化学成分对比

图 8.17(a)为古叙 25 号煤的低温灰灰分产率和高温灰灰分产率的对比图。图 8.17(a)中两组数据点几乎均落于等值线上，表明两组数值基本相等。但是随着高温灰灰分产率增加，对应的低温灰灰分产率略高于高温灰产率，这主要是由于在高温灰化过程中，黏土矿物脱水、碳酸盐矿物分解以及硫化物发生了氧化作用。

图 8.17(b)～(h)为通过 XRD 和 Siroquant 矿物定量推算与 XRF 测试并进行归一化得到的煤灰及岩石样品中主要元素氧化物(SiO_2、Al_2O_3、Fe_2O_3、CaO、MgO、K_2O 和 TiO_2)含量对比图。两组数据均以无 SO_3 基为计算基准。对于 SiO_2、Al_2O_3、Fe_2O_3 和 CaO，图 8.17(b)～(e)中数据点几乎均落于等值线上，表明由 XRD 数据推算出的值和 XRF 分析值相当。

而对于 K_2O，通过 XRD 数据推算出的值略高于 XRF 分析值，这可能是由于伊利石和伊/蒙混层中的 K 不完全饱和。而对于 TiO_2，由 XRD 数据推算出的值低于 XRF 分析值，表明部分 Ti 可能包裹在高岭石上，因此未被定为独立的结晶矿物(如锐钛矿)。Ward 等(1999)的研究也指出高岭石晶格中包裹有 Ti。

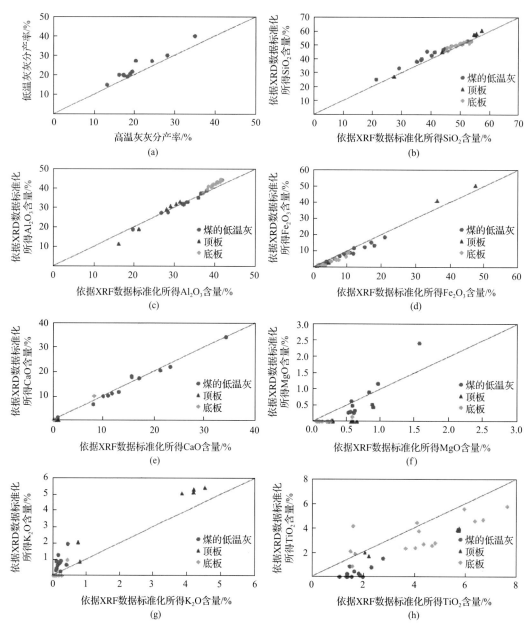

图 8.17　煤的高温灰与低温灰灰分产率对比及由 XRF 分析测得的归一化氧化物含量与
由 XRD+Siroquant 数据推算出的灰样氧化物含量对比

图中的对角线为等值线；（a）LTA-HTA；（b）SiO₂；（c）Al₂O₃；（d）Fe₂O₃；（e）CaO；（f）MgO；（g）K₂O；（h）TiO₂

第六节　铀的赋存状态及富集机理

在底板 SP25-F1～SP25-F7 中元素 U 高度富集，浓度为 167～223μg/g。在煤、顶板和
底板中，若样品中 U 的浓度小于 50μg/g，则 U 与 Th 呈正相关性（r=0.76），并且 U/Th

小于1[图8.18(a)]，表明 U 和 Th 都来源于沉积源区；若样品中 U 的浓度在131～223μg/g，则 U 与 Th 相关性不明显，且 U/Th>1[图8.18(b)]，表明多数 U 为自生成因，可能来源于热液流体。自生铀(U_a)的浓度可由以下公式计算得出：$U_a=U_{Total}-Th/3$(Wignall，1994)。对于煤样 SP25-12 和富 U 的底板，计算得到 U_a 的值分别为125μg/g 和 0.77～213μg/g。但是，在其他底板、煤、夹矸和顶板样品中，自生铀浓度很低甚至为 0。元素 U 在煤层剖面垂向上的分布表明，富 U 热液的侵入作用发生于底板上段的成岩阶段以及泥炭堆积作用早期。该富 U 热液由茅口组灰岩溶蚀形成的通道及空腔进入泥炭沼泽和底板地层（上部）（图8.19）。同时，茅口组灰岩中的 Sr 和 Ba 也被热液淋出（如沿断层），之后通过石灰岩中的通道随热液运移至底板中，为底板中天青石和重晶石[图8.10(c)、(d)]的形成提供了重要原料。另外，在煤 SP25-12 以及富 U 的底板样品中未发现含 U 的矿物，表明煤中的 U 与有机质相关，底板中的 U 与高岭石相关。

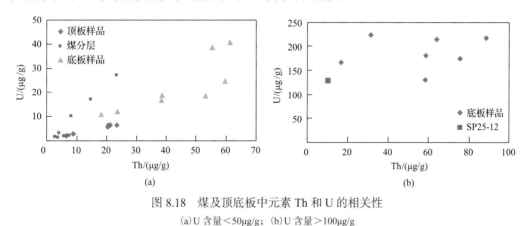

图8.18　煤及顶底板中元素 Th 和 U 的相关性

(a)U 含量<50μg/g；(b)U 含量>100μg/g

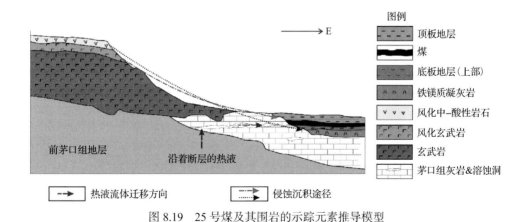

图8.19　25 号煤及其围岩的示踪元素推导模型

第七节　小　　结

过去的研究表明，中国西南地区晚二叠世煤的陆源区源岩多为基性玄武岩，并且这些煤中高度富集元素 Sc、V、Cr、Co、Ni 和 Cu。但是古叙煤田 25 号煤中的上述过渡元素含量较低，而亲石元素 Be、Y、Nb、Zr、Hf 和 U 富集。这些元素富集的原因主要有以下两个方面：①峨眉山玄武岩沉积序列顶部长英质-中性岩的输入；②泥炭堆积作用早期热液流体的输入。

前人研究认为古叙煤田 25 号煤形成于基性凝灰岩之上，凝灰岩遭受强烈的风化和淋溶作用，导致煤层底板中富含基性凝灰岩成分。但是底板上段的碎屑沉积物主要来源于物源区长英质-中性岩。25 号煤的顶板来源于基性玄武岩的沉积源区，并且这些基性玄武岩在原位遭受了硅化作用。

古叙煤田 25 号煤(同松藻煤田 12 号煤，华蓥山煤田 K1 煤)为晚二叠世煤的最低部位煤层，在中国西南地区分布十分广泛。煤层的底板可作为提取稀有金属元素的潜在资源，包括稀土元素和 Y、Nb、Ta、Zr 和 Hf(如古叙和华蓥山煤田)，以及元素 U(如古叙煤田)。

第九章 煤型铀矿床的成矿模式

煤中的铀(通常伴随富集的有 Re 和 Se,在许多情况下还有 V、Cr 和 Mo,在少数情况下为 As 和 Hg)主要有两种富集模式(Shao et al.,2003;Zeng et al.,2005;Seredin and Finkelman,2008;Dai et al.,2015a,2015c,2015d,2017a),即后生入渗型(第一种类型)和同生或早期成岩出渗型(第二种类型)。

第一种类型与砂岩型卷轴状铀矿床相关。一个典型的例子是中国新疆伊犁盆地煤型铀矿床。煤中铀的浓度很高,与其相关的工业开采的砂岩型卷轴状铀矿床位于侏罗纪早期的三工河组(Min et al.,2001,2005a,2005b)。砂岩型卷轴状铀矿床中的矿床沉积主要发生在中至粗粒的砂岩中,该砂岩由 40%~60%的石英、8%~15%的长石、2%~3%的碳质碎屑和20%~40%的岩石碎片组成(Min et al.,2001)。

伊犁矿床富铀煤中硫含量中等(平均为 1.32%),镜质组反射率为 0.51%~0.59%,表明其煤级为高挥发分 C/B 烟煤。煤中富集 U(从几微克/克至 7207μg/g 大幅变化)、Se(最高 253μg/g)、Mo(最高 1248μg/g)、Re(最高 34μg/g)、As(最高 234μg/g)和 Hg(最高 3858ng/g)。U、Re、Mo 和 Se 含量高的煤通常位于煤层的上部,并且与砂岩型铀矿床直接接触。煤中铀的富集取决于以下条件(Seredin and Finkelman,2008;Dai et al.,2015c)。

(1)U 源。富铀煤中矿物质的陆源物质主要由石炭—二叠纪中—酸性火成岩和海西期花岗岩组成,它们自身富含铀(分别为 3.0~12.9μg/g 和 5.4~20.9μg/g;侯惠群等,2010)。并且这些陆源物质不仅为砂岩型矿床(Min et al.,2001,2005a,2005b),而且为相关的富铀煤(杨建业等,2011a,2011b;Dai et al.,2015c)提供铀源。

(2)干旱气候。王正其等(2006a,2006b)建议干旱可能是有利的氧化条件,因此可能有利于沉积物源区富铀岩石中可溶性铀(Ⅵ)的浸出(Min,1995;Spirakis,1996;Seredin and Finkelman,2008)。

(3)伴生的粗粒沉积物。上覆于煤层的粗粒沉积物(如卵石状或粗粒状砂岩)可作为含 U 溶液运移的通道。因此,煤层的上部可以同时进入富氧和富 U 的水,从而导致有机物捕获 U。

(4)多孔显微组分。煤中高比例的具有微孔的结构性丝质体和半丝质体(图 9.1)不仅可能作为迁移含 U 液体的渠道而且还能充当还原剂,以促进氧化还原使 U(Ⅵ)变为 U(Ⅳ)。

伊犁富铀煤中的矿物主要有石英、高岭石、伊利石(伊/蒙混层)以及少量的钾长石、绿泥石、黄铁矿和痕量的白云石、方解石、角闪石、针镍矿、方硫钴矿、黄铜矿、硅铁矿、白硒铁矿、碲硫镍钴矿、方硒铜矿、铜硒铁石、沥青铀矿、锆石和含硅的水磷镧石(Dai et al.,2015c)。富铀煤中的陆源矿物和富集的微量元素来自主要由酸性和中性岩石

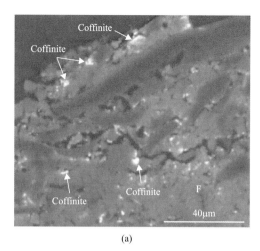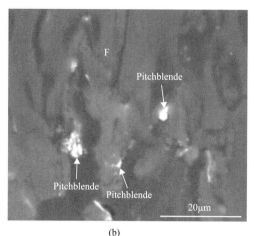

(a)　　　　　　　　　　　　　　　(b)

图 9.1　伊犁煤熔体孔洞中含铀矿物(铀石和沥青铀矿)的 SEM 背散射图像

引自 Dai 等(2015b)；Coffinite-铀石；Pitchblende-沥青铀矿；F-丝质体

组成的源区以及两种不同的后生成因溶液(富铀-钼-稀土入渗型溶液和富汞-砷出渗型火山溶液)。铀主要存在于煤的有机质中(杨建业等，2011a，2011b；Dai et al.，2015c)，尽管也发现了少量在结构矿化惰质组中以充填空洞的形式赋存的含 U 矿物(沥青铀矿和铀石；图 9.1)。

第二种类型煤中铀的富集可分成两个子类型(亚型 1 和亚型 2)。亚型 1 的特征在于富集了 U、Se、Mo、Re、V 和 Cr(表 9.1)，通常夹在不透水黏土层(Seredin and Finkelman，2008；Dai et al.，2017a)或石灰岩之间(Dai et al.，2015a)。

表 9.1　高铀煤和围岩中的稀有金属(以灰分为基础)

煤田	灰分/%	U/(μg/g)	Se/(μg/g)	Mo/(μg/g)	Re/(μg/g)	REO/(μg/g)	V_2O_5/(μg/g)	Cr_2O_3/(μg/g)
贵定[*]	23.1	950	152	1652	1.49	337	7134	2564
砚山[*]	27.51	556	91.6	742	1.1	556	3677	1748
合山[*]	36.69	126	35.5	125	nd	767	680	300
辰溪[*]	13.96	539	nd	166	nd	1349	3783	4272
宜山[*]	22.65	515	118	837	4.14	1316	3871	796
扶绥[*]	30.34	21	22.9	27.2	nd	1170	147	107
磨心坡[*]	40.97	917	160	16	6.21	1239	13098	8569
古叙[**]	82.0	228				1900		
世界硬煤	nd	15	10	14	nd	485	303	175

注：nd 表示未检测到。

[*] 表示煤层；[**] 表示底板地层。

亚型 1 的富铀煤主要是与石灰岩互层或保存在碳酸盐岩层序中的超高有机硫煤 SHOS(雷加锦等，1994；Hou et al.，1995；Shao et al.，2003；Zeng et al.，2005；李薇薇等，2013；Dai et al.，2015a)。

已在砚山、贵定、合山和辰溪等地发现了这类 SHOS 煤。这些 SHOS 煤中的铀浓度通常在～100μg/g 至＞1000μg/g 的范围内（灰基；任德贻等，2006；Dai et al.，2008c；Dang et al.，2016），并且这些煤具有以下特征。

（1）亚 1 型（第二种类型）含 U 的 SHOS 煤具有较高的 U-Se-Mo-Re-V-Cr 浓度，在某些情况下还有较高含量的 REY，并且仅属于二叠纪晚期。相比之下，第一种类型的富 U 煤属于古生代、中生代或新生代（Seredin and Finkelman，2008）。但是，中国境外的 SHOS 煤不仅局限于二叠纪晚期，如澳大利亚维多利亚吉普斯兰盆地陆缘的第三纪的煤（有机硫含量在 5.2%～7.4%；Smith and Batts，1974）、Cranky Corner 盆地二叠纪早期的 Tangorin 煤层、澳大利亚东部（Marshall and Draycott，1954；Ward et al.，2007）及 Istria（斯洛文尼亚）的上古新世 Raša 煤，其中有机硫含量最高为 11%（Damsté et al.，1999）。

（2）上面列出的高浓度的硫和微量元素来自泥炭堆积过程中的出渗型热液，然后沉积在富氧环境中（Dai et al.，2015a）。然而，一些研究将高浓度的元素归因于海相的海侵环境（Shao et al.，2003；李薇薇等，2013）或泥炭堆积之前土壤层的形成（Zeng et al.，2005）。

（3）尽管如 Seredin 和 Finkelman（2008）先前所报道的煤层中含 U 部分的厚度通常在 0.1～0.5m 变化，并且很少厚于 1～2m，但含铀的 SHOS 煤层厚度通常小于 2m。例如，砚山、合山和贵定煤田的 SHOS 煤的厚度分别为 1.91m、＜2m 和 0.2～1m。

（4）所有含铀的 SHOS 煤都与海相碳酸盐岩夹层有关。SHOS 煤层的顶板地层通常为石灰岩，在某些情况下为富含硅质或生物碎屑的石灰岩。煤层底板为石灰岩或泥岩。

（5）高浓度的微量元素（U、Se、Mo、Re 和 V）具有混合赋存模式，但主要存在于有机质中。它们也可能在较小程度上与伊利石或伊/蒙混层有关（Liu et al.，2015），尽管在此类煤中也发现了微量的含 U 矿物（如铀石和钛铀矿）（Dai et al.，2015a）。铬和钼部分分布在硫化矿物中。高比例的 Re 也与碳酸盐矿物有关（Liu et al.，2015）。

（6）与第一种类型的 U 浓度在垂直剖面上变化很大并且通常在与氧化的顶板岩层的上部富集（Seredin and Finkelman，2008）的特征相反，这些微量元素在 Ⅱ 型矿床的 SHOS 煤中浓度的升高在整个煤层中是一致的。

如上所述，四川磨心坡煤也富含铀（平均为 917μg/g，灰基），沉积在镁铁质凝灰岩上，并被不渗透性黏土覆盖（Dai et al.，2017a）。铀在底板和顶板中的分布规律为：在底板地层中从上到下递减，但在顶板地层中从下到上递减，说明铀来自泥炭堆积过程中的热液，然后在早期成岩过程中从煤层渗入相邻的顶板和底板地层。陆源岩石由不包含大量铀的凝灰岩组成，因此不可能在煤中提供如此高的铀浓度。这样的同生出渗溶液不仅会导致 U 在煤中富集，而且还会导致邻近的底板和顶板（如磨心坡和古叙煤）中 U 的富集。古叙煤田 25 号煤层上部受到热液作用的影响，并显著富集了 U（表 9.1）、REY、Nb、Ta、Zr 和 Hf。

第二种类型 U 富集的亚型 2 发生在煤系锗矿床（如临沧 Ge 矿床）中，并伴有 Be-Nb 和 Ge-W 元素组合的富集（Seredin et al.，2006；Dai et al.，2015d），煤中的其他元素（包括 V、Cr、Mo 和 Se）亏损。临沧地区富含锗的煤中的铀含量从几微克/克到几百微克/克不等，平均约为 56 μg/g（煤基）（Qi et al.，2004；Hu et al.，2009；Dai et al.，2015d）。与 U 一样，Ge 来源于泥炭堆积过程中热液对富集 U 和 Ge 的花岗岩的淋滤。

　　但是，并不是所有的煤型锗矿床都富含铀。例如，内蒙古乌兰图嘎锗矿床平均含有0.36μg/g 的铀，远低于世界低品位煤中铀的平均含量（2.9μg/g；Ketris and Yudovich，2009）；Spetzugli 锗矿床煤中的 U 浓度为 0.8～10.9μg/g，平均值为 2.6μg/g（Seredin et al.，2006）。

第十章 富铀煤中的放射性

正如前所述，铀是一种放射性的元素，^{238}U 和 ^{232}Th 会衰变为一系列具有放射性的元素，主要包括镭(^{226}Ra 和 ^{228}Ra)、氡(^{222}Rn 和 ^{220}Rn)、铅(^{210}Pb)和钋(^{210}Po)，这些元素统称为天然放射性物质(NORM)。煤的燃烧会导致煤中有机质的消除从而使得燃煤产物中放射性核素的富集(Zielinski and Budahn，1998；Lauer et al.，2015)。此外，来自美国燃煤产物的数据显示，^{210}Pb 进一步富集，特别是在细小的燃煤产物颗粒中富集，这反映了 Pb 的挥发和随后对飞灰的再附着(Lauer et al.，2015；Wang et al.，2017)。因此，燃煤产物 CCRs 通常比它们各自的母煤含有更高的 NORM。相应地，高 U 煤的燃煤产物中富集的放射性物质可能会对人和环境健康造成一定的危害，主要通过对燃煤产物颗粒的吸入和其在生物系统中的移动(Galhardi et al.，2017)两种方式。在中国，每年大约利用 70%的燃煤产物，其主要应用在水泥、建筑材料、砖制造、道路/水坝建设、结构填筑、回填、农业肥料等方面。CCRs 用于水泥和其他建筑材料也可能受到限制，因为建筑材料中 NORM 的升高可能会导致潜在的室内辐射(European Commission，1999；UNSCEAR，2000；Agbalagba et al.，2014；Ignjatovic et al.，2017；Kovler and Schroeyers，2017)。

Lauer 等(2015)检测并分析了来自中国 8 个富铀矿床的煤和其中一个矿床的相关 CCRs 中的 NORM(Th、U、^{228}Ra、^{226}Ra 和 ^{210}Pb)，并将这些富 U 煤和相关的 CCRs 与来自北京地区的 CCRs 和来自中国东北地区的天然黄土沉积物进行了比较。这 8 个富铀煤主要包括晚二叠世煤(合山、宜山、古叙、磨心坡、贵定)、中侏罗纪烟煤(木里)、中新世煤(临沧)和中新世褐煤(小龙潭)(表 10.1，表 10.2)。

表 10.1 灰分产率的平均值(干基)及 U 和 Th 的浓度

样品	沉积区	n	灰分产率/%	U/(μg/g)	Th/(μg/g)	^{226}Ra/(μg/g)	^{228}Ra/(μg/g)	^{210}Pb/(μg/g)
煤	临沧	12	22	69	3.1	757	15	744
	贵定	6	23	206	3.1	2503	14	2545
	木里	7	17	1.9	6.6	18	17	21
	合山	5	37	39	14	517	45	542
	磨心坡	4	42	376	12	4601	38	4453
	宜山	8	18	82	6.3	1056	17	1086
	古叙	12	21	16	8.1	219	50	231
	小龙潭	3	11	13	1.1	104	6	120
飞灰	小龙潭	6		68	12	804	50	771
	北京地区	6		8.0	31	96	118	N/A
黄土	中国东北	4		1.5	10	26	42	N/A

注：研究了煤、CCRs 和黄土沉积物中的 ^{226}Ra、^{228}Ra 和 ^{210}Pb(Bq/kg)；n 表示样本数量。

表 10.2　调查煤样的背景资料

煤沉积区		信息	参考文献
临沧	云南	中新世含煤邦卖组，泥炭堆积过程中由于热液淋滤，花岗岩基岩富铀和富锗，R_r=0.58%	Dai 等 (2015d)
小龙潭	云南	覆盖于三叠系灰岩之上的中新世低阶褐煤，R_r=0.40%	本次研究
贵定	贵州	与碳酸盐岩、高有机硫共生的乐平统煤，R_r=0.58%	Dai 等 (2015a)
合山	广西中部	高有机硫乐平统煤，R_r=0.58%	Dai 等 (2013a)
宜山	广西中部	高有机硫乐平统煤，R_r=2.05%	Dai 等 (2017b)
古叙	四川	中硫含量(平均值 2.73%)乐平统煤，R_r=1.97%	Dai 等 (2016b)
磨心坡	重庆	乐平统煤，龙潭组，R_r=1.11%～1.40%	Dai 等 (2017a)
木里	青海	侏罗纪烟煤，高 Sr 和 Ba 的低硫煤，R_r=0.91%～1.04%	Dai 等 (2015e)

注：R_r 表示镜质组随机反射率。

第一节　我国富铀煤中的 U-和 Th-衰变系列核素

本章中国煤中的 U 浓度在 0.26～476μg/g(3～5875Bq/kg^{238}U)，其 U 含量高出典型煤中 U 含量(1～3μg/g；Ketris and Yudovich，2009)的 160 倍。这些中国煤中 Th 的浓度变化范围为 0.16～24μg/g(0.6～96Bq/kg ^{232}Th)，该范围也超过了中国煤(5.8μg/g；Dai et al.，2012a)、美国煤(3.2μg/g)和全球煤(3.3μg/g)中 Th 的平均浓度(Ketris and Yudovich，2009)。与本章其他矿床的煤样相比，木里矿床煤中 U 浓度相对较低(U=0.26～6.5μg/g)，比典型的中国煤和世界煤的平均浓度范围更大。此外，木里煤的 Th/U 质量比为 3.4±0.5(活性比 1.1±0.2)。但是，其他矿床的煤在这项研究中分析的 U 浓度与 Th 相比通常较高(图 10.1)。这些煤中 U 的富集与 Th 的浓度无关，如随着 Th/U 的降低铀浓度增加，导致 Th/U 偏离质量比约为 3，这对于普通煤和大陆地壳是典型的，富铀煤中的 Th/U 低于 1(图 10.1)。

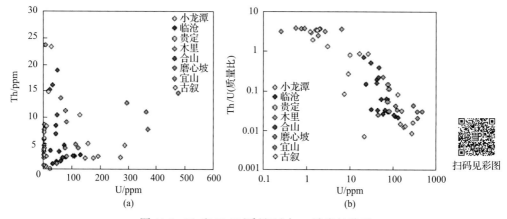

图 10.1　Th 和 Th/U(质量比)与 U 浓度的关系

在调查过的中国煤中，铀浓度相对于普通煤而言通常为 1～3μg/g，一些煤中的 Th

浓度也高于普通煤中的 Th 浓度（3μg/g 左右），但通常低于 10μg/g。

^{226}Ra 的活性与 ^{238}U 的活性呈线性相关关系，并且 ^{210}Pb 的活性与 ^{226}Ra 的活性也呈线性相关关系（斜率～1；图 10.2）。^{228}Ra 的活性也与 ^{232}Th 的活性相关（图 10.3）。所有煤样品的平均 ^{226}Ra/^{238}U 和 ^{228}Ra/^{232}Th 的活性比分别为 1.1±0.3 和 1.2±1.1，^{210}Pb/^{226}Ra 的平均活性比为 1.1±0.2。平均活性比接近于 1 表示中国高 U 煤中的 U-Th 系列放射性核素效果很好且近似的放射性长期平衡（即衰减乘积等于母核素的活性），特别是在 U 系列放射性核素中。但是在某些样品中 ^{226}Ra/^{238}U 的活性比偏离 1，在这项研究中调查的大多数 ^{226}Ra/^{238}U 的活性比介于 0.8～1.2（即在 1 的 20%以内）。因此，可以推断出所有富铀煤中

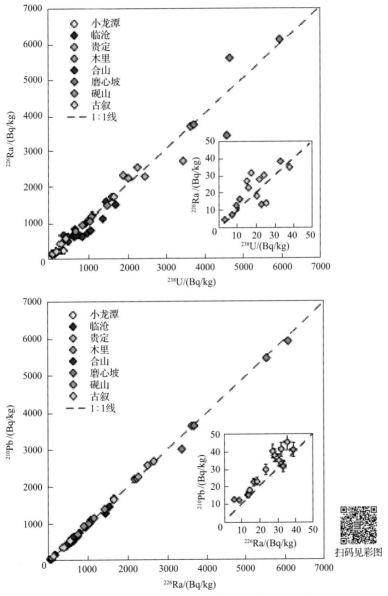

图 10.2　中国煤中 ^{226}Ra 与 ^{238}U、^{210}Pb 与 ^{226}Ra 的活性比较

虚线表示 1:1 的比率或放射性长期平衡；在本章中，煤在 U 衰变系列中得到了很好的近似长期平衡

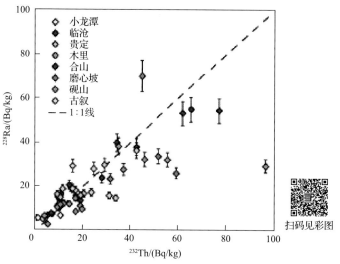

图 10.3　中国煤中 ^{228}Ra 和 ^{232}Th 的活性

虚线表示 1∶1 的比率或放射性长期平衡

^{238}U 衰变序列中的核素类似，$^{228}Ra/^{226}Ra$ 的活性比与 $^{232}Th/^{238}U$ 的活性比相对较低，反映了 U 对 Th 的选择性富集(图 10.4)。例如，大多数美国煤的特征在于 $^{232}Th/^{238}U$ 的活性比为 0.3~0.8，而本章来自中国的富铀煤 $^{232}Th/^{238}U$ 和 $^{228}Ra/^{226}Ra$ 的活性比明显降低 0.01~0.2(图 10.4)。我们使用了来自东北地区的天然土壤作为参考(表 10.1)。与煤相比，黄土样品中的 U 浓度(约 1.5μg/g)低得多，但 Th 浓度(10μg/g)相似，因此 $^{232}Th/^{238}U$ 的质量比(约 6.7)明显较高($^{232}Th/^{238}U$ 活性比约为 1.6)。

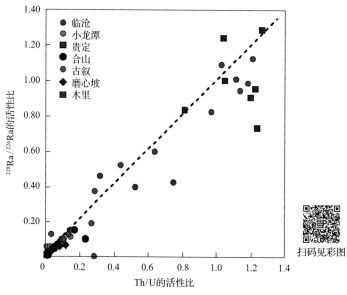

图 10.4　$^{228}Ra/^{226}Ra$ 与 Th/U(活性比)的关系

虚线表示 1∶1 的比例

第二节　燃煤产物中放射性核素的富集

先前的研究表明，CCRs 中 ^{226}Ra 和 ^{228}Ra 的活性受母体煤的原始放射性核素活性和灰分产率的控制(Lauer et al.，2015)。这种关系与先前研究中的描述一致(Zielinski and Budahn，1998；Roper et al.，2013；Lauer et al.，2015；Sun et al.，2016)，并表明仅由于燃烧过程中煤有机物的去除而引起的富集是 CCRs 中放射性核素活性富集的主要原因。因此，在了解了煤的灰分产率以及原始的 U 和 Th(如果可以假设长期平衡的情况下，则为 ^{226}Ra 和 ^{228}Ra)的浓度，可以估算出源自煤的 CCRs 中的 ^{226}Ra 和 ^{228}Ra 的活性。该估计未考虑由于某些元素的易变性而可能发生的重新分配和富集。然而，与铅等挥发性较大的元素相比，挥发性对 U 和 Ra 的影响相对较小(Zielinski and Budahn，1998；Lauer et al.，2015)。

在这项研究中，中国煤的灰分产率在6%～50%(平均值为23%)，这表明当燃烧过程中完全消除有机物时，这些煤产生的 CCRs 中的 NORM 富集度为原煤样中富集浓度的2～16倍。在小龙潭，当地的煤专门用于当地的燃煤电厂燃烧。通过对该样品组的测试，可以判断根据原煤中铀和钍以及灰分产率的含量估算的 CCRs 中 Ra 的活性与实际 CCRs 样品中测得的 Ra 的活性是否一致。我们发现小龙潭煤的实际 CCRs 中的 ^{226}Ra 和 ^{228}Ra 的活性确实与理论估算的 Ra 的活性一致(图 10.5)。基于煤的 Ra 的活性和灰分产率，我们计算了在 CCRs 中假设的 Ra 活性(表 10.3)。源自富 U 煤的 CCRs 的 ^{226}Ra 活性预计将达到 11250Bq/kg(指导中假设的 CCRs 的平均值)，即相对于报道的美国的 CCRs 中(120～230Bq/kg)^{226}Ra 的活性高 40～90 倍(Lauer et al.，2015)。估算富 U 煤中 CCRs 中 Ra 的活性很重要，因为 Ra 通常用于计算辐射危害指数。

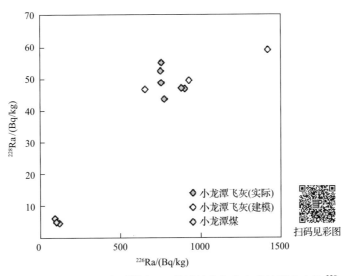

图 10.5　小龙潭煤、粉煤灰及根据小龙潭煤中 Ra 的活性和灰分产率计算出来的 ^{228}Ra 和 ^{226}Ra 的活性
在实际的小龙潭煤样中假设建模的 CCRs 中 Ra 的活性与测得的 Ra 的活性一致

表 10.3　估算的放射性核素活性　　　　　　（单位：Bq/kg）

地区	样品编号	^{228}Ra	^{226}Ra	Th	U
小龙潭	DXLT-YM-1	60	1417	30	1102
	DXLT-YM-2	47	657	73	827
	DXLT-YM-3	50	927	6	2534
临沧	X1-4	128	2565	97	1971
	X1-5	103	2675	69	3371
	X1-6	48	2167	67	3234
	X1-7	56	3854	50	5778
	X1-8	31	2082	30	3028
	X1-9	17	1609	14	1273
	X1-10	100		64	8373
	X1-11	70	6307	67	8164
	X1-12	81	9031	75	10652
	X1-13	66	3782	40	3644
	X1-14	57	4338	39	3442
	X1-15	136	1678	116	1823
贵定	GC-8-1	46	5766	55	5325
	GC-8-2	52	11415	42	14847
	GC-8-3	52	11769	43	10548
	GC-8-4	73	10599	50	11738
	GC-8-5	86	11582	47	9602
	GC-7-KC	73	16408	87	16385
木里	L1-1	84	88	80	65
	L1-2	61	84	72	58
	L1-3	136	106	118	94
	L1-4	75	83	245	205
	L1-5	95	76	50	48
	L1-6	99	119	168	207
	L1-7	165	165	150	143
合山	ZX-3S	105	1596	117	1630
	ZX-3X	81	1849	95	1825
	1-SC-4S	156	1598	182	777
	SC-4X	132	899	157	937
	2-SC-4S	120	1211	169	1323
磨心坡	MXP-K1-1	84	8971	128	9036
	MXP-K1-2	180	8532	115	11564
	MXP-K1-3	63	14754	84	12339
	MXP-K1-4	52	12027	118	11760

续表

地区	样品编号	^{228}Ra	^{226}Ra	Th	U
宜山	LL5-K3-2	40	10404	74	9036
	LL5-K3-4	52	7369	107	9682
	LL5-K3-6	79	7323	69	6817
	LL5-K3-8	67	4476	77	4334
	LL5-K3-10	117	4470	155	4194
	LL5-K3-13	74	13943	147	13348
	LL5-K3-15	221	6332	312	6499
	LL5-K3-17	98	2493	168	2288
古叙	SPY-C25-C1	92	178	85	194
	SPY-C25-C2	61	64	82	72
	SPY-C25-C3	85	76	168	139
	SPY-C25-C4	182	185	176	149
	SPY-C25-C5	147	145	127	114
	SPY-C25-C6	108	132	89	91
	SPY-C25-C7	166	153	88	86
	SPY-C25-C8	141	237	83	131
	SPY-C25-C9	71	380	164	615
	SPY-C25-C10	469	1267	246	857
	SPY-C25-C11	N/A	N/A	N/A	N/A
	SPY-C25-C12	4496	4496	120	4497

注：基于放射性核素的活性和母煤中的灰分产率进行计算。

第三节　对燃煤产物的使用和处理的影响

　　为了评估中国富铀煤的潜在辐射危害，我们采用了几种测量方法，包括 Ra 当量活性（Raeq）、外部危险指数（Hex）和伽马指数。这些指数考虑了建筑材料中 ^{226}Ra、^{232}Th 和 ^{40}K 的 γ 辐射引起的外部辐射剂量，这些辐射可能使室内居民暴露于危险之中。Raeq 定义为 Raeq = ^{226}Ra + 1.43^{232}Th + 0.077^{40}K。根据联合国原子辐射效应科学委员会（UNSCEAR）的数据，建筑材料中的 Raeq 值为 370Bq/kg，将对居民产生约 1.5mSv/a 的年剂量率。因此，建筑材料中铀和钍衰变链的核素发出的 γ 射线使住宅给室内居民带来健康隐患。为了保护公众健康，已经针对建筑材料允许的较高辐射水平制定了标准和准则（European Commission，1999；El-Taher et al.，2010；Stojanovska et al.，2010；Agbalagba et al.，2014；Kovler and Schroeyers，2017）。Raeq 水平为 370Bq/kg 被推荐为房屋或任何其他住宅应用的外部辐射剂量阈值（UNSCEAR，2000）。同样，Hex 的计算方式为 Hex=(^{226}Ra/370)+(^{232}Th/259)+(^{40}K/4810)。Hex 高于单位对应的 Raeq 活性为 370Bq/kg，被认为是对室内居民存在潜在辐射风险。欧洲委员会还制定了伽马指数，定义为 I=(^{226}Ra/300)+(^{232}Th/200)+(^{40}K/3000)（European Commission，1999）。伽马指数单位以上的值对应于每年的剂量率大约为每年 1mSv。由于 I 是一个更保守的危害指数，当外部辐射剂量超过 Raeq 和 Hex 的阈值的时候，也将会超过 I 的值 1。因为 ^{40}K 不在这项研究中分析，且 ^{40}K 对这些指数的贡献相对较小，计算 Raeq、Hex 和 I 值仅使用 ^{226}Ra 和 ^{232}Th 仍具有代表性。

　　本章中的富铀煤建模 CCRs 中的 Raeq 级别远远超过 Raeq 的阈值（370Bq/kg），同样也超过 Hex 的值和 I 的值 1，最高可达到 16000Bq/kg 的水平。因此，CCRs 中的 Raeq 值与原煤的 U、Th 和灰分产率有关（图 10.6）。因此，具有相对较高的铀含量和较高的灰分产率的煤（如磨心坡，U= 295～476μg/g，灰分产率= 40%；图 10.6）与来源于相对较低的铀含量和较低的灰分产率的煤（如贵定，U=150～290μg/g，灰分产率=20%；宜山，U=47～123μg/g，灰分产率=20%）的 CCRs 将具有相似的 Raeq 值。小龙潭煤的实际 CCRs 样本的 Raeq 值为 830～970Bq/kg，Hex 值介于 2～4，高于建筑材料的安全辐射阈值。源自富铀煤的 CCRs 中的 Raeq 值比在普通水泥中测量的通常水平高几个数量级（Raeq 约为 100Bq/kg；Hex 值通常＜1）（El-Taher et al.，2010；Stojanovska et al.，2010；Trevisi et al.，2012；Agbalagba et al.，2014；Kovler and Schroeyers，2017；Kovler，2017）。因此，我们的数据表明应限制 U＞10μg/g 的煤制 CCRs 用于建筑材料，尤其是用于住房材料。相反，U 含量为 1～3μg/g 的典型煤通常 Raeq＜370Bq/kg、Hex＜1。例如，收集的北京地区的 CCRs 样本 Raeq 值相对较低（100～400Bq/kg），Hex 值大多低于 1（0.3～1.1），这表明由典型的煤的 CCRs 组成的建筑材料可能会导致辐射剂量低于上面所说的剂量阈值（图 10.6）。

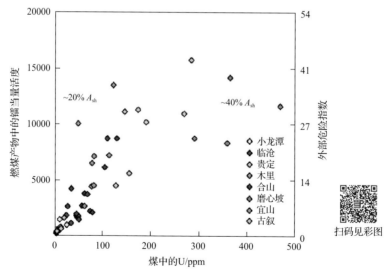

图 10.6　煤中 U 浓度与燃煤产物中镭的当量活度及外部危险指数的关系

本研究分析了在假设的 CCRs 中，Ra 当量活性（Raeq，左 y 轴）和外部危险指数（Hex，右 y 轴）随母煤浓度的变化，如果 CCRs 来源于浓度为 10 μg/g 的煤，则 Raeq 和 Hex 值分别高于 370 和 1 的阈值，这两个数值代表了建筑材料中允许的辐射上限（UNSCEAR，2000；European Commission，1999）

　　图 10.6 给出了建模的 CCRs 计算的 Raeq 和 Hex 值与原始煤的 U 含量的关系。我们发现，当 U 含量大于 10μg/g（灰分产率为 20%～40%）的煤燃烧时，可能会产生超过安全

建筑材料阈值的 CCRs（Raeq＞500Bq/kg；Hex＞1.3）。在煤中大约含有 60μg/g 铀时，其 CCRs 中的 Hex 值可能会高于建筑材料安全辐射水平一个数量级（即＞10）。

　　在建筑材料中有益地使用这些高 U 含量的中国 CCRs 并不是一种合适的选择，因此，如果要寻求其他处置选择，则应仔细考虑可能产生的潜在环境风险和人类健康风险。考虑到 NORM 的迁移和环境中生物积累的证据（Kovler，2011；Suhana and Rashid，2016；Galhardi et al.，2017），CCRs 的辐射应予以考虑。这类风险包括从堆填区等干货存放地点排放悬浮微粒。与氡暴露类似，吸入极细的富 Ra 颗粒物可导致呼吸系统中镭及其衰变核素的积累。来源于富铀煤的模拟 CCRs 的 ^{226}Ra 活性是中国黄土沉积物中 ^{226}Ra 活性的 200 倍。未来的研究应进一步评估在广泛的 CCRs 排放和人群暴露领域的该类风险。

　　总体而言，研究了我国几个含 U 煤及其相关的 CCRs、北京地区典型的 CCRs 和东北黄土沉积物中 U、Th 衰变系列放射性核素的赋存与分布，发现相对于典型的煤和 U 含量较低（通常为 1～3μg/g）的 CCRs，U 在煤中选择性富集（高达 476μg/g），导致 Th/U 和 $^{228}Ra/^{226}Ra$ 活度比低（≪1）。来自富铀煤的 CCRs 中核素的富集与煤的铀和灰分产率成正比。来自大多数富铀煤的模拟 CCRs 的辐射超过了建筑材料辐射危害指数的上限。中国煤和相关的 CCRs 的经验数据表明，高于可接受的建筑材料阈值的辐射水平阈值对应于原煤中 10μg/g 左右的 U 含量。因此，如果用于住宅建筑材料，来自 U＞10μg/g 的其他煤炭资源的 CCRs 可能会造成辐射风险（Kovler，2011，2012）。此外，这些 CCRs 可能会在来自 CCRs 排放的场所的下风区域造成潜在的人类健康风险。未来的研究应该检查全球含 U＞10μg/g 的煤的分布情况，以及来自这种富 U 煤的 CCRs 的管理和处置。

参 考 文 献

代世峰, 任德贻, 刘建荣, 等. 2003. 河北峰峰矿区煤中微量有害元素的赋存与分布. 中国矿业大学学报, 32(4): 5.

代世峰, 任德贻, 孙玉壮, 等. 2004. 鄂尔多斯盆地晚古生代煤中铀和钍的含量与逐级化学提取. 煤炭学报, 29(B10): 56-60.

代世峰, 任德贻, 周义平, 等. 2008. 煤中微量元素和矿物富集的同沉积火山灰与海底喷流复合成因. 科学通报, 53(24): 3120-3126.

代世峰, 任德贻, 周义平, 等. 2014. 煤型稀有金属矿床: 成因类型、赋存状态和利用评价. 煤炭学报, (8): 1707-1715.

冯增昭, 金振奎, 杨玉卿, 等. 1994. 滇黔桂地区二叠纪岩相古地理. 北京: 地质出版社.

高玉巧, 刘立. 2007. 含片钠铝石砂岩的基本特征及地质意义. 地质评论, 53(1): 104-110.

侯惠群, 韩绍阳, 柯丹. 2010. 新疆伊犁盆地南缘砂岩型铀成矿潜力综合评价. 地质通报, 29(10): 1517-1525.

雷加锦, 任德贻, 唐跃刚, 等. 1994. Sulfur-accumulating model of superhigh organosulfur coal from Guiding, China. 中国科学通报: 英文版, (21): 1817-1821.

李东旭, 许顺山. 2000. 变质核杂岩的旋扭成因: 滇东南老君山变质核杂岩的构造解析. 地质评论, (46): 113-119.

李巨初, 陈友良, 张成江. 2011. 铀矿地质与勘查简明教程. 北京: 地质出版社.

李薇薇, 唐跃刚. 2013. 湖南辰溪特高有机硫煤的稀土元素特征及其成因. 燃料化学学报, 41(5): 540-549.

李薇薇, 唐跃刚, 邓秀杰, 等. 2013. 湖南辰溪高有机硫煤的微量元素特征. 煤炭学报, 38(7): 1227-1233.

梁汉东. 2001. 中国典型超高硫煤有机相中分子氯存在的实验证据. 燃料化学学报, 29(5): 385-388.

蔺心全. 2014. 铀矿地质学概论. 哈尔滨: 哈尔滨工程大学出版社.

刘策, 吴永贵, 车怀庆. 2013. 四川古叙矿区石屏二矿龙潭组沉积特征及控煤因素分析. 中国煤炭地质, 25(10): 7-11.

彭苏萍, 张建华. 1995. 乌达矿区含煤地层沉积环境及其对矿山开采的影响. 北京: 煤炭工业出版社.

秦明宽, 赵凤民, 何中波. 2009. 二连盆地与蒙古沉积盆地砂岩型铀成矿条件对比. 铀矿地质, 25(2): 78-84.

任德贻. 1996. 煤中的矿物质. 徐州: 中国矿业大学出版社.

任德贻, 赵峰华, 代世峰, 等. 2006. 煤的微量元素地球化学. 北京: 科学出版社: 61-77.

邵辉, 徐义刚, 何斌, 等. 2007. 峨眉山大火成岩省晚期酸性火山岩的岩石地球化学特征. 矿物岩石地球化学通报, 26(4): 350-358.

唐修义, 黄文辉. 2004. 中国煤中微量元素. 北京: 商务印书馆: 33-43.

王根发, 黄凤鸣, 黄乃和, 等. 1997. 桂中合山—来宾地区上二叠统合山组层序地层分析. 石油实验地质, 19: 348-353.

王根发, 黄和, 黄凤鸣, 等. 1995. 广西晚二叠世合山组沉积相分析. 现代地质, (1): 119-126.

王剑锋. 1983. 试论天然有机质及其与铀矿化的关系. 地球化学, (3): 294-302.

王正其, 曹双林, 潘家永, 等. 2005. 新疆511铀矿床微量元素富集特征研究. 矿床地质, 24(4): 409-415.

王正其, 李子颖, 管太阳, 等. 2006a. 新疆伊犁盆地511砂岩型铀矿床成矿作用机理研究. 矿床地质, (3): 302-311.

王正其, 潘家永, 曹双林, 等. 2006b. 层间氧化带分散元素铼与硒的超常富集机制探讨——以伊犁盆地扎吉斯坦层间氧化带砂岩型铀矿床为例. 地质评论, (3): 358-362.

吴朝东, 杨承运, 陈其英. 1999. 湘西黑色岩系地球化学特征和成因意义. 岩石矿物学杂志, 18(1): 26-39.

徐义刚, 何斌, 罗震宇, 等. 2013. 我国大火成岩省和地幔柱研究进展与展望. 矿物岩石地球化学通报, 32(1): 25-39.

杨建业, 狄永强, 张卫国, 等. 2011a. 伊犁盆地ZK0161井褐煤中铀及其它元素的地球化学研究. 煤炭学报, 36(6): 8.

杨建业, 王果, 师志龙, 等. 2011b. 伊犁盆地 ZK0407 井褐煤中铀及其他元素的地球化学研究. 燃料化学学报, 39(5): 340-346.

叶杰, 范德廉. 1994. 辽宁瓦房子铁锰结核矿床微量元素特征//中国科学院地球化学研究所矿床地球化学开放研究实验室. 矿床地球化学研究. 北京: 地震出版社: 80-82.

铀与核能编写组. 2012. 铀与核能. 北京: 中国原子能出版传媒有限公司.

张金带, 李友良, 简晓飞. 2008. 我国铀资源勘查状况及发展前景. 中国工程科学, (1): 54-60.

中国煤炭地质总局. 1996. 黔西, 川南和滇东二叠纪晚期煤层的沉积环境和煤成藏. 重庆: 重庆大学出版社: 1-275.

周义平, 任友谅. 1983. 中国西南晚二叠世煤田中 Tonstein 的分布和成因. 煤炭学报, (1): 76-86.

Adolphi P, Störr M, Mahlberg P G, et al. 1990. Sulfur sources and sulfur bonding of some central European attrital brown coal. International Journal of Coal Geology, 16(1-3): 185-188.

Agbalagba E O, Osakwe R O A, Olarinoye I O. 2014. Comparative assessment of natural radionuclide content of cement brands used within Nigeria and some countries in the world. Journal of Geochemical Exploration, 142: 21-28.

Alastuey A, Jiménez A, Plana F, et al. 2001. Geochemistry, mineralogy, and technological properties of the main Stephanian (Carboniferous) coal seams from the Puertollano Basin, Spain. International Journal of Coal Geology, 45: 247-265.

ASTM. 2005. Annual Book of ASTM Standards. Standard Classification of Coals by Rank: ASTM D388-05. New Jersey: John Wiley & Sons.

ASTM. 2012. Standard Classification of Coals by Rank: ASTM D388-12. West Conshohocken: ASTM International.

Baker G. 1946. Microscopic quartz crystals in brown coal, Victoria. American Mineralogist, 31(1-2): 22-30.

Bao X Z, Zhang A L. 1998. Geochemistry of U and Th and its influence on the origin and evolution of the earth's crust and the biological evolution. Acta Petrologica Et Mineralogica, 17(2): 160-172.

Bau M. 1991. Rare-earth element mobility during hydrothermal and metamorphic fluid-rock interaction and the significance of the oxidation state of europium. Chemical Geology, 93: 219-230.

Bau M, Schmidt K, Koschinsky A, et al. 2014. Discriminating between different genetic types of marine ferro-manganese crusts and nodules based on rare earth elements and yttrium. Chemical Geology, 381: 1-9.

Bauman A, Horvat D. 1981. The impact of natural radioactivity from a coal-fired power plant. Science of the Total Environment, 17(1): 75-81.

Belkin H E, Zheng B S, Zhou D X. 1997. Preliminary results on the geochemistry and mineralogy of arsenic in mineralized coals from endemic arsenosis area in Guizhou Province, PR China. Proceedings of the Fourteenth Annual International Pittsburgh Coal Conference and Workshop, Taiyuan: 1-20.

Belkin H E, Zheng B S, Zhu J M. 2003. First occurrence of mandarinoite in China. Acta Geologica Sinica, 77: 169-172.

Berthoud E L. 1875. On the occurrence of Uranium, Silver, Iron, etc. in the Tertiary Formation of Colorado Territory. Proceedings of the Academy of Natural Sciences of Philadelphia, 27(2): 363-366.

Bohor B F, Triplehorn D M. 1993. Tonsteins: altered volcanic-ash layers in coal-bearing sequences. Geological Society of America, 285: 44.

Borovec Z, Kribek B, Tolar V. 1979. Sorption of uranyl by humic acids. Chemical Geology, 27(1-2): 39-46.

Bostrom K, Kramemer T, Gantner S. 1973. Provenance and accumulation rates of opaline silica, Al, Fe, Ti, Mn, Ni and Co in Pacific pelagic sediment. Chemical Geology, 11: 123-148.

Bostrom K. 1983. Genesis of ferromanganese deposits—diagnostic criteria for recent and old deposits. Hydrothermal Processes at Seafloor Spreading Centers. New York: Plenum Press: 473-489.

Bouška V, Pešek J, Sýkorová I. 2000. Probable modes of occurrence of chemical elements in coal. Acta Montana, 117: 53-90.

Bouška V, Pešek J. 1983. Boron in the aleuropelites of the Bohemian massif. European Clays Groups Meeting, Prague: 147-155.

Bouška V, Pešek J. 1999. Quality parameters of lignite of the North Bohemian Basin in the Czech Republic in comparison with the world average lignite. International Journal of Coal Geology, 40: 211-235.

Bouška V. 1981. Geochemistry of Coal. Prague: Amster Damand Academica: 1-284.

Boyd R J. 2002. The partitioning behaviour of boron from tourmaline during ashing of coal. International Journal of Coal Geology, 53: 43-54.

Brownfield M E, Affolter R H, Cathcart J D, et al. 2005. Geologic setting and characterization of coals and the modes of occurrence of selected elements from the Franklin coal zone, Puget Group, John Henry No. 1 mine, King County, Washington, USA. International Journal of Coal Geology, 63(3-4): 247-275.

Burger K, Zhou Y P, Ren Y L. 2002. Petrography and geochemistry of tonsteins from the 4th Member of the Upper Triassic Xujiahe

Formation in southern Sichuan Province, China. International Journal of Coal Geology, 49: 1-17.

Burger K, Zhou Y P, Tang D Z. 1990. Synsedimentary volcanic-ash-derived illite tonsteins in Late Permian coal-bearing formations of southwestern China. International Journal of Coal Geology, 15: 341-356.

Cairncross B, Hart R J, Willis J P. 1990. Geochemistry and sedimentology of coal seams from the Permian Witbank Coalfield, South Africa; a means of identification. International Journal of Coal Geology, 16: 309-325.

Caswell S A, Holmes I F, Spears D A. 1984. Water-soluble chlorine and associated major cations from the coal and mudrocks of the Cannock and North Staffordshire coalfields. Fuel, 63: 774-781.

Caswell S A. 1981. Distribution of water-soluble chlorine in coals using stains and acetate peels. Fuel, 60: 1164-1166.

Chen C H, He B B, Gu X X, et al. 2003. Provenance and tectonic settings of the middle Triassic turbidites in Youjiang Basin. Geotectonica et Metallogenia, 27: 77-82.

Chen J, Algeo T J, Zhao L, et al. 2015b. Diagenetic uptake of rare earth elements by bioapatite, with an example from Lower Triassic conodonts of South China. Earth Science Review, 149: 181-202.

Chen J, Chen P, Yao D, et al. 2015a. Mineralogy and geochemistry of Late Permian coals from the Donglin Coal Mine in the Nantong coalfield in Chongqing, southwestern China. International Journal of Coal Geology, 149: 24-40.

Chen J, Liu G, Jiang M, et al. 2011. Geochemistry of environmentally sensitive trace elements in Permian coals from the Huainan coalfield, Anhui, China. International Journal of Coal Geology, 88: 41-54.

Chen P. 2001. Characteristics, Types, and Utilization of Coals in China. Beijing: Chemical Industry Press: 1-463 (in Chinese).

Chou C L. 1984. Relationship between geochemistry of coal and the nature of strata overlying the Herrin Coal in the Illinois Basin, U.S.A. Memoir of the Gedogical Society of China (Taiwan), 6: 269-280.

Chou C L. 1990. Geochemistry of Sulfur in Coal. Washington, DC: American Chemical Society: 30-52.

Chou C L. 1997a. Geological factors affecting the abundance, distribution, and speciation of sulfur in coals//Yang Q. Geology of fossil fuels—coal. Boca Raton: CRC Press: 47-57.

Chou C L. 1997b. Abundances of sulfur, chlorine, and trace elements in Illinois Basin coals, USA. Proc of the 14th Annual Pittsburgh Coal Conference, Taiyuan: 76-87.

Chou C L. 2004. Origins and evolution of sulfur in coals. Western Pacific Earth Sciences, 4: 1-10.

Chou C L. 2012. Sulfur in coals: a review of geochemistry and origins. International Journal of Coal Geology, 100: 1-13.

Chung S L, Jahn B M. 1995. Plume-lithosphere interaction in generation of the Emeishan flood basalts at the Permian-Triassic boundary. Geology, 23: 889-892.

Clarke L B, Sloss L L. 1992. Trace Elements-Emissions from Coal Combustion and Gasification. London: IEA Coal Research: 111.

Cohen A D, Spackman W, Raymond R. 1987. Interpreting the characteristics of coal seams from chemical, physical and petrographic studies of peat deposits. Geological Society, London: Special Publications, 32 (1): 107-125.

Coleman S L, Bragg L J. 1990. Distribution and mode of occurrence of arsenic in coal. Special Paper of the Geological Society of Americal, 248: 13-26.

Collins S L. 1993. Statistical analysis of coal quality parameters for the Pennsylvanian system bituminous coals in eastern Kentucky, United States of America. North Carolina: The University of North Carolina at Chapel Hill: 401.

Coveney R M, Kelly W C. 1971. Dawsonite as a daughter mineral in hydrothermal fluid inclusions. Contributions to Mineralogy and Petrology, 32 (4): 334-342.

Crowley S S, Stanton R W, Ryer T A. 1989. The effects of volcanic ash on the maceral and chemical composition of the C coal bed, Emery Coal Field, Utah. Organic Geochemistry, 14 (3): 315-331.

Cullers R L, Graf J L. 1984. Rare earth elements in igneous rocks of the continental crust: intermediate and silicic rocks–ore petrogenesis. Developments in Geochemistry, 2: 275-316.

Cutshall N H, Larsen I L, Olsen C R. 1983. Direct analysis of 210Pb in sediment samples: self-absorption corrections. Nuclear Instruments and Methods in Physics Research, 206 (1-2): 309-312.

Dai S F, Hower J C, Finkelman R B, et al. 2020. Organic associations of non-mineral elements in coal: a review. International

Journal of Coal Geology, 218: 103347.

Dai S F, Ren D Y, Tang Y G, et al. 2002. Distribution, isotopic variation and origin of sulfur in coals in the Wuda Coalfield, Inner Mongolia, China. International Journal of Coal Geology, 51: 237-250.

Dai S F, Zhou Y P, Ren D Y, et al. 2007. Geochemistry and mineralogy of the Late Permian coals from the Songzo Coalfield, Chongqing, southwestern China. Science in China Series D: Earth Sciences, 50(5): 678-688.

Dai S, Chou C L. 2007. Occurrence and origin of minerals in a chamosite-bearing coal of Late Permian age, Zhaotong, Yunnan, China. American Mineralogist, 92(8-9): 1253-1261.

Dai S, Finkelman R B. 2018. Coal as a promising source of critical elements: progress and future prospects. International Journal of Coal Geology, 186: 155-164.

Dai S, Graham I T, Ward C R, 2016a. A review of anomalous rare earth elements and yttrium in coal. International Journal of Coal Geology, 159: 82-95.

Dai S, Hower J C, Ward C R, et al. 2015e. Elements and phosphorus minerals in the middle Jurassic inertinite-rich coals of the Muli Coalfield on the Tibetan Plateau. International Journal of Coal Geology, 144: 23-47.

Dai S, Jiang Y, Ward C R, et al. 2012b. Mineralogical and geochemical compositions of the coal in the Guanbanwusu Mine, Inner Mongolia, China: further evidence for the existence of an Al(Ga and REE) ore deposit in the Jungar Coalfield. International Journal of Coal Geology, 98: 10-40.

Dai S, Li D, Chou C L, et al. 2008a. Mineralogy and geochemistry of boehmite-rich coals: new insights from the Haerwusu Surface Mine, Jungar Coalfield, Inner Mongolia, China. International Journal of Coal Geology, 74(3-4): 185-202.

Dai S, Li D, Ren D, et al. 2004. Geochemistry of the late Permian No. 30 coal seam, Zhijin Coalfield of Southwest China: influence of a siliceous low-temperature hydrothermal fluid. Applied Geochemistry, 19(8): 1315-1330.

Dai S, Li T, Jiang Y, et al. 2015b. Mineralogical and geochemical compositions of the Pennsylvanian coal in the Hailiushu Mine, Daqingshan Coalfield, Inner Mongolia, China: implications of sediment-source region and acid hydrothermal solutions. International Journal of Coal Geology, 137: 92-110.

Dai S, Li T, Seredin V V, et al. 2014b. Origin of minerals and elements in the Late Permian coals, tonsteins, and host rocks of the Xinde Mine, Xuanwei, eastern Yunnan, China. International Journal of Coal Geology, 121: 53-78.

Dai S, Liu J, Ward C R, et al. 2016b. Mineralogical and geochemical compositions of Late Permian coals and host rocks from the Guxu Coalfield, Sichuan Province, China, with emphasis on enrichment of rare metals. International Journal of Coal Geology, 166: 71-95.

Dai S, Luo Y, Seredin V V, Ward C R, et al. 2014d. Revisiting the late Permian coal from the Huayingshan, Sichuan, southwestern China: enrichment and occurrence modes of minerals and trace elements. International Journal of Coal Geology, 122: 110-128.

Dai S, Ren D, Chou C L, et al. 2012a. Geochemistry of trace elements in Chinese coals: a review of abundances, genetic types, impacts on human health, and industrial utilization. International Journal of Coal Geology, 94: 3-21.

Dai S, Ren D, Zhou Y, et al. 2008b. Multi-origin of synsedimentary volcanic ash and submarine exhalation for the enrichment of trace elements and minerals in coal. Chinese Science Bulletin, 53: 3120-3126.

Dai S, Ren D, Zhou Y, et al. 2008c. Mineralogy and geochemistry of a superhigh-organic-sulfur coal, Yanshan Coalfield, Yunnan, China: evidence for a volcanic ash component and influence by submarine exhalation. Chemical Geology, 255: 182-194.

Dai S, Ren D. 2007. Effects of magmatic intrusion on mineralogy and geochemistry of coals from the Fengfeng− Handan Coalfield, Hebei, China. Energy & Fuels, 21(3): 1663-1673.

Dai S, Seredin V V, Ward C R, et al. 2014c. Composition and modes of occurrence of minerals and elements in coal combustion products derived from high-Ge coals. International Journal of Coal Geology, 121: 79-97.

Dai S, Seredin V V, Ward C R, et al. 2015a. Enrichment of U–Se–Mo–Re–V in coals preserved within marine carbonate successions: geochemical and mineralogical data from the Late Permian Guiding Coalfield, Guizhou, China. Mineralium Deposita, 50(2): 159-186.

Dai S, Song W, Zhao L, et al. 2014a. Determination of boron in coal using closed-vessel microwave digestion and inductively coupled plasma mass spectrometry(ICP-MS). Energy & Fuels, 28(7): 4517-4522.

Dai S, Wang P, Ward C R, et al. 2015d. Elemental and mineralogical anomalies in the coal-hosted Ge ore deposit of Lincang, Yunnan, southwestern China: key role of N_2-CO_2-mixed hydrothermal solutions. International Journal of Coal Geology, 152: 19-46.

Dai S, Wang X, Chen W, et al. 2010. A high-pyrite semianthracite of Late Permian age in the Songzao Coalfield, southwestern China: mineralogical and geochemical relations with underlying mafic tuffs. International Journal of Coal Geology, 83(4): 430-445.

Dai S, Wang X, Zhou Y, et al. 2011. Chemical and mineralogical compositions of silicic, mafic, and alkali tonsteins in the late Permian coals from the Songzao Coalfield, Chongqing, Southwest China. Chemical Geology, 282(1-2): 29-44.

Dai S, Xie P, Jia S, et al. 2017a. Enrichment of U-Re-V-Cr-Se and rare earth elements in the Late Permian coals of the Moxinpo Coalfield, Chongqing, China: genetic implications from geochemical and mineralogical data. Ore Geology Reviews, 80: 1-17.

Dai S, Xie P, Ward C R, et al. 2017b. Anomalies of rare metals in Lopingian super-high-organic-sulfur coals from the Yishan Coalfield, Guangxi, China. Ore Geology Reviews, 88: 235-250.

Dai S, Yan X, Ward C R, et al. 2018. Valuable elements in Chinese coals: a review. International Geology Review, 60(5-6): 590-620.

Dai S, Yang J, Ward C R, et al. 2015c. Geochemical and mineralogical evidence for a coal-hosted uranium deposit in the Yili Basin, Xinjiang, northwestern China. Ore Geology Reviews, 70: 1-30.

Dai S, Zhang W, Seredin V V, et al. 2013a. Factors controlling geochemical and mineralogical compositions of coals preserved within marine carbonate successions: a case study from the Heshan Coalfield, southern China. International Journal of Coal Geology, 109: 77-100.

Dai S, Zhang W, Ward C R, et al. 2013b. Mineralogical and geochemical anomalies of late Permian coals from the Fusui Coalfield, Guangxi Province, southern China: influences of terrigenous materials and hydrothermal fluids. International Journal of Coal Geology, 105: 60-84.

Damsté J S S, White C M, Green J B, et al. 1999. Organosulfur compounds in sulfur-rich Rasa coal. Energy & Fuels, 13(3): 728-738.

Danchev V I, Strelyanov N P. 1979. Exogenic Uranium Deposits. Moscow: Atomizdat.

Dang J, Xie Q, Liang D, et al. 2016. The fate of trace elements in Yanshan coal during fast Pyrolysis. Minerals, 6(2): 35.

Daniels E J, Altaner S P. 1993. Inorganic nitrogen in anthracite from eastern Pennsylvania, USA. International Journal of Coal Geology, 22(1): 21-35.

Davis G A. 1987. Variability in the inorganic element content of U.S. coals including results of cluster analysis. Organic Geochemistry, 11: 331-342.

Dawson G K W, Golding S D, Esterle J S, et al. 2012. Occurrence of minerals within fractures and matrix of selected Bowen and Ruhr Basin coals. International Journal of Coal Geology, 94: 150-166.

Daybell G N, Pringle W J S. 1958. The mode of occurrence of chlorine in coal. Fuel, 37: 283-292.

de Wet C B, Moshier S O, Hower J C, et al. 1997. Disrupted coal and carbonate facies within two Pennsylvanian cyclothems, southern Illinois basin, United States. Geological Society of America Bulletin, 109(10): 1231-1248.

Deer W A, Howie R A, Zusman J. 2001. Rock-Forming Minerals. London: The Geological Society: 972.

Denson N M, Gill J R. 1965. Uranium-bearing lignite and carbonaceous shale in southwestern part of the Williston basin. USGS Numbered Series; Professional Paper, 463: 75.

Diehl S F, Goldhaber M B, Koenig A E, et al. 2012. Distribution of arsenic, selenium, and other trace elements in high pyrite Appalachian coals: evidence for multiple episodes of pyrite formation. International Journal of Coal Geology, 94: 238-249.

Duan P, Wang W, Liu X, et al. 2017. Distribution of As, Hg and other trace elements in different size and density fractions of the Reshuihe high-sulfur coal, Yunnan Province, China. International Journal of Coal Geology, 173: 129-141.

Elderfield H, Greaves M J. 1982. The rare earth elements in seawater. Nature, 296(5854): 214-219.

Elswick E R, Hower J C, Carmo A M, et al. 2007. Sulfur and carbon isotope geochemistry of coal and derived coal-combustion by-products: an example from an Eastern Kentucky mine and power plant. Applied Geochemistry, 22(9): 2065-2077.

El-Taher A, Makhluf S, Nossair A, et al. 2010. Assessment of natural radioactivity levels and radiation hazards due to cement industry. Applied Radiation and Isotopes, 68(1): 169-174.

Erd R C, White D E, Fahey J J, et al. 1964. Buddingtonite, an ammonium feldspar with zeolitic water. American Mineralogist, 49: 831-850.

Eskenazy G M. 1978. Rare-earth elements in some coal basins of Bulgaria. Geologica Balcanica, 8(2): 81-88.

Eskenazy G M. 1995. Geochemistry of arsenic and antimony in Bulgarian coals. Chemical Geology, 119(1-4): 239-254.

Eskenazy G M. 1999. Aspects of the geochemistry of rare earth elements in coal: an experimental approach. International Journal of Coal Geology, 38(3-4): 285-295.

Eskenazy G M. 2009. Trace elements geochemistry of the Dobrudza coal basin, Bulgaria. International Journal of Coal Geology, 78(3): 192-200.

Eskenazy G, Dai S, Li X. 2013. Fluorine in Bulgarian coals. International Journal of Coal Geology, 105: 16-23.

Eskenazy G, Delibaltova D, Mincheva E. 1994. Geochemistry of boron in Bulgarian coals. International Journal of Coal Geology, 25 (1): 93-110.

European Commission. 1999. Radiological protection principles concerning the natural radioactivity of building materials. Radiation Protection, 96(112): 112.

Feng J, Jiang Z. 2000. Study on Sequence Stratigraphy and Sedimentary Petrology in Yili Basin. Beijing: University of Petroleum Press: 22-58.

Finkelman R B, Palmer C A, Wang P. 2018. Quantification of the modes of occurrence of 42 elements in coal. International Journal of Coal Geology, 185: 138-160.

Finkelman R B. 1980. Modes of occurrence of trace elements in coal. Maryland: University of Maryland, College Park: 301.

Finkelman R B. 1981. Modes of occurrence of trace elements in coal. USGS Open-file Report, 81-99: 322.

Finkelman R B. 1982. The origin, occurrence, and distribution of the inorganic constituents in low-rank coals. Basic Coal Science Workshop(Houston, Texas, 1981) Grand Forts Energy Technol Centre, Grand Forts, ND: 69-90.

Finkelman R B. 1993. Trace and Minor Elements in Coal. New York: Plenum: 593-607.

Finkelman R B. 1994. Modes of occurrence of potentially hazardous elements in coal: levels of confidence. Fuel Processing Technology, 39(1-3): 21-34.

Finkelman R B. 1995. Modes of Occurrence of Environmentally Sensitive Trace Elements in Coal. Dordrecht: Kluwer Academic Publishing: 24-50.

Frazer F W, Belcher C B. 1973. Quantitative determination of the mineral matter content of coal by a radio-frequency oxidation technique. Fuel, 52: 41-46.

Fu X, Wang J, Tan F, et al. 2013. Minerals and potentially hazardous trace elements in the Late Triassic coals from the Qiangtang Basin, China. International Journal of Coal Geology, 116: 93-105.

Galhardi J A, García-Tenorio R, Francés I D, et al. 2017. Natural radionuclides in lichens, mosses and ferns in a thermal power plant and in an adjacent coal mine area in southern Brazil. Journal of Environmental Radioactivity, 167: 43-53.

Godbeer W C, Swaine D J. 1987. Fluorine in Australian coals. Fuel, 66: 794-798.

Golab A N, Carr P F, Palamara D R. 2006. Influence of localised igneous activity on cleat dawsonite formation in Late Permian coal measures, Upper Hunter Valley, Australia. International Journal of Coal Geology, 66(4): 296-304.

Golab A N, Carr P F. 2004. Changes in geochemistry and mineralogy of thermally altered coal, Upper Hunter Valley, Australia. International Journal of Coal Geology, 57(3-4): 197-210.

Goldschmidt V M. 1954. Goldschmidt Geochemistry. Oxford: Clarendon Press: 730.

Goodarzi F, Foscolos A E, Cameron A R. 1985. Mineral matter and elemental concentrations in selected western Canadian coals. Fuel, 64(11): 1599-1605.

Goodarzi F, Swaine D J. 1993. Chalcophile elements in western Canadian coals. International journal of coal geology, 24(1-4): 281-292.

Goodarzi F, Swaine D J. 1994. Paleoenvironmental and environmental implications of the boron content of coals. Geological Survey of Canada Bulletin, 471: 1-46.

Greta E, Dai S, Li X. 2013. Fluorine in Bulgarian coals. International Journal of Coal Geology, 105: 16-23.

GRI-CSA (Geology Research Institute of Geology Prospection Branch, Coal Science Academy). 1982. Comprehensive Investigation Report of Stone Coal Resources in southern China: 254 [A technical report in Chinese].

Grigoriev N A. 2009. Chemical Element Distribution in the Upper Continental Crust. UB RAS, Ekaterinburg, 382: 383.

Gulbrandsen R A. 1974. Buddingtonite, ammonium feldspar in the Phosphoria Formation, Southeastern Idaho. Journal of Research of the U.S. Geological Survey, 2: 693-697.

Gürdal G, Bozcu M. 2011. Petrographic characteristics and depositional environment of Miocene Çan coals, Çanakkale-Turkey. International Journal of Coal Geology, 85(1): 143-160.

Gürdal G. 2011. Abundances and modes of occurrence of trace elements in the Çan coals (Miocene), Çanakkale-Turkey. International Journal of Coal Geology, 87(2): 157-173.

Harvey R D, Ruch R R. 1986. Mineral matter in Illinois and other US coals. American Chemical Society Symposium Series, 301: 10-40.

Hayashi K I, Fujisawa H, Holland H D, et al. 1997. Geochemistry of~1.9Ga sedimentary rocks from northeastern Labrador, Canada. Geochimica Et Cosmochimica Acta, 61(19): 4115-4137.

He B, Xu Y G, Zhong Y T, et al. 2010. The Guadalupian–Lopingian boundary mudstones at Chaotian (SW China) are clastic rocks rather than acidic tuffs: implication for a temporal coincidence between the end-Guadalupian mass extinction and the Emeishan volcanism. Lithos, 119(1-2): 10-19.

Hickmott D D, Baldridge W S. 1995. Application of PIXE microanalysis to macerals and sulfides from the Lower Kittanning Coal of western Pennsylvania. Economic Geology, 90(2): 246-254.

Hobday D K, Galloway W E. 1999. Groundwater processes and sedimentary uranium deposits. Hydrogeology Journal, 7(1): 127-138.

Hong Z F. 1993. Chemical compositions of sedimentary rocks from southern Sichuan Province//Zhang Y C. Sedimentary Environments and Coal Accumulation of Late Permian Coal Formation in Southern Sichuan, China. Guiyang: Guizhou Science and Technology Press: 82-94.

Horelacy I. 2007. Geology of uranium deposits.World Nuclear Association, 116(2): 49.

Hou X, Ren D, Mao H, et al. 1995. Application of imaging TOF-SIMS to the study of some coal macerals. International Journal of Coal Geology, 27(1): 23-32.

Hower J C, Dai S, Seredin V V, et al. 2013b. A note on the occurrence of yttrium and rare earth elements in coal combustion products. Coal Combustion and Gasification Products, 5: 39-47.

Hower J C, Eble C F, Dai S, et al. 2016. Distribution of rare earth elements in eastern Kentucky coals: indicators of multiple modes of enrichment? International Journal of Coal Geology, 160: 73-81.

Hower J C, Eble C F, O'Keefe J M K, et al. 2015. Petrology, palynology, and geochemistry of gray hawk coal (early Pennsylvanian, Langsettian) in eastern Kentucky, USA. Minerals, 5(3): 592-622.

Hower J C, Greb S F, Cobb J C, et al. 2000. Discussion on origin of vanadium in coals: parts of the Western Kentucky (USA) No. 9 coal rich in vanadium: Special Publication No. 125, 1997, 273-286. Journal of the Geological Society, 157(6): 1257-1259.

Hower J C, O'Keefe J M K, Eble C F, et al. 2011a. Notes on the origin of inertinite macerals in coal: evidence for fungal and arthropod transformations of degraded macerals. International Journal of Coal Geology, 86(2-3): 231-240.

Hower J C, O'Keefe J M K, Eble C F, et al. 2011b. Notes on the origin of inertinite macerals in coals: funginite associations with cutinite and suberinite. International Journal of Coal Geology, 85(1): 186-190.

Hower J C, O'Keefe J M K, Wagner N J, et al. 2013a. An investigation of Wulantuga coal (Cretaceous, Inner Mongolia) macerals:

paleopathology of faunal and fungal invasions into wood and the recognizable clues for their activity. International Journal of Coal Geology, 114: 44-53.

Hower J C, O'Keefe J M K, Watt M A, et al. 2009. Notes on the origin of inertinite macerals in coals: observations on the importance of fungi in the origin of macrinite. International Journal of Coal Geology, 80(2): 135-143.

Hower J C, Riley J T, Thomas G A, et al. 1991. Chlorine in Kentucky coals. Journal of Coal Quality, 10: 152-158.

Hower J C, Robertson J D. 2003. Clausthalite in coal. International Journal of Coal Geology, 53(4): 219-225.

Hower J C, Ruppert L F, Eble C F. 1999. Lanthanide, yttrium, and zirconium anomalies in the Fire Clay coal bed, Eastern Kentucky. International Journal of Coal Geology, 39(1-3): 141-153.

Hower J C, Ruppert L F, Williams D A. 2002. Controls on boron and germanium distribution in the low-sulfur Amos coal bed, Western Kentucky coalfield, USA. International Journal of Coal Geology, 53(1): 27-42.

Hower J C, Trinkle E J, Graese A M, et al. 1987. Ragged edge of the Herrin (No. 11) coal, western Kentucky. International Journal of Coal Geology, 7(1): 1-20.

Hower J C, Williams D A, Eble C F, et al. 2001. Brecciated and mineralized coals in Union County, Western Kentucky coal field. International Journal of Coal Geology, 47(3-4): 223-234.

Hower J C, Williams D A. 2001. Further examination of the Ragged edge of the Herrin coal bed, Webster County, Western Kentucky Coalfield. International Journal of Coal Geology, 46(2-4): 145-155.

Hu R Z, Qi H W, Zhou M F, et al. 2009. Geological and geochemical constraints on the origin of the giant Lincang coal seam-hosted germanium deposit, Yunnan, SW China: a review. Ore Geology Reviews, 36(1-3): 221-234.

Huang H, Du Y S, Yang J H, et al. 2014. Origin of Permian basalts and clastic rocks in Napo, Southwest China: implications for the erosion and eruption of the Emeishan large igneous province. Lithos, 208: 324-338.

Huggins F E, Huffman G P. 1995. Chlorine in coal: an XAFS spectroscopic investigation. Fuel, 74: 556-559.

Huggins F E, Huffman G P. 1996. Modes of occurrence of trace elements in coal from XAFS spectroscopy. International Journal of Coal Geology, 32(1-4): 31-53.

Ignjatović I, Sas Z, Dragaš J, et al. 2017. Radiological and material characterization of high volume fly ash concrete. Journal of Environmental Radioactivity, 168: 38-45.

Ilger J D, Ilger W A, Zingaro R A, et al. 1987. Modes of occurrence of uranium in carbonaceous uranium deposits: characterization of uranium in a South Texas (USA) lignite. Chemical Geology, 63(3-4): 197-216.

Jiang Y, Elswick E, Mastalerz M. 2008. Progression in sulfur isotopic compositions from coal to fly ash: examples from single-source combustion in Indiana. International Journal of Coal Geology, 73: 273-284.

Jiang Y, Qian H, Zhou G. 2016. Mineralogy and geochemistry of different morphological pyrite in Late Permian coals, South China. Arabian Journal of Geosciences, 9(11): 590.

Johannesson K H, Zhou X P. 1997. Geochemistry of the rare earth elements in natural terrestrial waters: a review of what is currently known. Chinese Journal of Geochemistry, 16(1): 20-42.

Kalkreuth W, Holz M, Mexias A, et al. 2010. Depositional setting, petrology and chemistry of Permian coals from the Paraná Basin: 2. South Santa Catarina Coalfield, Brazil. International Journal of Coal Geology, 84(3-4): 213-236.

Karayiğit A I, Bircan C, Mastalerz M, et al. 2017a. Coal characteristics, elemental composition and modes of occurrence of some elements in the İsaalan coal (Balıkesir, NW Turkey). International Journal of Coal Geology, 172: 43-59.

Karayiğit A I, Gayer R A, Querol X, et al. 2000. Contents of major and trace elements in feed coals from Turkish coal-fired power plants. International Journal of Coal Geology, 44(2): 169-184.

Karayiğit A İ, Littke R, Querol X, et al. 2017b. The Miocene coal seams in the Soma Basin (W. Turkey): insights from coal petrography, mineralogy and geochemistry. International Journal of Coal Geology, 173: 110-128.

Kelloway S J, Ward C R, Marjo C E, et al. 2014. Quantitative chemical profiling of coal using core-scanning X-ray fluorescence techniques. International Journal of Coal Geology, 128: 55-67.

Kemezys M, Taylor G H. 1964. Occurrence and distribution of minerals in some Australian coals. Journal of the Institute of Fuel, 37:

389-397.

Kesler S E, Jones L M. 1981. Sulfur- and strontium-isotopic geochemistry of celestite, barite and gypsum from the Mesozoic basins of northeastern Mexico. Chemical Geology, 31: 211-224.

Ketris M P, Yudovich Y E. 2009. Estimations of Clarkes for Carbonaceous biolithes: world averages for trace element contents in black shales and coals. International Journal of Coal Geology, 78(2):135-148.

Kisilstein L Y, Peretyatko A G, Ludmirskaya E L. 1989. New data on the distribution of trace elements among the components of coal matter. Lithologia and Polesnie Iskopaemie, 6: 29-38.

Kislyakov Y M, Shchetochkin V N. 2000. Hydrogenic Ore Formation. Moscow: Geoinformmark: 608.

Kostova I, Petrov O, Kortenski J. 1996. Mineralogy, geochemistry and pyrite content of Bulgarian subbituminous coals, Pernik Basin. Coalbed Methane and Coal Geology, 109(1): 301-314.

Koukouzas N, Ward C R, Li Z. 2010. Mineralogy of lignites and associated strata in the Mavropigi field of the Ptolemais Basin, northern Greece. International Journal of Coal Geology, 81(3): 182-190.

Kovler K, Schroeyers W. 2017. Special issue: natural radioactivity in construction. Journal of Environmental Radioactivity, 168: 1-3.

Kovler K. 2011. Legislative aspects of radiation hazards from both gamma emitters and radon exhalation of concrete containing coal fly ash. Construction and Building Materials, 25(8): 3404-3409.

Kovler K. 2012. Does the utilization of coal fly ash in concrete construction present a radiation hazard? Construction and Building Materials, 29: 158-166.

Kovler K. 2017. The national survey of natural radioactivity in concrete produced in Israel. Journal of Environmental Radioactivity, 168: 46-53.

Krohn M D, Kendall C, Evans J R et al. 1993. Relations of ammonium minerals at several hydrothermal systems in the western U.S. Journal of Volcanology and Geothermal Research, 56: 401-413.

Kural O. 1994. Coal. Istanbul: Istanbul Technology University: 1-494.

Kuzevanova E V. 2014. Metal-bearing of Cenozoic browncoal depositsof Primor'ye. Dis. Candidate of Geological-Mineralogical Sciences. All-Russian Research Geological Institute. AP Karpinsky(FSOEVSEGEI), st. Petersburg: 134.

Kyle J R. 1981. Geology of the Pine Point Lead-Zinc District. Amsterdam: Elsevier: 643-741.

Lauer N E, Hower J C, Hsu-Kim H, et al. 2015. Naturally occurring radioactive materials in coals and coal combustion residuals in the United States. Environmental Science & Technology, 49(18): 11227-11233.

Lei J J, Chu X L, Zhao R. 1994. Sulfur-accumulating model of superhigh organosulfur coal from Guiding, China. Chinese Science Bulletin, 39: 1817-1821.

Lewan M D, Maynard J B. 1982. Factors controlling enrichment of vanadium and nickel in the bitumen of organic sedimentary rocks. Geochimica Et Cosmochimica Acta, 46(12): 2547-2560.

Li B, Zhuang X, Li J, et al. 2014a. Geological controls on coal quality of the Yili Basin, Xinjiang, Northwest China. International Journal of Coal Geology, 131: 186-199.

Li B, Zhuang X, Li J, et al. 2016. Geological controls on mineralogy and geochemistry of the Late Permian coals in the Liulong Mine of the Liuzhi Coalfield, Guizhou Province, Southwest China. International Journal of Coal Geology, 154: 1-15.

Li J, Zhuang X, Querol X, et al. 2014b. New data on mineralogy and geochemistry of high-Ge coals in the Yimin coalfield, Inner Mongolia, China. International Journal of Coal Geology, 125: 10-21.

Li W, Tang Y. 2014. Sulfur isotopic composition of superhigh-organic-sulfur coals from the Chenxi coalfield, southern China. International Journal of Coal Geology, 127: 3-13.

Li X, Dai S, Zhang W, et al. 2014c. Determination of As and Se in coal and coal combustion products using closed vessel microwave digestion and collision/reaction cell technology(CCT) of inductively coupled plasma mass spectrometry(ICP-MS). International Journal of Coal Geology, 124: 1-4.

Li Y H. 1982. A brief discussion on the mean oceanic residence time of elements. Geochimica Et Cosmochimica Acta, 46(12):

2671-2675.

Li Z, Moore T A, Weaver S D, et al. 2001. Crocoite: an unusual mode of occurrence for lead in coal. International Journal of Coal Geology, 45(4): 289-293.

Li Z, Ward C R, Gurba L W. 2010. Occurrence of non-mineral inorganic elements in macerals of low-rank coals. International Journal of Coal Geology, 81(4): 242-250.

Liu G, Yang P, Peng Z, et al. 2004. Petrographic and geochemical contrasts and environmentally significant trace elements in marine-influenced coal seams, Yanzhou mining area, China. Journal of Asian Earth Sciences, 23(4): 491-506.

Liu G, Zheng L, Wu E, et al. 2006. Depositional and chemical characterization of coal from Yayu Coal Field. Energy Exploration & Exploitation, 24: 417-437.

Liu J, Yang Z, Yan X, et al. 2015. Modes of occurrence of highly-elevated trace elements in superhigh-organic-sulfur coals. Fuel, 156: 190-197.

Liu Y, Cao L. 1993. Elemental Geochemistry. Beijing: Geological Publishing House.

Liu Z R, Zhou S Q. 2010. Effect of pH on the adsorption of uranyl ions by peat moss. Adsorption Science & Technology, 28(3): 243-251.

Loges A, Wagner T, Barth M, et al. 2012. Negative Ce anomalies in Mn oxides: the role of Ce^{4+} mobility during water–mineral interaction. Geochimica Et Cosmochimica Acta, 86: 296-317.

Lopatkina A P. 1967. Accumulation of uranium on peat. Geochimiya(Geochemistry), 6: 708-720.

López I C, Ward C R. 2008. Composition and mode of occurrence of mineral matter in some Colombian coals. International Journal of Coal Geology, 73(1): 3-18.

Loughnan F C, Goldbery R. 1972. Dawsonite and analcite in the Singleton Coal measures of the Sydney Basin. American Mineralogist: Journal of Earth and Planetary Materials, 57(9-10): 1437-1447.

Loughnan F C, Roberts F I, Lindner A W. 1983. Buddingtonite (NH4-feldspar) in the Condor oilshale deposit, Queensland, Australia. Mineralogical Magazine, 47(344): 327-334.

Lowenstein T K, Hardie L A, Timofeev M N, et al. 2003. Secular variation in seawater chemistry and the origin of calcium chloride basinal brines. Geology, 31: 857-860.

Lu B. 1996. Modes of occurrence of fluorine and chlorine in coals of China. Coal Geology and Exploration, 24(1): 9-11.

Luo Y, Zheng M. 2016. Origin of minerals and elements in the Late Permian coal seams of the Shiping mine, Sichuan, southwestern China. Minerals, 6(3): 74.

Luther G W. 1991. Pyrite synthesis via polysulfide compounds. Geochimica Et Cosmochimica Acta, 55(10): 2839-2849.

Lyons P C, Palmer C A, Bostick N H, et al. 1989. Chemistry and origin of minor and trace elements in vitrinite concentrates from a rank series from the eastern United States, England, and Australia. International Journal of Coal Geology, 13(1-4): 481-527.

Maeder U K, Ramseyer K, Daniels E J, et al. 1996. Gibbs free energy of buddingtonite ($NH_4AlSi_3O_8$) extrapolated from experiments and comparison to natural occurrences and polyhedral estimation. European Journal of Mineralogy, 8(4): 755-766.

Maksimova M F, Shmariovich E M. 1993. Bedded-Infiltrational Ore Formation. Moscow: Nedra.

Manolopoulou M, Papastefanou C. 1992. Behavior of natural radionuclides in lignites and fly ashes. Journal of Environmental Radioactivity, 16(3): 261-271.

Manskaya S M, Drozdova T V. 1964. Geochemistry of Organic Matter. Nauka: Moskva: 315.

Mares T E, Radliński A P, Moore T A, et al. 2012. Location and distribution of inorganic material in a low ash yield, subbituminous coal. International Journal of Coal Geology, 94: 173-181.

Marshall C E, Draycott A. 1954. Petrographic, chemical and utilization studies of the Tangorin high sulphur seam, Greta Coal Measures, New South Wales. University of Sydney, Department of Geology and Geophysics Memoir, 1: 66.

McIntyre N S, Brown J R, Winder C G, et al. 1985. Studies of elemental distributions within discrete coal macerals: use of secondary ion mass spectrometry and X-ray photoelectron spectroscopy. Fuel, 64(12): 1705-1712.

Meunier J D, Trouiller A, Brulhert J, et al. 1989. Uranium and organic matter in a paleodeltaic environment; the Coutras Deposit

（Gironde, France）. Economic Geology, 84（6）: 1541-1556.

Michard A, Albarède F. 1986. The REE content of some hydrothermal fluids. Chemical Geology, 55: 51-60.

Min M Z, Luo X Z, Mao S L, et al. 2001. An excellent fossil wood cell texture with primary uranium minerals at a sandstone-hosted roll-type uranium deposit, NW China. Ore Geology Reviews, 17（4）: 233-239.

Min M, Chen J, Wang J, et al. 2005a. Mineral paragenesis and textures associated with sandstone-hosted roll-front uranium deposits, NW China. Ore Geology Reviews, 26（1-2）: 51-69.

Min M, Xu H, Chen J, et al. 2005b. Evidence of uranium biomineralization in sandstone-hosted roll-front uranium deposits, northwestern China. Ore Geology Reviews, 26（3-4）: 198-206.

Min M. 1995. Carbonaceous-siliceous-pelitic rock type uranium deposits in southern China: geologic setting and metallogeny. Ore Geology Reviews, 10（1）: 51-64.

Minkin J A, Finkelman R B, Thompson C L, et al. 1984. Microcharacterization of arsenic- and selenium-bearing pyrite in Upper Freeport coal, Indiana County, Pennsylvania. Scanning Electron Microscopy, 4: 1515-1524.

Mohan M S, Zingaro R A, Macfarlane R D, et al. 1982. Characterization of a uranium-rich organic material obtained from a South Texas lignite. Fuel, 61（9）: 853-858.

Moore F, Esmaeili A. 2012. Mineralogy and geochemistry of the coals from the Karmozd and Kiasar coal mines, Mazandaran province, Iran. International Journal of Coal Geology, 96: 9-21.

Moore G W. 1954. Extration of uranium from aqueous solution by coal and some other material. Economic Geology, 49: 652-658.

Nicholls G D. 1968. The Geochemistry of Coal-Bearing Strata. Edinburgh: Oliver Boyd: 269-307.

Noli F, Tsamos P, Stoulos S. 2017. Spatial and seasonal variation of radionuclides in soils and waters near a coal-fired power plant of Northern Greece: environmental dose assessment. Journal of Radioanalytical and Nuclear Chemistry, 311（1）: 331-338.

O'Keefe J M K, Bechtel A, Christanis K, et al. 2013. On the fundamental difference between coal rank and coal type. International Journal of Coal Geology, 118: 58-87.

O'Keefe J M K, Hower J C, Finkelman R F, et al. 2011. Petrographic, geochemical, and mycological aspects of Miocene coals from the Nováky and Handlová mining districts, Slovakia. International Journal of Coal Geology, 87（3-4）: 268-281.

O'Keefe J M K, Hower J C. 2011. Revisiting Coos Bay, Oregon: a re-examination of funginite–huminite relationships in Eocene subbituminous coals. International Journal of Coal Geology, 85（1）: 34-42.

O'Keefe J M K, Shultz M G, Rimmer S M, et al. 2008. Paradise （and Herrin） lost: marginal depositional settings of the Herrin and Paradise coals, Western Kentucky coalfield. International Journal of Coal Geology, 75（3）: 144-156.

Oliveira M L S, Ward C R, Sampaio C H, et al. 2013. Partitioning of mineralogical and inorganic geochemical components of coals from Santa Catarina, Brazil, by industrial beneficiation processes. International Journal of Coal Geology, 116: 75-92.

Öztürk N, Özdoğan S. 2000. Preliminary analyses of radionuclides in Afsin-Elbistan lignite samples. Journal of Radioanalytical and Nuclear Chemistry, 245: 653-657.

Palmer C A, Filby R H. 1984. Distribution of trace elements in coal from the Powhatan No.6 mine, Ohio. Fuel, 63（3）: 318-328.

Patterson J H, Ramsden A R, Dale L S. 1988. Geochemistry and mineralogical residences of trace elements in oil shales from the Condor deposit, Queensland, Australia. Chemical Geology, 67（3-4）: 327-340.

Pavlov A V. 1966. Composition of coal ash in some regions of the West Svalboard. Fluchen. zap. NIIGA （Proc. Arctic Geology Sci.-resear. Inst. Regional Geol.）, 8: 128-136.

Pazand K. 2015a. Geochemical properties of rare earth elements （REE） in coals of Abyek coalfield, North Iran. Arabian Journal of Geosciences, 8（7）: 4855-4862.

Pazand K. 2015b. Characterization of REE geochemistry of coals from the Sangrud coal mine, Alborz coalfield, Iran. Arabian Journal of Geosciences, 8（10）: 8277-8282.

Pazand K. 2015c. Rare earth element geochemistry of coals from the Mazino Coal Mine, Tabas Coalfield, Iran. Arabian Journal of Geosciences, 8（12）: 10859-10869.

Pearson D E, Kwong J. 1979. Mineral matter as a measure of oxidation of a coking coal. Fuel, 58: 63-66.

Permana A K, Ward C R, Li Z, et al. 2013. Distribution and origin of minerals in high-rank coals of the South Walker Creek area, Bowen Basin, Australia. International Journal of Coal Geology, 116: 185-207.

Pirajno F, Seltmann R, Yang Y. 2011. A review of mineral systems and associated tectonic settings of northern Xinjiang, NW China. Geoscience Frontiers, 2(2): 157-185.

Price F T, Shieh Y N. 1979. The distribution and isotopic composition of sulfur in coals from the Illinois Basin. Economic Geology, 74(6): 1445-1461.

Qi H, Hu R, Su W, et al. 2004. Continental hydrothermal sedimentary siliceous rock and genesis of superlarge germanium (Ge) deposit hosted in coal: a study from the Lincang Ge deposit, Yunnan, China. Science in China Series D: Earth Sciences, 47(11): 973-984.

Qi H, Hu R, Zhang Q. 2007. Concentration and distribution of trace elements in lignite from the Shengli Coalfield, Inner Mongolia, China: implications on origin of the associated Wulantuga Germanium Deposit. International Journal of Coal Geology, 71(2-3): 129-152.

Qi H, Rouxel O, Hu R, et al. 2011. Germanium isotopic systematics in Ge-rich coal from the Lincang Ge deposit, Yunnan, Southwestern China. Chemical Geology, 286: 252-265.

Querol X, Alastuey A, Lopez-Soler A, et al. 1999. Geological controls on the quality of coals from the West Shandong mining district, Eastern China. International Journal of Coal Geology, 42(1): 63-88.

Querol X, Fernandez Turiel J L, Lopez Soler A, et al. 1992. Trace elements in high-S subbituminous coals from the teruel Mining District, northeast Spain. Applied Geochemistry, 7(6): 547-561.

Querol X, Fernández-Turiel J L, López-Soler A. 1995. Trace elements in coal and their behaviour during combustion in a large power station. Fuel, 74(3): 331-343.

Querol X, Whateley M K G, Fernandez-Turiel J L, et al. 1997. Geological controls on the mineralogy and geochemistry of the Beypazari lignite, central Anatolia, Turkey. International Journal of Coal Geology, 33(3): 255-271.

Ramseyer K, Diamond L W, Boles J R. 1993. Authigenic K-NH₄-feldspar in sandstones; a fingerprint of the diagenesis of organic matter. Journal of Sedimentary Research, 63(6): 1092-1099.

Rao C P, Gluskoter H J. 1973. Occurrence and distribution of minerals in Illinois coals. Illinois State Geol. State Geological Survey Circular, 476: 56.

Rao P D, Walsh D E. 1997. Nature and distribution of phosphorus minerals in Cook Inlet coals, Alaska. International Journal of Coal Geology, 33(1): 19-42.

Raymond R, Glandney E S, Bish D L, et al. 1990. Variation of inorganic content of peat with depositional and ecological setting. Geological Society of America, Special Paper: 248.

Reimann C, de Caritat P. 1998. Chemical Elements in the Environment. New York: Springer-Verlag: 397.

Ren D, Zhao F, Wang Y, et al. 1999. Distributions of minor and trace elements in Chinese coals. International Journal of Coal Geology, 40(2-3): 109-118.

Rickard D. 1973. Limiting conditions for synsedimentary sulfide ore formation. Economic Geology, 68: 605-617.

Riley K W, French D H, Farrell O P, et al. 2012. Modes of occurrence of trace and minor elements in some Australian coals. International Journal of Coal Geology, 94: 214-224.

Roper A R, Stabin M G, Delapp R C, et al. 2013. Analysis of naturally-occurring radionuclides in coal combustion fly ash, gypsum, and scrubber residue samples. Health Physics, 104(3): 264-269.

Ruppert L F, Minkin J A, McGee J J, et al. 1992. An unusual occurrence of arsenic-bearing pyrite in the Upper Freeport coal bed, west-central Pennsylvania. Energy & fuels, 6(2): 120-125.

Ruppert L F, Stanton R W, Cecil C B, et al. 1991. Effects of detrital influx in the Pennsylvanian Upper Freeport peat swamp. International Journal of Coal Geology, 17(2): 95-116.

Rybin A V, Gur'yanov V B, Chibisova M V, et al. 2003. Rhenium exploration prospects on Sakhalin and the Kuril Islands. Geodynamics, Magmatism, and Mineralogy of the North Pacific Ocean. Magadan, 3: 180-183.

Scott A C, Cripps J A, Collinson M E, et al. 2000. The taphonomy of charcoal following a recent heathland fire and some implications for the interpretation of fossil charcoal deposits. Palaeogeography, Palaeoclimatology, Palaeoecology, 164(1-4): 1-31.

Scott A C, Glasspool I J. 2005. Charcoal reflectance as a proxy for the emplacement temperature of pyroclastic flow deposits. Geology, 33: 589-592.

Scott A C, Glasspool I J. 2006. The diversification of Paleozoic fire systems and fluctuations in atmospheric oxygen concentration. Proceedings of the National Academy of Sciences of the United States of America, 103: 10861-10865.

Scott A C, Glasspool I J. 2007. Observations and experiments on the origin and formation of inertinite group macerals. International Journal of Coal Geology, 70: 53-66.

Scott A C, Jones T P. 1994. The nature and influence of fire in Carboniferous ecosystems. Palaeogeography, Palaeoclimatology, Palaeoecology, 106: 91-112.

Scott A C, Taylor T N. 1983. Plant/animal interactions during the Upper Carboniferous. The Botanical Review, 49(3): 259-307.

Scott A C. 1989. Observations on the nature and origin of fusain. International Journal of Coal Geology, 12: 443-475.

Scott A C. 2000. The pre-quaternary history of fire. Palaeogeography, Palaeoclimatology, Palaeoecology, 164: 281-329.

Scott A C. 2002. Coal petrology and the origin of coal macerals: a way ahead? International Journal of Coal Geology, 50: 119-134.

Seredin V V, Dai S, Sun Y, et al. 2013. Coal deposits as promising sources of rare metals for alternative power and energy-efficient technologies. Applied Geochemistry, 31: 1-11.

Seredin V V, Dai S. 2012. Coal deposits as potential alternative sources for lanthanides and yttrium. International Journal of Coal Geology, 94: 67-93.

Seredin V V, Danilcheva Y A, Magazina L O, et al. 2006. Ge-bearing coals of the Luzanovka Graben, Pavlovka brown coal deposit, southern Primorye. Lithology and Mineral Resources, 41(3): 280-301.

Seredin V V, Finkelman R B. 2008. Metalliferous coals: a review of the main genetic and geochemical types. International Journal of Coal Geology, 76(4): 253-289.

Seredin V V. 2001. Major regularities of the REE distribution in coal. Doklady Earth Sciences, 377: 250-253.

Seredin V V. 2004. Metalliferous coals: formation conditions and outlooks for development. Coal Resources of Russia, 6: 452-519.

Shand P, Johannesson K H, Chudaev O, et al. 2005. Rare Earth Element Contents of High pCO_2 Groundwaters of Primorye, Russia: Mineral Stability and Complexation Controls. The Netherlands: Springer: 161-186.

Shao L, Jones T, Gayer R, et al. 2003. Petrology and geochemistry of the high-sulphur coals from the Upper Permian carbonate coal measures in the Heshan Coalfield, southern China. International Journal of Coal Geology, 55(1): 1-26.

Shao L, Zhang P, Ren D, et al. 1998. Late Permian coal-bearing carbonate successions in southern China: coal accumulation on carbonate platforms. International Journal of Coal Geology, 37(3-4): 235-256.

Shellnutt J G, Jahn B M, Zhou M F. 2011. Crustal-derived granites in the Panzhihua region, SW China: implications for felsic magmatism in the Emeishan large igneous province. Lithos, 123: 145-157.

Sia S G, Abdullah W H. 2011. Concentration and association of minor and trace elements in Mukah coal from Sarawak, Malaysia, with emphasis on the potentially hazardous trace elements. International Journal of Coal Geology, 88(4): 179-193.

Skipsey E. 1975. Relations between chlorine in coal and the salinity of strata water. Fuel, 54: 121-125.

Smith J W, Batts B D. 1974. The distribution and isotopic composition of sulfur in coal. Geochimica Et Cosmochimica Acta, 38(1): 121-133.

Song D, Qin Y, Zhang J, et al. 2007. Concentration and distribution of trace elements in some coals from Northern China. International Journal of Coal Geology, 69(3): 179-191.

Song X Y, Zhou M F, Tao Y, et al. 2008. Controls on the metal compositions of magmatic sulfide deposits in the Emeishan large igneous province, SW China. Chemical Geology, 253(1-2): 38-49.

Spears D A S, Tewalt S J. 2009. The geochemistry of environmentally important trace elements in UK coals, with special reference to the Parkgate coal in the Yorkshire-Nottinghamshire Coalfield, UK. International Journal of Coal Geology, 80(3-4): 157-166.

Spears D A. 2005. A review of chlorine and bromine in some United Kingdom coals. International Journal of Coal Geology, 64 (3-4): 257-265.

Spears D A. 2012. The origin of tonsteins, an overview, and links with seatearths, fireclays and fragmental clay rocks. International Journal of Coal Geology, 94: 22-31.

Spirakis C S. 1996. The roles of organic matter in the formation of uranium deposits in sedimentary rocks. Ore Geology Reviews, 11 (1-3): 53-69.

Stergaršek A, Valković V, Injuk J. 1988. Sposobnost pepela rakog ugljena z vezivanje sumpor-dioksida iz dimnog plina termoelektrane. Zaštita Atmosfere, 16: 6-8.

Stevenson J S, Stevenson L S. 1965. The petrology of dawsonite at the type locality, Montreal. The Canadian Mineralogist, 8(2): 249-252.

Stevenson J S, Stevenson L S. 1978. Contrasting dawsonite occurrences from Mont St-bruno, Quebec. The Canadian Mineralogist, 16(3): 471-474.

Stoikov C H. 1976. Uranium Ore Deposits in Bulgaria. Sci. D Thesis: 480.

Stojanovska Z, Nedelkovski D, Ristova M. 2010. Natural radioactivity and human exposure by raw materials and end product from cement industry used as building materials. Radiation Measurements, 45(8): 969-972.

Strauss H. 2004. 4 Ga of seawater evolution: evidence from the sulfur isotopic composition of sulfate. Geological Society of America Special Paper, 379: 195-205.

Suhana J, Rashid M. 2016. Evaluation of radiological hazards of particulates emissions from a coal fired power plant. Chemical Product and Process Modeling, 11(3): 197-203.

Sun Y, Lin M, Qin P, et al. 2007. Geochemistry of the barkinite liptobiolith (Late Permian) from the Jinshan mine, Anhui Province, China. Environmental Geochemistry and Health, 29(1): 33-44.

Sun Y, Qi G, Lei X, et al. 2016. Extraction of uranium in bottom ash derived from high-germanium coals. Procedia Environmental Sciences, 31: 589-597.

Sverjensky D A. 1984. Europium redox equilibria in aqueous solution. Earth and Planetary Science Letters, 67: 70-78.

Swaine D J. 1990. Trace Elements in Coal. London: Butterworths: 278.

Swaine D J. 2000. Why trace elements are important. Fuel Processing Technology, 65: 21-66.

Swanson S M, Engle M A, Ruppert L F, et al. 2013. Partitioning of selected trace elements in coal combustion products from two coal-burning power plants in the United States. International Journal of Coal Geology, 113: 116-126.

Swanson V, Frost I, Rader L J, et al. 1966. Metal sorption by northwest Florida humate. US Geological Survey Professional Paper, 550: 174-177.

Sykes R, Lindqvist J K. 1993. Diagenetic quartz and amorphous silica in New Zealand coals. Organic Geochemistry, 20: 855-866.

Szalay A. 1954. The enrichment of uranium in some brown coals in Hungary. Acta Geologica Academiae Scientiarum Hungaricae (Hungary), 2: 299-311.

Tang X, Huang W. 2004. Trace Elements in Chinese Coals. Beijing: The Commercial Press: 6-11.

Tarriba P J, Gamson P D, Warren J K. 1995. Secondary mineralisation in coal seams, Hunter Valley Coalfield. New South Wales: unique mode of occurrence for Sr-Ba-Ca carbonates//Boyd R L, McKenzie G A. Proceedings of the 29th Newcastle Symposium. Advances in the Study of the Sydney Basin, Department of Geology, University of Newcastle, Newcastle, New South Wales: 87-93.

Taylor S R, McLennan S M. 1985. The Continental Crust: its Composition and Evolution. London: Blackwell: 312.

Trevisi R, Risica S, D'alessandro M, et al. 2012. Natural radioactivity in building materials in the European Union: a database and an estimate of radiological significance. Journal of Environmental Radioactivity, 105: 11-20.

Tsikritzis L I, Fotakis M, Tzimkas N, et al. 2008. Distribution and correlation of the natural radionuclides in a coal mine of the West Macedonia Lignite Center (Greece). Journal of Environmental Radioactivity, 99(2): 230-237.

Turner B R, Richardson D. 2004. Geological controls on the sulphur content of coal seams in the Northumberland Coalfield,

Northeast England. International Journal of Coal Geology, 60 (2-4): 169-196.

UNSCEAR. 2000. Sources and effects of ionizing radiation; United Nations; Report to the General Assembly, with Scientific Annexes. United Nations (A/55/46), New York.

Uysal I T, Golding S D. 2003. Rare earth element fractionation in authigenic illite–smectite from Late Permian clastic rocks, Bowen Basin, Australia: implications for physico-chemical environments of fluids during illitization. Chemical Geology, 193 (3-4): 167-179.

Valković V, Makjanić J, Jaksić M, et al. 1984a. Analysis of fly ash by X-ray emission spectroscopy and proton microbeam analysis. Fuel, 63 (10): 1357-1362.

Valković V, Orlić I, Makjanić J, et al. 1984b. Comparison of different modes of excitation in X-ray emission spectroscopy in the detection of trace elements in coal and coal ash. Nuclear Instruments and Methods in Physics Research Section B: Beam Interactions with Materials and Atoms, 4 (1): 127-131.

van der Flier E, Fyfe W S. 1985. Uranium-thorium systematics of two Canadian coals. International Journal of Coal Geology, 4 (4): 335-353.

Vassilev S V, Eskenazy G M, Tarassov M P, et al. 1995. Mineralogy and geochemistry of a vitrain lens with unique trace element content from the Vulche Pole coal deposit, Bulgaria. Geologica Balanica, 25: 111-124.

Vassilev S V, Eskenazy G M, Vassileva C G. 2000. Contents, modes of occurrence and origin of chlorine and bromine in coal. Fuel, 79 (8): 903-921.

Vassilev S V, Yossifova M G, Vassileva C G. 1994. Mineralogy and geochemistry of Bobov Dol coals, Bulgaria. International Journal of Coal Geology, 26 (3-4): 185-213.

Vaughan J D, Craig J R. 1978. Mineral Chemistry of Metal Sulfides. London: Cambridge University Press: 493.

Velić J, Malvić T, Cvetković M, et al. 2015. Stratigraphy and petroleum geology of the Croatian part of the Adriatic Basin. Journal of Petroleum Geology, 38 (3): 281-300.

Vinogradov A P. 1962. Average Concentrations of Chemical Elements in the Principal Magmas of the Earth Crust. Beijing: Geological Publishing House: 40-41.

Voskresenskaya N T. 1960a. On the mode of occurrence of uranium in coals. I. Extraction of uranium from coal by different solvents. Izvestiya Akademii Nauk Kirgizkoi SSR. Natural Technol. Sci., 2: 49-56.

Voskresenskaya N T. 1960b. Calculation of uranium in coal. II. Study of the reaction of humic acid with uranyl salts Izvestiya Akademii Nauk Kirgizskoj SSR. Estestvoznaniya i Tekhniki Nauk, 2: 57-64.

Wagner N J, Tlotleng M T. 2012. Distribution of selected trace elements in density fractionated Waterberg coals from South Africa. International Journal of Coal Geology, 94: 225-237.

Wang C, Liu R, Li J, et al. 2017. ^{210}Po distribution after high temperature processes in coal-fired power plants. Journal of Environmental Radioactivity, 171: 132-137.

Wang J. 1983. Natural organic substance and its implication in uranium mineralization. Geochimica, 36 (3): 294-302.

Wang W, Qin Y, Sang S, et al. 2007. Sulfur variability and element geochemistry of the No. 11 coal seam from the Antaibao mining district, China. Fuel, 86 (5-6): 777-784.

Wang X, Dai S, Sun Y, et al. 2011. Modes of occurrence of fluorine in the late paleozoic No. 6 coal from the Haerwusu surface mine, Inner Mongolia, China. Fuel, 90 (1): 248-254.

Wang X, Zhang M, Zhang W, et al. 2012. Occurrence and origins of minerals in mixed-layer illite/smectite-rich coals of the Late Permian age from the Changxing Mine, eastern Yunnan, China. International Journal of Coal Geology, 102: 26-34.

Wang Z Q, Pan J Y, Cao S L, et al. 2006b. Super-enriching mechanism of disperse-elements Re and Se in interlayer oxidation — a case study of the Zhajistan interlayer oxidation zone sandstone-type uranium deposit, Yili Basin, Xijiang. Geological Review, 52: 358-362 (in Chinese with English abstract).

Wang Z Q, Ziying L I, Guan T Y, et al. 2006a. Geological characteristics and metallogenic mechanism of No.511 sandstone-type uranium ore deposit in Yili basin, Xinjiang. Mineral Deposits, 25 (3): 302-311.

Ward C R, Li Z, Gurba L W. 2007. Variations in elemental composition of macerals with vitrinite reflectance and organic sulphur in the Greta Coal Measures, New South Wales, Australia. International Journal of Coal Geology, 69 (3): 205-219.

Ward C R, Spears D A, Booth C A, et al. 1999. Mineral matter and trace elements in coals of the Gunnedah Basin, New South Wales, Australia. International Journal of Coal Geology, 40 (4): 281-308.

Ward C R, Taylor J C, Matulis C E, et al. 2001. Quantification of mineral matter in the Argonne Premium Coals using interactive Rietveld-based X-ray diffraction. International Journal of Coal Geology, 46 (2-4): 67-82.

Ward C R. 1980. Mode of occurrence of trace elements in some Australian coals. Coal Geology, 2 (2): 77-88.

Ward C R. 1989. Minerals in bituminous coals of the Sydney Basin (Australia) and the Illinois Basin (U.S.A.). International Journal of Coal Geology, 13: 455-479.

Ward C R. 1991. Mineral matter in low-rank coals and associated strata of the Mae Moh Basin, northern Thailand. International Journal of Coal Geology, 17: 69-93.

Ward C R. 1992. Mineral matter in Triassic and Tertiary low-rank coals from South Australia. International Journal of Coal Geology, 20: 185-208.

Ward C R. 2001. Mineralogical Analysis in Hazard Assessment. Newcastle: Coalfield Geology Council of New South Wales: 81-88.

Ward C R. 2002. Analysis and significance of mineral matter in coal seams. International Journal of Coal Geology, 50 (1-4): 135-168.

Ward C R. 2016. Analysis, origin and significance of mineral matter in coal: an updated review. International Journal of Coal Geology, 165: 1-27.

Warwick P D, Crowley S S, Ruppert L F, et al. 1996. Petrography and geochemistry of the San Miguel lignite, Jackson Group (Eocene), south Texas. Organic Geochemistry, 24 (2): 2100-2107.

Webb G E, Kamber B S. 2000. Rare earth elements in Holocene reefal microbialites: a new shallow seawater proxy. Geochimica At Cosmochimica Acta, 64: 1557-1565.

Whateley M K G, Tuncali E. 1995a. Quality variations in the high-sulphur lignite of the Neogene Beypazari Basin, Central Anatolia, Turkey. International Journal of Coal Geology, 27 (2-4): 131-151.

Whateley M K G, Tuncali E. 1995b. Origin and distribution of sulphur in the Neogene Beypazari lignite basin, central Anatolia, Turkey. Geological Society, London, Special Publications, 82 (1): 307-323.

Wignall P B. 1994. Black Shales. Oxford: Clarendon Press: 1-127.

Wu L, Jiao Y, Roger M, et al. 2009. Sedimentological setting of sandstone-type uranium deposits in coal measures on the southwest margin of the Turpan-Hami Basin, China. Journal of Asian Earth Sciences, 36 (2-3): 223-237.

Xiao L, Xu Y G, Mei H J, et al. 2004. Distinct mantle sources of low-Ti and high-Ti basalts from the western Emeishan large igneous province, SW China: implications for plume–lithosphere interaction. Earth and Planetary Science Letters, 228: 525-546.

Xie P, Zhang S, Wang Z, et al. 2017. Geochemical characteristics of the Late Permian coals from the Yueliangtian Coalfield, western Guizhou, southwestern China. Arabian Journal of Geosciences, 10 (5): 98.

Xu Y, Chung S, Shao H, et al. 2010. Silicic magmas from the Emeishan large igneous province, Southwest China: petrogenesis and their link with the endGuadalupian biological crisis. Lithos, 119: 47-60.

Yang J. 2007. Concentration and distribution of uranium in Chinese coals. Energy, 32 (3): 203-212.

Yang Q, Ren D, Pan Z. 1982. Preliminary investigation on the metamorphism of Chinese coals. International Journal of Coal Geology, 2: 31-48.

Yang, J Y. 2006. Concentration and distribution of uranium in Chinese coals. Energy, 32 (3): 203-212.

Yao Y, Liu D. 2012. Effects of igneous intrusions on coal petrology, pore-fracture and coalbed methane characteristics in Hongyang, Handan and Huaibei coalfields, North China. International Journal of Coal Geology, 96: 72-81.

Ye J, Fan D. 1994. Fe-Mn Nodular Deposits, Institute of Geochemistry, Chinese Academy of Sciences. Beijing: Seismological Press: 80-82.

Yossifova M G. 2014. Petrography, mineralogy and geochemistry of Balkan coals and their waste products. International Journal of Coal Geology, 122: 1-20.

Yudovich Y E, Ketris M P, Merts A V. 1985. Trace Elements in Fossil Coals. Leningrad: Nauka [Science Publ. House]: 239.

Yudovich Y E, Ketris M P. 2001. Uranium in Coals. Syktyvkar: Komi Science Centre Syktyvkar: 84.

Yudovich Y E, Ketris M P. 2005a. Arsenic in coal: a review. International Journal of Coal Geology, 61 (3-4): 141-196.

Yudovich Y E, Ketris M P. 2005b. Mercury in coal: a review: part 1. Geochemistry. International Journal of Coal Geology, 62 (3): 107-134.

Yudovich Y E, Ketris M P. 2005c. Toxic trace elements in coal. Komi Scientific Center/Institute of Geology/Ural Division, RAS, Ekaterinburg: 1-655.

Yudovich Y E, Ketris M P. 2006a. Selenium in coal: a review. International Journal of Coal Geology, 67 (1-2): 112-126.

Yudovich Y E, Ketris M P. 2006b. Valuable trace elements in coal. Komi Scientific Center, Institute of Geology, Ural Division, RAS, Ekaterinburg: 1-538.

Yudovich Y E. 2003. Notes on the marginal enrichment of germanium in coal beds. International Journal of Coal Geology, 56 (3-4): 223-232.

Yue S, Wang G. 2011. Relationship between the hydrogeochemical environment and sandstone-type uranium mineralization in the Ili basin, China. Applied Geochemistry, 26 (1): 133-139.

Zeng R, Zhuang X, Koukouzas N, et al. 2005. Characterization of trace elements in sulphur-rich Late Permian coals in the Heshan coal field, Guangxi, South China. International Journal of Coal Geology, 61 (1-2): 87-95.

Zhang Y C. 1993. The Sedimentary Environment and Coal Accumulation of the Late Permian Coals in Southern Sichuan, China. Guiyang: Guizhou Science and Technology Press: 204.

Zhang Y, Shi M, Wang J, et al. 2016. Occurrence of uranium in Chinese coals and its emissions from coal-fired power plants. Fuel, 166: 404-409.

Zhao F, Ren D, Zheng B, et al. 1998. Modes of occurrence of arsenic in high-arsenic coal by extended X-ray absorption fine structure spectroscopy. Chinese Science Bulletin, 43 (19): 1660-1663.

Zhao L, Dai S, Graham I T, et al. 2016a. New insights into the lowest Xuanwei Formation in eastern Yunnan Province, SW China: implications for Emeishan large igneous province felsic tuff deposition and the cause of the endGuadalupian mass extinction. Lithos, 264: 375-391.

Zhao L, Sun J, Guo W, et al. 2016b. Mineralogy of the Pennsylvanian coal seam in the Datanhao mine, Daqingshan Coalfield, Inner Mongolia, China: genetic implications for mineral matter in coal deposited in an intermontane basin. International Journal of Coal Geology, 167: 201-214.

Zhao L, Ward C R, French D, et al. 2012. Mineralogy of the volcanic-influenced Great Northern coal seam in the Sydney Basin, Australia. International Journal of Coal Geology, 94: 94-110.

Zhao L, Ward C R, French D, et al. 2013. Mineralogical composition of Late Permian coal seams in the Songzao Coalfield, southwestern China. International Journal of Coal Geology, 116: 208-226.

Zhong Y T, He B, Mundil R, et al. 2014. CA-TIMS zircon U–Pb dating of felsic ignimbrite from the Binchuan section: implications for the termination age of Emeishan large igneous province. Lithos, 204: 14-19.

Zhou Y P, Ren Y L, Bohor B F. 1982. Origin and distribution of tonsteins in Late Permian coal seams of southwestern China. International Journal of Coal Geology, 2 (1): 49-77.

Zhou Y, Bohor B F, Ren Y. 2000. Trace element geochemistry of altered volcanic ash layers (tonsteins) in Late Permian coal-bearing formations of eastern Yunnan and western Guizhou Provinces, China. International Journal of Coal Geology, 44 (3-4): 305-324.

Zhou Y, Ren Y. 1992. Distribution of arsenic in coals of Yunnan Province, China, and its controlling factors. International Journal of Coal Geology, 20 (1-2): 85-98.

Zhou Z. 1981. Discussion on radiation protection in mining and utilization of uranium-bearing coal. Radiation Protection, 5: 74-78.

Zhu J, Johnson T M, Finkelman R B, et al. 2012. The occurrence and origin of selenium minerals in Se-rich stone coals, spoils and their adjacent soils in Yutangba, China. Chemical Geology, 330: 27-38.

Zhuang X, Querol X, Alastuey A, et al. 2006. Geochemistry and mineralogy of the Cretaceous Wulantuga high-germanium coal deposit in Shengli coal field, Inner Mongolia, Northeastern China. International Journal of Coal Geology, 66(1-2): 119-136.

Zhuang X, Querol X, Zeng R, et al. 2000. Mineralogy and geochemistry of coal from the Liupanshui mining district, Guizhou, south China. International Journal of Coal Geology, 45(1): 21-37.

Zielinski R A, Budahn J R. 1998. Radionuclides in fly ash and bottom ash: improved characterization based on radiography and low energy gamma-ray spectrometry. Fuel, 77(4): 259-267.

Zilbermints V A, Rusanov A K, Kosrykin V M. 1936. On the question of Ge-presence in fossil coals. Acad. VI Vernadsky—k, 1: 169-190.

Zou J, Liu D, Tian H, et al. 2014. Anomaly and geochemistry of rare earth elements and yttrium in the late Permian coal from the Moxinpo mine, Chongqing, southwestern China. International Journal of Coal Science & Technology, 1(1): 23-30.